VDI-Buch

Weitere Bände in der Reihe http://www.springer.com/series/3482

Siegfried Ripperger · Kai Nikolaus

Entwicklung und Planung verfahrenstechnischer Anlagen

Springer Vieweg

Siegfried Ripperger
Ehemaliger Leiter des Lehrstuhls für
Mechanische Verfahrenstechnik
Technische Universität Kaiserslautern
Kaiserslautern, Deutschland

Kai Nikolaus
Lehrstuhl für Mechanische Verfahrenstechnik
Technische Universität Kaiserslautern
Kaiserslautern, Deutschland

ISSN 2512-5281 ISSN 2512-529X (electronic)
VDI-Buch
ISBN 978-3-662-60426-7 ISBN 978-3-662-60427-4 (eBook)
https://doi.org/10.1007/978-3-662-60427-4

Die Deutsche Nationalbibliothek verzeichnet diese Publikation in der Deutschen Nationalbibliografie; detaillierte bibliografische Daten sind im Internet über http://dnb.d-nb.de abrufbar.

Springer Vieweg

Springer Vieweg ist ein Imprint der eingetragenen Gesellschaft Springer-Verlag GmbH, DE und ist ein Teil von Springer Nature.
Die Anschrift der Gesellschaft ist: Heidelberger Platz 3, 14197 Berlin, Germany

Vorwort

Ein Teilgebiet der Verfahrenstechnik, die Anlagentechnik, beschäftigt sich mit der technisch-wirtschaftlichen Umsetzung und dem Betrieb verfahrenstechnischer Prozesse. Das schließt die Entwicklung, die Planung sowie den Bau entsprechender Anlagen mit ein. Die Entwicklung und Planung solcher Anlagen ist ein stark arbeitsteiliger und interdisziplinärer Prozess, der in der Regel im Rahmen eines Projektes von einem Team mit vielen Mitgliedern durchgeführt wird. Steigende Qualitäts-, Sicherheits- und Umweltanforderungen und ein hoher Kostendruck sowie der Kundenwunsch nach einer kurzen Projektlaufzeit zwingen die Anlagenplaner zu optimalen Projekt- und Arbeitsabläufen.

Verfahrenstechnische Anlagen sind in der Regel komplexe Industrieanlagen, die Apparate und Maschinen enthalten, die in ihrem Zusammenwirken so angeordnet sind, dass sie als Gesamtheit ein Stoffsystem so verändern, dass ein verkaufsfähiges End- oder Zwischenprodukt entsteht (Produktionsanlage) und/oder schädliche Stoffe in unschädliche oder weniger schädliche Stoffe umgewandelt werden (Anlagen zum Umweltschutz). Sie sind der Kern chemischer Produktionsprozesse, jedoch auch in vielen anderen Industriebereichen anzutreffen.

Bei der Entwicklung, Konstruktion und dem Bau der zugehörigen Apparate und Maschinen müssen neben den technischen, betrieblichen und wirtschaftlichen Forderungen auch eine Vielzahl von rechtlichen Vorschriften beachtet werden. Daher wird in einem gesonderten Kapitel kurz in das technische Recht eingeführt. Die Dimensionierung und Gestaltung von Elementen des Apparate- und Maschinenbaus ist Gegenstand eigenständiger Fachdisziplinen innerhalb der Gebiete Maschinenbau und Verfahrenstechnik. Viele Elemente sind standardisiert (z. B. durch EN-, DIN- und ISO-Normen) und die Berechnungen zu ihrer Dimensionierung sind teilweise in technischen Regelwerken festgelegt.

Der vorliegende Band will in dieses Teilgebiet der Verfahrenstechnik einführen. Er basiert auf Vorlesungen, die an der Technischen Universität Kaiserslautern gehalten werden.

Es wird empfohlen für die eigenen Arbeiten die vollständigen Vorschriften oder Richtlinien in der gültigen Fassung hinzuzuziehen.

Kaiserslautern, Deutschland
August 2019

Siegfried Ripperger
Kai Nikolaus

Inhaltsverzeichnis

Einführung 1

1.1 Verfahrenstechnische Anlagen

In verfahrenstechnischen Anlagen werden

a) Rohstoffe in nützliche Stoffe mit gewünschten Eigenschaften umgewandelt (Produktionstechnik, entsprechend Abb. 1.1),
b) schädliche Stoffe in unschädliche umgewandelt (Umweltschutztechnik) oder
c) beides miteinander verbunden und damit nützliche Stoffe erzeugt und „produktionsintegriert“ die Umwelt vor schädlichen Stoffen geschützt.

Die Entwicklung, Planung und Errichtung von solchen Anlagen war der Ausgangspunkt für die Entstehung des Fachgebietes Verfahrenstechnik. Eine verfahrenstechnische Anlage ist eine Kombination aus Apparaten und Maschinen zur Realisierung der Stoffumwandlung, die durch Rohrleitungen sowie Steuer- und Regeleinrichtungen miteinander verbunden sind. Sie sind in der Regel auch an die Ver- und Entsorgungssysteme eines Betriebes angeschlossen. Innerhalb einer Anlage werden Stoffe behandelt, umgewandelt, transportiert und/oder zeitweise auch gelagert. Im Inneren der zugehörigen Apparate und Maschinen werden die erforderlichen Bedingungen für eine Stoffumwandlung eingestellt.

Mit einer verfahrenstechnischen Anlage wird ein verfahrenstechnischer Prozess realisiert. Dieser besteht in der Regel aus einer Vielzahl von einzelnen Schritten, bei denen Stoffe verändert werden. Diese können nacheinander oder gleichzeitig ablaufen. Bei den Einzelschritten handelt es um die Vorgänge Lagern, Fördern und Umwandeln. Zum Umwandeln werden verfahrenstechnische Grundoperationen (Grundverfahren, engl. „unit operations“) angewendet, mit denen die Zusammensetzung der Ausgangsstoffe, ihre Eigenschaften und/oder ihre Art verändert werden. Zur Veränderung der Art eines Stoffes

S. Ripperger, K. Nikolaus, *Entwicklung und Planung verfahrenstechnischer Anlagen*, VDI-Buch, https://doi.org/10.1007/978-3-662-60427-4_1

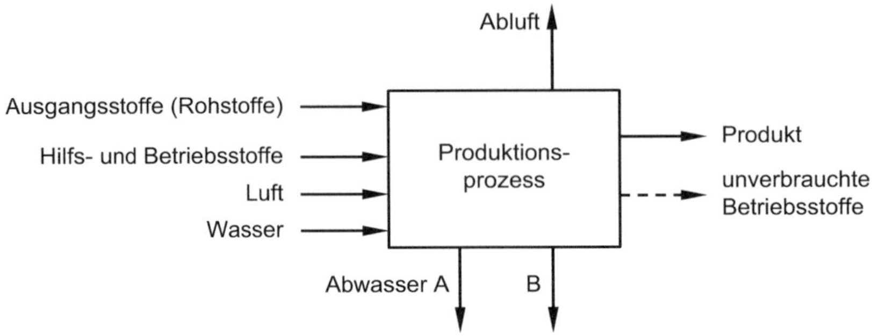

Abb. 1.1 Schematische Darstellung eines verfahrenstechnischen Produktionsprozesses

sind chemische oder biochemische Reaktionen notwendig. Generell ist man dabei bestrebt, die Stoffänderung so effektiv wie möglich zu gestalten und die Investitions- und Betriebskosten zu minimieren.

Der Entwurf solcher Prozesse beinhaltet die Prozesssynthese, d. h. die sinnvolle Anordnung von Grundoperationen derart, dass durch ihr Zusammenwirken die gewünschte Veränderung der zugeführten Stoffe erreicht wird. Die Prozesssynthese ist ein kreativer Vorgang, der solide verfahrenstechnische Grundkenntnisse erfordert. Oft kann die Stoffänderung mit mehreren Prozessvarianten erreicht werden, von denen dann eine auszuwählen ist. Nach der Prozesssynthese folgt die Prozessanalyse, bei der die Vor- und Nachteile sowie der notwendige Aufwand zur Realisierung von Prozessvarianten betrachtet werden. Nach der Entscheidung für einen Prozess, folgt die Auswahl der zugehörigen Apparate und Maschinen und ggf. auch ihre konstruktive Gestaltung entsprechend den Anforderungen. Die Umsetzung des verfahrenstechnischen Prozesses in Form einer Anlage sowie deren Betrieb ist Gegenstand der Anlagentechnik.

Die Grundoperationen zur Stoffwandlung, die in Verbindung mit den unterschiedlichsten Stoffen immer wieder angewendet werden, sind Gegenstand der in Abb. 1.2 aufgeführten Gebiete der Verfahrenstechnik. Die im Zusammenhang mit den Grundoperationen ablaufenden Vorgänge wurden und werden detailliert untersucht, mit dem Ziel, sie zu verstehen und physikalisch/mathematisch zu beschreiben. Dies ist eine Voraussetzung, um die Apparate und Anlagen optimal zu gestalten (auszulegen), und um sie im Hinblick auf die Produktqualität, die Betriebs- und Arbeitssicherheit, den Umweltschutz und die Wirtschaftlichkeit zu optimieren. Die jeweilige Grundoperation vollzieht sich im Verfahrensraum innerhalb eines Apparates oder einer Maschine (z. B. Trockner, Mühle oder Reaktor). Zur Erfassung der Vorgänge ist es üblich und notwendig, die Abläufe in weitere Einzelschritte zu zerlegen und diese zu beschreiben. Zur Erfassung der einzelnen Schritte müssen wesentlich kleinere Größenskalen berücksichtigt werden als die, welche dem Prozessraum entsprechen. Im Beispiel 1.1 wird das anhand der Sprühtrocknung verdeutlicht. Das Beispiel zeigt auch, dass in diesem Fall mechanische und thermische Grundoperationen simultan ablaufen und, dass diese für die Lehre des Fachgebietes sinnvolle Unterteilung entsprechend Abb. 1.2 bei der praktischen Anwendung nicht immer möglich ist.

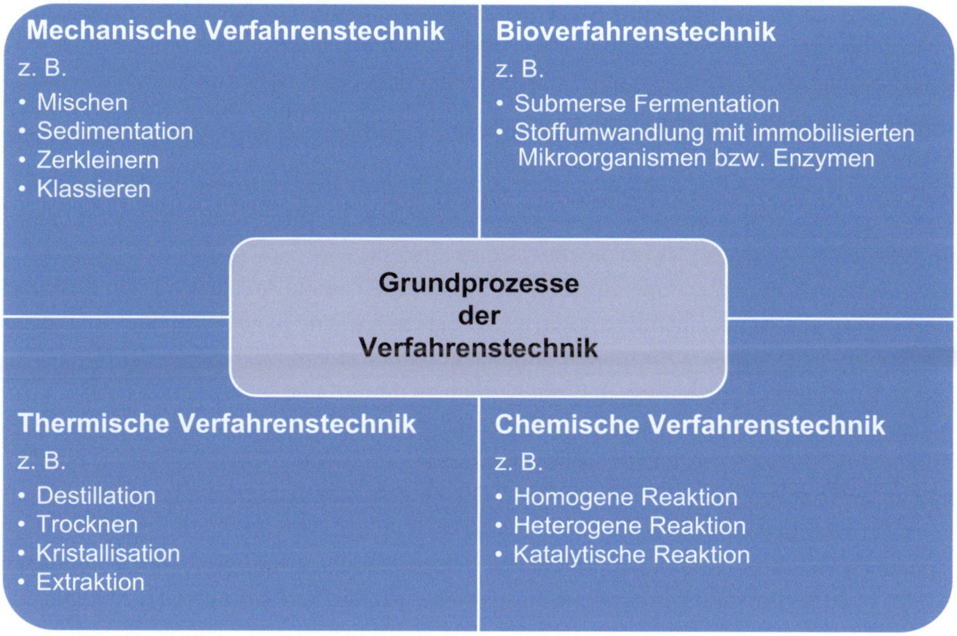

Abb. 1.2 Gliederung der Verfahrenstechnik und zugehörige Grundoperationen

Beispiel 1.1: *Sprühtrocknung*

Bei der Sprühtrocknung wird aus einer Suspension heraus ein trockener Feststoff, meist in Form eines Agglomerates feiner Partikeln, gewonnen. Man betrachtet beim Vorgang der Sprühtrocknung eines Feststoffes folgende Vorgänge:

- die Tropfenerzeugung,
- die Tropfenbewegung im Trockner,
- den gekoppelten Wärme- und Stoffaustausch an der Phasengrenze der Tropfen sowie
- die Agglomeratbildung und
- den Feuchttransport im Agglomerat.

Im Zusammenhang mit einem Produktionsprozess soll der Trocknungsvorgang so ablaufen, dass Agglomerate mit einer bestimmten Größe, inneren Struktur, Festigkeit und sonstigen gewünschten Eigenschaften erzeugt werden. An diesem Beispiel wird auch deutlich, dass im Fall eines Produktionsprozesses durch die Wahl der Bedingungen bei der Stoffwandlung wesentliche Eigenschaften des erzeugten Produktes eingestellt werden.

Anlagen zur Herstellung von Grundchemikalien werden in der Regel kontinuierlich betrieben und sind auf die Herstellung eines bestimmten Produktes abgestimmt. Dabei wird die „Economy of Scale“ ausgenutzt, was bedeutet, dass die Produktionskosten mit größer werdenden Produktionsmengen und einer entsprechenden Anlagengröße sinken. Im Fall von solchen „World-Scale-Anlagen“ wird die optimale Anlagenkonfiguration auf Basis der Produktanforderungen des Marktes, den zur Verfügung stehenden Rohstoffen und dem Umfeld, in dem produziert wird, entwickelt. Oft werden die Anlagen im Verbund mit anderen Anlagen betrieben, sodass nicht verwertbare Energie- und Stoffströme mit anderen Anlagen ausgetauscht und genutzt werden können. Entsprechende Anlagen werden daher bevorzugt in so genannten Chemieparks errichtet, in denen solche Synergieeffekte zum Vorteil für die darin angesiedelten Einzelunternehmen genutzt werden. Die meisten der dort installierten Anlagen sind einzigartig, d. h. sie wurden an die örtliche Situation angepasst.

Die große Zahl der Produkte der Feinchemie, Pharmazie, Biotechnologie und Lebensmitteltechnik können aus wirtschaftlichen Gründen oft nicht in einer eigens für ein Produkt errichteten Anlage produziert werden. Die herzustellende Menge eines Produktes ist oft zu gering, um eine Produktionsanlage dauerhaft auszulasten. In solchen Fällen sind so genannten Mehrproduktanlagen üblich, die flexibel an die jeweilige Aufgabe angepasst werden können. Bei einem Produktwechsel ist eine gründliche Reinigung der Anlagen und ggf. eine Anpassung an die etwas abweichenden Betriebsparameter der nächsten Produktionsphase notwendig. Die Anlagen werden jedoch so konzipiert, dass keine größeren Umbaumaßnahmen dabei erforderlich sind. Je nach Konzept werden die Anlagen kontinuierlich oder diskontinuierlich betrieben.

Die produzierenden Unternehmen konzentrieren sich zunehmend auf ihr Kerngeschäft. Die Kapazitäten ihrer Ingenieurabteilungen reichen oft nicht aus, um größere Investitionsprojekte zu bearbeiten. Daher kooperieren sie im Zusammenhang mit einer Anlagenplanung, Anlagenerweiterung oder der Anlageninstandhaltung zunehmend mit externen Dienstleistungsunternehmen. Diese haben sich in Form von Engineering-Unternehmen und Anlagenbauern zu einem unverzichtbaren Partner für diese Unternehmen entwickelt. Je nach Vertragsgestaltung, übernehmen sie die schlüsselfertige (engl.: Turnkey) Erstellung von verfahrenstechnischen Anlagen, inklusive der Ingenieurleistungen, der Beschaffung oder Fertigung von Komponenten, der Ausführung der Bau- und Montagearbeiten und der Inbetriebnahme. Diese Form der Projektabwicklung, bei der ein Auftragnehmer als Generalunternehmer auftritt und sich verpflichtet eine Anlage schlüsselfertig zum Festpreis und zu einem mit Konventionalstrafen belegten Termin zu liefern, wird international mit den Schlagworten „Engineering, Procurement and Construction“ (kurz: EPC) beschrieben. Der EPC-Lieferant (engl.: Contractor) erbringt hierfür bis zur Übergabe alle notwendigen Leistungen.

In einem Unternehmen nicht vorhandene Technologien und Verfahren werden oft zugekauft oder lizenziert. Auch Neu- bzw. Weiterentwicklung von Prozessen und Anlagen werden im Rahmen von Kooperationen durchgeführt. Dabei zeichnet sich ein Trend zu standardisierten und modularisierten Anlagen ab. Dadurch sollen Produktideen schneller umgesetzt und an die Bedürfnisse des Marktes angepasst werden. Die Modularisierung im Anlagenbau wird im Kap. 4 näher betrachtet.

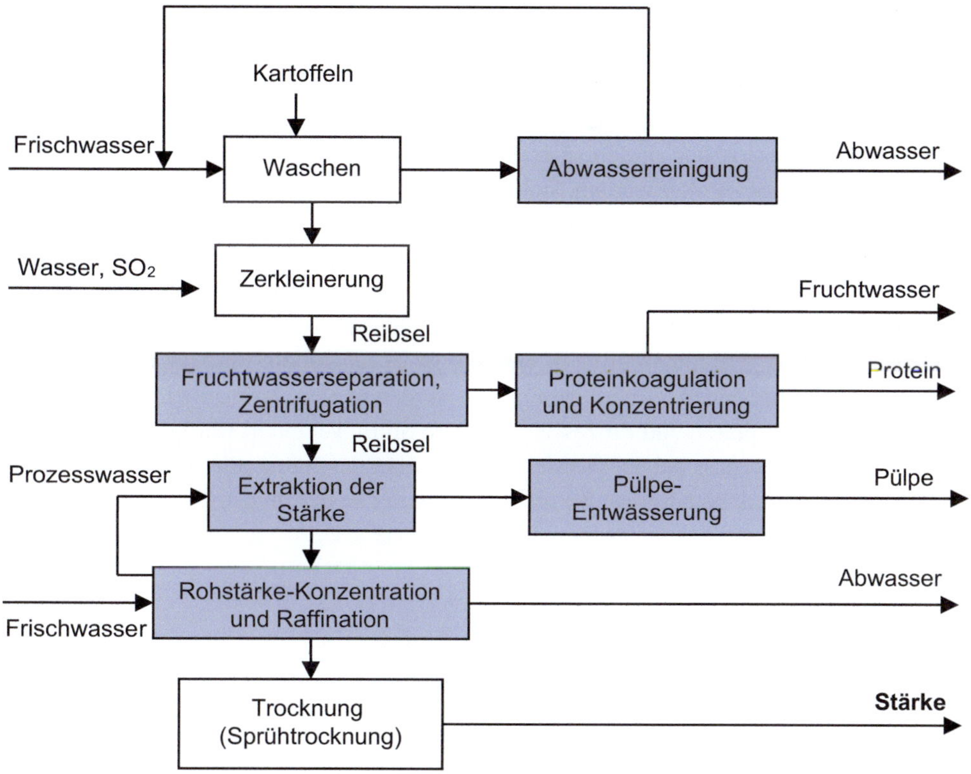

Abb. 1.3 Prozessschema zur Gewinnung von Kartoffelstärke

In Abb. 1.3 ist als Beispiel für einen verfahrenstechnischen Prozess ein Prozessschema zur Gewinnung von Kartoffelstärke aufgeführt. Daraus kann entnommen werden, dass in dem Prozess Grundoperationen aus vielen Gebieten der Verfahrenstechnik zusammenwirken, um die gewünschte Stoffumwandlung zu erreichen. Ziel ist, diese so führen, dass die Ausgangsstoffe mit möglichst wenigen Zwischenschritten in den Zustand des gewünschten Produktes überführt werden. Daher ist die Prozessentwicklung in der Verfahrenstechnik eng mit der Produktentwicklung verzahnt. Jeder verfahrenstechnische Prozess und die zugehörige Anlage müssen den Kriterien

- der Wirtschaftlichkeit,
- der Produktqualität,
- der Umweltverträglichkeit und des Umweltschutzes,
- des effizienten Rohstoffeinsatzes,
- der sparsamen Energienutzung und
- der Sicherheit genügen.

Die Apparate- und Anlagentechnik beschäftigt sich innerhalb der Verfahrenstechnik mit der technisch-wirtschaftlichen Umsetzung und dem Betrieb verfahrenstechnischer Prozesse in Form von Apparaten, Maschinen und Anlagen. Das schließt die Planung und Entwicklung sowie den Bau solcher Anlagen mit ein. Da dabei zum Teil erhebliche finanzielle Mittel eingesetzt und in den später betriebenen Anlagen oftmals große Stoff- und Energieströme umgewandelt werden, sind auch die mit der Umsetzung verbundenen umweltrelevanten sowie betriebs- und volkswirtschaftlichen Aspekte zu beachten.

Die Entwicklung, Planung, Errichtung und Inbetriebnahme einer verfahrenstechnischen Anlage werden von den jeweiligen örtlichen und zeitlichen Gegebenheiten geprägt. Es handelt sich in der Regel um ein einmaliges Vorhaben und damit um ein Projekt. Damit die gesetzten Ziele fristgemäß erreicht werden, ist es ratsam die Methoden des Projektmanagements anzuwenden. Grundlagen hierzu werden in Kap. 2 vermittelt.

Die Zahl der Verfahren und Prozesse, bei denen Stoffe verändert werden, ist sehr groß. Man geht davon aus, dass bei der Herstellung weit über der Hälfte aller Industrieprodukte die Verfahrenstechnik beteiligt ist. Somit ist ihr Beitrag an der Industrieproduktion erheblich. Sie ist eine Grundlage vieler Industriezweige, wie z. B.

- der chemischen Industrie (inkl. Petrochemie),
- dem Apparate- und Anlagenbau,
- der Kautschuk-, Gummi- und Kunststoffindustrie,
- der Textilindustrie,
- der Lebensmittel- und Genussmittelindustrie,
- der Futtermittelindustrie,
- der pharmazeutischen Industrie und Medizintechnik,
- der Papier- und Zellstoffindustrie,
- dem Bergbau und der Energie- und Brennstoffindustrie,
- dem Hüttenwesen,
- der Produktionstechnik,
- der Glas-, Keramik-, Zement-, Kalk-, Steine- und Erdenindustrie,
- der Wasseraufbereitung,
- der Umwelttechnik und Entsorgungsindustrie.

Die Aufzählung lässt auch erahnen, dass die Zahl der zu behandelnden Stoffe unüberschaubar ist.

Bereits bei der Planung der Anlagen und Auslegung der Apparate und Maschinen sind zahlreiche gesetzliche Anforderungen, die u. a. die Arbeitssicherheit, den Umweltschutz und die Unbedenklichkeit der Produkte betreffen, zu beachten. Hierzu ist es notwendig, die Struktur bzw. Hierarchie der gesetzlichen Regelwerke zu kennen. Diese werden für den Fall des „Technischen Rechts" in Kap. 6 behandelt.

Zahlreiche Organisationen erarbeiten auf Basis der gesetzlichen Vorgaben und/oder dem aktuellen Stand der Technik und Wirtschaft qualifizierte Regeln bzw. Empfehlungen, die helfen, die hohen Anforderungen zu erfüllen. Diese Normen, Richtlinien oder Empfehlungen enthalten u. a. anerkannte Lösungen für wiederkehrende Aufgaben, oder sie spezifizieren die z. T. komplexen Anforderungen, welchen die Anlagen genügen müssen. Kap. 7 behandelt daher Grundlagen dieser Standardisierungsarbeit und stellt die für die Anlagentechnik bedeutenden Organisationen vor.

1.2 Entwicklung, Planung und Konstruktion

Die Entwicklung und Planung einer Anlage beinhalten unzählige Arbeitsschritte, die ineinander übergehen oder aufeinander folgen. Dabei wird meist nicht zwischen einer Entwicklung und Planung unterschieden.

Entwicklung
Im engeren Sinne spricht man von einer Entwicklung, wenn technisches Neuland betreten wird. In diesem Fall gibt es für die durchzuführenden Arbeiten keinen Stand der Technik, an dem man sich orientieren kann, und keine anerkannten Regeln der Technik, nach denen man vorgehen kann. Die Neuerung bei einer Anlagenentwicklung kann sich z. B. auf die Verfahrensweise, die Gestaltung der Anlage, die Werkstoffe oder die Anwendung des Verfahrens beziehen. Da keine gesicherten Erfahrungen vorliegen, ist eine Entwicklung immer mit Risiken und Gefahren verbunden. Durch eine Erprobung von neu entwickelten Anlagen im kleineren Maßstab (Pilotmaßstab), können die Risiken und die darin begründeten Gefahren mit einer Anlage im Produktionsmaßstab minimiert werden. Solche Versuche sind oft ein wesentlicher Teil der Prozess- und Anlagenentwicklung. Zunehmend werden die experimentellen Arbeiten durch „virtuelle Versuche“ auf Basis von Simulationsprogrammen ergänzt. Die Bedeutung der Versuchs- und Simulationstechniken in Verbindung mit einer Prozess- und Anlagenentwicklung wird in Kap. 5 behandelt.

Im Laufe eines Entwicklungsprozesses wird auch neues Wissen generiert. Im Zusammenhang mit einem neuen Produkt und/oder einem neuen Prozess, die nutzbringend angewendet und wirtschaftlich verwertet werden, spricht man auch von einer Innovation. Bei verfahrenstechnisch hergestellten Produkten sind Innovationen häufig mit dem Herstellungsprozess verbunden. Es sind Beispiele bekannt, bei denen durch neue Synthesewege und/oder optimierte Aufarbeitungsschritte erhebliche Kosten eingespart und gleichzeitig die Produkteigenschaften verbessert werden konnten.

Ein Zwang zur stetigen Produkt- und Prozessentwicklung und zur Innovation ergibt sich für produzierende Unternehmen aufgrund der Konkurrenz und der stetigen Veränderungen des Umfeldes. In einer freien Marktwirtschaft, bei der staatliche Eingriffe in die Wirtschaft auf das notwendigste beschränkt werden, sind Innovationen der Unternehmen für das Gemeinwohl von großer Bedeutung. Sie sichern den Fortschritt innerhalb der Gemeinschaft und die Konkurrenzfähigkeit der Unternehmen in einem globalisierten Markt.

Planung, Konstruktion

Bei einer Planung und Konstruktion werden Verfahren und die zugehörigen Apparate und/ oder Maschinen auf Basis anerkannter Regeln der Technik und/oder sonstiger gesicherter technischer und wissenschaftlicher Erkenntnisse entworfen bzw. konkretisiert. Dabei werden z. B. Konstruktionselemente sinnvoll ausgewählt und zusammengefügt. Die Wirkmechanismen sind in diesem Fall aufgrund von Erkenntnissen, Erfahrungen und der praktischen Bewährung unter definierten Einsatzbedingungen bekannt und beherrschbar. Das Verhalten der Anlagen und Verfahren ist im Rahmen der geplanten Betriebsbedingungen vorhersehbar. Fehler bei der Konstruktionsarbeit können durch Vergleich mit anerkannten Regeln der Technik oder sonstigem technischen Wissen eindeutig nachgewiesen werden. Dies ist ein wesentliches Unterscheidungsmerkmal zu Entwicklungsarbeiten, was auch für eine rechtliche Beurteilung von Fehlern von Bedeutung ist.

Bei der Planung und dem Bau einer Anlage müssen neben den technischen, betrieblichen und wirtschaftlichen Forderungen auch eine Vielzahl von rechtlichen Vorschriften beachtet werden. Meist sind verschiedene Lösungen möglich. Die Dimensionierung und Gestaltung von Elementen des Apparate- und Maschinenbaues ist Gegenstand eigenständiger Fachdisziplinen mit einer umfangreichen Fachliteratur. Viele Elemente sind standardisiert (z. B. durch EN-, DIN- und ISO-Normen) und die Rechenverfahren zu ihrer Dimensionierung in technischen Regelwerken festgelegt. Für den Apparatebau geltende Regelwerke werden in Kap. 7 aufgeführt und in Kap. 9 näher behandelt.

Da verfahrenstechnische Methoden mit verschiedensten Stoffen in unterschiedlichen Industriezweigen angewendet werden, sind die Anforderungen an die Anlagentechnik entsprechend vielfältig und verschiedenartig. Daher sind die meisten verfahrenstechnischen Anlagen einzigartig. Eine Serienfertigung ist in der Regel für Komponenten, Bauteile sowie einzelne Module wirtschaftlich.

Anhand von Beispiel 1.2 werden Aspekte bzw. Gesichtspunkte, welche bei der Auslegung und apparatetechnischen Gestaltung eines Wärmeaustauschers zur Kühlung eines Gasstroms berücksichtigt werden müssen, aufgelistet. Die Liste zeigt, dass Wissen aus unterschiedlichen Disziplinen notwendig ist, um die gestellte Aufgabe zu lösen.

Beispiel 1.2: Zu berücksichtigende Aspekte bei der Auslegung und Gestaltung eines Wärmeaustauschers zur Gaskühlung

- Stoffdaten des Gasstroms,
- Stoffdaten des Kühlmediums (z. B. Kühlwasser),
- Betriebsdaten (u. a. Eintrittstemperaturen des Gases und des Kühlmediums, Gasvolumenstrom, Eintrittsdrücke),
- Betriebliche Anforderungen (u. a. Austrittstemperaturen),
- mögliche Betriebsweisen,
- Werkstoffauswahl unter Berücksichtigung von chemischer und thermischer Beständigkeit und Kosten,
- thermodynamische und strömungsmechanische Auslegung des Wärmeaustauschers (Berechnung der Wärmeübertragung und der Kühlfläche, Strömungsführung, Druckverlust, Temperaturen an den Heizflächen, Festlegung von Apparateabmessungen),

- Berücksichtigung von Verschmutzungseffekten (Fouling von Wärmetauscherflächen, ggf. Berücksichtigung von Reinigungsmaßnahmen),
- Mechanische Auslegung (Festigkeitsberechnung der Bauteile, Festlegung von Wanddicken), Überprüfung der Werkstoffauswahl, Berücksichtigung des Normalbetriebes und von möglichen Störfällen,
- Forderungen nach Gesetzen und Richtlinien (z. B. in Deutschland „Produktsicherheitsgesetz", „Druckgeräterichtlinie", Konformitätsbewertungsverfahren zur CE-Kennzeichnung)
- Überprüfung der Auslegung für den Fall von Anfahr- und Abschaltvorgängen (instationäre Betriebsphasen mit möglichen thermischen Spannungen),
- Berücksichtigung von Beanspruchungen durch Schwingungen und besondere Betriebszustände mit Druckschwankungen (z. B. Beanspruchung auf Einbeulen beim Entleeren),
- Ggf. Berücksichtigung von Veränderungen durch Erosion, Abrasion, Korrosion, Kriechen, Ermüden und Verspröden,
- Prüfung der Zugänglichkeit, Austauschbarkeit und Überprüfbarkeit,
- mögliche Fertigungsmethoden,
- Geforderte und geplante Abnahmeprüfungen,
- Berücksichtigung von Erfahrungen und des Standes der Technik,
- Herstellungskosten.

1.3 Apparatebau, Maschinenbau, Apparatetechnik

Der Apparate- und Maschinenbau beschäftigt sich mit der Entwicklung, Gestaltung und dem Bau von Apparaten und Maschinen, die u. a. in verfahrenstechnischen Anlagen zum Einsatz kommen. Apparate sind durch das Fehlen bewegter Teile gekennzeichnet. Sie dienen oft dem Wärme- und Stoffaustausch und werden entsprechend den ablaufenden Grundoperationen als Reaktor, Fermenter, Absorber, Extraktor, Kristallisator, Mischer, Filter, Wärmeaustauscher usw. bezeichnet. Apparate werden in der Regel in Kombination mit Arbeitsmaschinen, wie z. B. Pumpen und Verdichter, betrieben.

Maschinen beinhalten bewegte, vor allem rotierende und/oder pulsierende Teile. In einem verfahrenstechnischen Prozess kann oft alternativ zu einem Apparat auch eine Maschine eingesetzt werden, mit der dann die ablaufenden Operationen effektiver durchgeführt werden. So werden z. B. in Zentrifugen, die den Maschinen zugeordnet werden, Partikeln gegenüber dem Absetzvorgang in Sedimentationsbecken wesentlich höher durch Zentrifugalkräfte beschleunigt und effektiver abgetrennt. Dadurch wird der auf das Volumen bezogene spezifische Stoffdurchsatz vergrößert. Die Partikelabscheidung wird intensiviert, sodass man auch von einer Prozessintensivierung spricht. Die im Vergleich zu einem Apparat aufwändigere Konstruktion einer Maschine und der z. T. erhöhte Energieaufwand beim Betrieb sind dann gerechtfertigt, wenn die Operation mit einer Maschine insgesamt wirtschaftlicher durchgeführt werden kann. Beim Einsatz einer Zentrifuge ist dies insbesondere bei kleinen Dichtedifferenzen und Partikelgrößen der Fall. Aufgrund der gegenüber der Erdbeschleunigung um ein Vielfaches höheren Zentrifugalbeschleunigung, ist die Separation feiner Partikel in einer Zentrifuge wesentlich schneller abgeschlossen. Die höhere Wirtschaftlichkeit der Maschine ist oft auch dadurch gegeben, dass ihr Bauvolumen kleiner ist als das, des möglichen Apparates (z. B. ein Sedimentationsbecken).

Die Vor- und Nachteile von Stoffaustauschmaschinen gegenüber Apparaten werden von Mersmann [1] und Brauer [2] anhand von Beispielen behandelt. Ein Rührkessel besitzt typische Bauteile eines Apparates (z. B. Behälter, Anschlüsse an Rohrleitungen) und einer Maschine (z. B. Rührwerk mit Motor, Welle und Getriebe). Er ist ein Beispiel dafür, dass der Übergang zwischen den beiden „Bausteinen" einer Anlage fließend ist.

Eine Maschine bzw. ein Apparat wird von einem Hersteller produziert und geliefert. Apparate und Maschinen bestehen wiederum aus einer Vielzahl von gleichartigen Bauelementen (Maschinenelemente bzw. Elemente des Apparatebaues), die lösbar oder unlösbar miteinander verbunden sind. Abb. 1.4 zeigt exemplarisch einen liegenden Behälter. Er ist aus vielen Bauteilen (Elementen) zusammengesetzt. Die Auswahl der Elemente und ihr Zusammenfügen unter Berücksichtigung zahlreicher Forderungen, Gesichtspunkten und Bedingungen ist eine typische Entwicklungs- oder Konstruktionsaufgabe.

Zusammenfassend kann festgestellt werden, dass im Apparatebau u. a. folgende Arbeitspakete bearbeitet werden:

- die Entwicklung von Apparaten und ihrer Elemente,
- die Auslegung, Dimensionierung von Apparaten,
- die Auswahl der Werkstoffe,
- die Auswahl von Bauelementen,
- die Apparatefertigung,

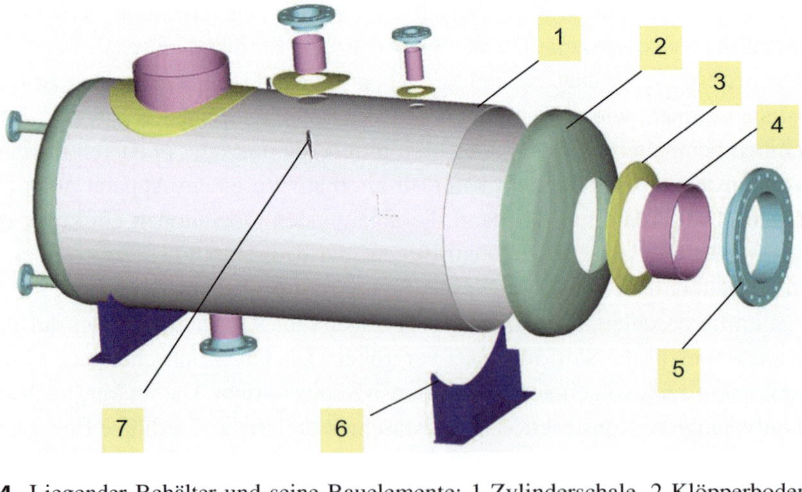

Abb. 1.4 Liegender Behälter und seine Bauelemente: 1 Zylinderschale, 2 Klöpperboden, 3 Verstärkungsscheibe, 4 Stutzenrohr, 5 Flansch, 6 Sattellager, 7 Tragöse

- die Prüfung von Apparaten,
- die Montage von Apparaten und Maschinen zu einer Anlage.

Die Apparatetechnik beinhaltet darüber hinaus auch

- den Anlagenbetrieb und seine Überwachung,
- die Reinigung, Desinfektion bzw. Sterilisation sowie
- die Wartung und Instandhaltung von Apparaten und Maschinen.

Die Ausführungen machen deutlich, dass der Apparatebau und die Apparatetechnik eng mit den in Abb. 1.2 aufgeführten Teilgebieten der Verfahrenstechnik verbunden sind. Entsprechend der Aufgabenstellung und den zu entwickelnden bzw. zu planenden Anlagen müssen auch Erkenntnisse aus anderen Disziplinen, wie z. B. der Hochdrucktechnik, der Kältetechnik, der Feuerungstechnik oder der Bio-, Lebensmittel- und Pharmatechnik, berücksichtigt werden.

1.4 Literatur

Die Darstellung zeigt, dass im Zusammenhang mit der Planung einer verfahrenstechnischen Anlage viele Themengebiete zu beachten sind. Die theoretischen Grundlagen, das Erfahrungswissen und die betrieblichen Anforderungen entwickeln sich stetig weiter. Außerdem werden die zu beachtenden gesetzlichen Regeln und Richtlinien ständig ergänzt und weiterentwickelt, so dass auch laufend bekannte Standards verändert werden. Einige Grundlagen und Teilgebiete sind in Fachbüchern enthalten. Während die theoretischen und technischen Grundlagen darin weiterhin gültig sind, entsprechen viele Angaben darin nicht mehr dem neusten Stand. In der folgenden Literaturübersicht werden einige Bücher genannt, die für die Entwicklung des Gebietes im deutschsprachigen Raum prägend waren.

Bernecker, G. (2001): *Planung und Bau verfahrenstechnischer Anlagen*. 4. Auflage, Springer Verlag, Heidelberg; „Klassiker der Technik“, ISBN: 978-3-540-41831-3

Blaß, E. (1997): *Entwicklung verfahrenstechnischer Prozesse*. 2. Auflage, Springer Verlag, Heidelberg, ISBN: 978-3-540-61823-2

Hauser, G. (2008): *Hygienegerechte Apparate- und Anlagen*. Verlag Wiley-VCH, Weinheim, ISBN: 978-3-527-32291-6

Hauser, G. (2008): *Hygienische Produktionstechnologie*. Verlag Wiley-VCH, Weinheim, ISBN: 978-3-527-30307-6

Herz, R. (2014): *Grundlagen der Rohrleitungs- und Apparatetechnik*. 4. Auflage, Vulkan-Verlag, Essen; ISBN: 978-3-802-72782-5

Klapp, E. (1980): *Apparate- und Anlagentechnik*. Springer Verlag, Heidelberg; „Klassiker der Technik“. ISBN: 978-3-540-43867-0

Rausch, J. (1998): *Mehrproduktanlagen.* Wiley-VCH Verlag, Weinheim; ISBN: 3-527-28741-8

Reichert, O. (1979): *Systematische Planung von Anlagen der Verfahrenstechnik.* Carl Hanser Verlag, München; ISBN: 3-446-12593-0

Sattler, K.; Kasper, W. (2000): *Verfahrenstechnische Anlagen – Planung, Bau und Betrieb.* Band 1 und Band 2; Wiley-VCH Verlag, Weinheim, ISBN: 3-527-28459-1

Schwaigerer, S; Mühlenbeck, G. (1997): *Festigkeitsberechnung im Dampfkessel-, Behälter- und Rohrleitungsbau.* 5.Auflage, Springer-Verlag; Heidelberg, ISBN: 978-3-540-61818-8

Titze H., Wilke H.-P. (1997): *Elemente des Apparatebaues.* Springer Verlag, Berlin, ISBN: 978-3-540-55257-4

Vogel, G. H. (2012): *Verfahrensentwicklung,* Wiley-VCH Verlag, Weinheim, ISBN: 978-3-527-66074-2

Wagner, W. (2018): *Festigkeitsberechnungen im Apparate- und Rohrleitungsbau.* 9. Auflage, Vogel-Buchverlag, Würzburg; ISBN: 978-3-8343-3432-9

Wagner, W. (2018): *Planung im Anlagenbau.* 4. Auflage, Vogel-Buchverlag, Würzburg; ISBN: 3-8023-1723-8

Literatur

1. Mersmann A, Voit H, Zeppenfeld R (1986) Brauchen wir Stoffaustauschmaschinen? Chem Ing Tech 58(2):87–96. https://doi.org/10.1002/cite.330580202
2. Brauer H (1986) Stoffaustausch-Maschinen. Chancen für den Gerätebau und die stoffwandelnde Industrie. Chem Ing Tech 58(2):97–107. https://doi.org/10.1002/cite.330580203

Einführung in das Projektmanagement 2

2.1 Kennzeichnung eines Projektes

Die Entwicklung und Planung einer verfahrenstechnischen Anlage wird von den jeweiligen örtlichen und zeitlichen Gegebenheiten geprägt und ist damit ein einmaliges Vorhaben bzw. ein Projekt. Ein Projekt ist gekennzeichnet durch

- die Einmaligkeit der Bedingungen,
- eine komplexe Struktur,
- eine definierte Zielvorgabe,
- eine zeitliche Begrenzung,
- begrenzte (u. a. finanzielle, personelle) Mittel und durch
- einen vorgegeben organisatorischen Rahmen (z. B. in Form einer Unternehmensorganisation).

Ein Projekt hat einen Projektträger, der die Ziele vorgibt bzw. die Aufgabe stellt und die zur Bearbeitung notwendigen Mittel bereitstellt und eine Projektleitung, welche mit Entscheidungsbefugnissen ausgestattet ist, die das Projekt betreffen.

Im Gegensatz zu einem Projekt werden in vielen Bereichen Aufgaben nach festgelegten Anweisungen und Regeln gelöst. So werden mit verfahrenstechnischen Anlagen Produkte aus Rohstoffen unter definierten Bedingungen hergestellt. Ein Auto wird mit einem bis ins Detail festgelegten Produktionsprozess gefertigt. Anlagen werden mit validierten und damit festgelegten Reinigungsprozessen gereinigt. Diese detaillierte und dokumentierte Festlegung von sich wiederholenden Abläufen ist Teil von Qualitätsmanagementsystemen. Es soll dadurch gewährleistet werden, dass die vorgegebenen Anforderungen und Ziele mit großer Wahrscheinlichkeit mit dem Einsatz der geplanten Mittel erfüllt werden. Solche Arbeitsprozesse werden im Gegensatz zu einem Projekt immer wiederholt. Sie sind so zu führen, dass immer das gleiche vorgegebene Ergebnis erreicht wird.

S. Ripperger, K. Nikolaus, *Entwicklung und Planung verfahrenstechnischer Anlagen*, VDI-Buch, https://doi.org/10.1007/978-3-662-60427-4_2

Arbeitsprozesse werden oft im Rahmen von Projekten entwickelt, die jedoch nach der Entwicklung abgeschlossen sind.

Die komplexe Aufgabe einer Prozess- und Anlagenplanung, erzwingt eine Zerlegung in viele Teilaufgaben, die von verschiedenen Mitarbeitern, die z. T. in verschiedenen Organisationen eingebunden sind, innerhalb eines Projektteams bearbeitet werden. Die Komplexität eines Projektes erfordert es auch, dass innerhalb eines Projektteams Mitglieder unterschiedlicher Fachdisziplinen vertreten sind. Dabei sind einerseits Mitarbeiter gefragt, die interdisziplinär arbeiten und die Konzepte entwerfen, anderseits müssen oft auch Spezialisten hinzugezogen werden, die sich auf einem eng gesteckten Gebiet auskennen. Auch externe Partner, mit einem Fachwissen das innerhalb einer Organisation nicht ausreichend vorhanden ist, können ein Projektteam vervollständigen. Alle im Team müssen auf ein gemeinsames Ziel hinarbeiten und kooperieren.

Das Team wird in der Regel von einem Projektmanager geführt (siehe Abschn. 2.3). Eine Projektbearbeitung beinhaltet viele gleichzeitig ablaufende, koordinierte Schritte. Zur Lösung der Aufgabe bzw. zur Erreichung der vorgegebenen Ziele ist eine systematische und strukturierte Vorgehensweise notwendig, welche eine Projektbearbeitung auszeichnet.

Je nach Zielstellung kann im Zusammenhang mit der Errichtung einer verfahrenstechnischen Anlage zwischen einem Forschungs-, Entwicklungs- oder Erweiterungsprojekt unterschieden werden. Dabei handelt es sich überwiegend auch um ein Investitionsprojekt.

Die Projektbearbeitung wird in der Regel in einzelne Projektphasen untergliedert, die durch sogenannte „Meilensteine“ abgeschlossen werden. Diese Untergliederung richtet sich nach dem Arbeitsfluss. In Abb. 2.1 sind diese Phasen in Anlehnung an DIN 69901 [1]

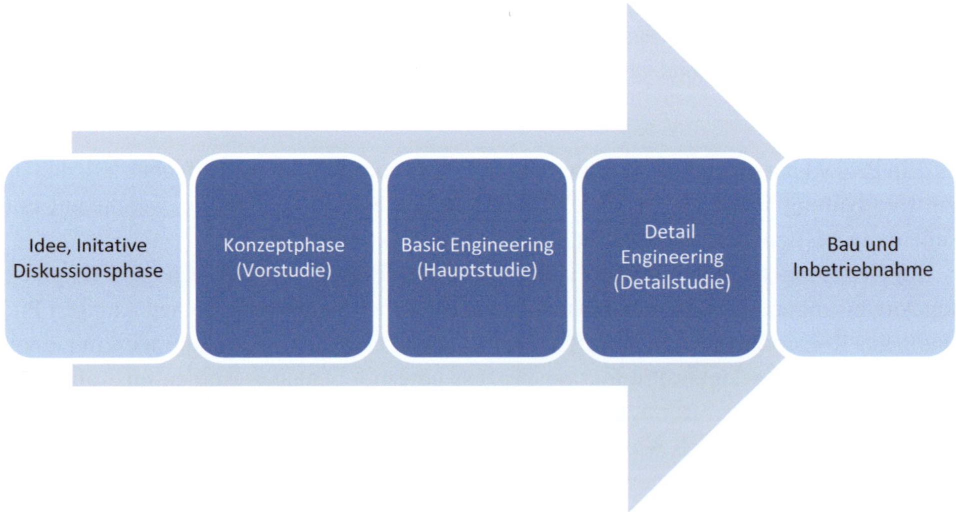

Abb. 2.1 Gliederung des Projektablaufs bei einer Anlagenplanung

für eine Anlagenplanung dargestellt. Bei den Meilensteinen handelt sich um Unter- bzw. Zwischenziele eines Projekts, die am Ende der jeweiligen Phase erreicht werden sollen. Meist wird am Ende einer Phase ein Projektbericht erstellt und die erbrachten Leistungen und Ergebnisse werden vom Projektträger geprüft. Nach der Prüfung wird entschieden, ob die Projektbearbeitung fortgeführt wird und die dazu notwendigen Mittel bereitgestellt werden. Bei veränderten Randbedingungen oder unbefriedigenden Zwischenergebnissen kann die weitere Projektbearbeitung geändert, verschoben oder eingestellt werden.

2.2 Projektablauf bei einer Anlagenplanung

Innerhalb eines verfahrenstechnischen Prozesses sind meist mehrere Grundoperationen (Grundverfahren) miteinander verknüpft. Die Anforderungen an diese Verfahren werden u. a. von den vor- und nachgeschalteten Prozessstufen und den betrieblichen Bedingungen beeinflusst.

Die Auswahl einer Grundoperation und des zugehörigen Apparats oder Maschine, ist ein Planungs- und Entscheidungsprozess, bei dem die speziellen Anforderungen an die Verfahrensstufe sowie die Gegebenheiten des Gesamtprozesses berücksichtigt werden müssen. Eine optimale Entscheidung erfordert bereits eine umfangreiche Informationssammlung und -auswertung. Diese berücksichtigt u. a. die Ausgangssituation, die Gründe und Ziele der durchzuführenden Entwicklung und Planung sowie die konkrete Aufgabenstellung. Meist werden mehrere Alternativen entwickelt und geprüft.

Weitaus komplexer als die Auswahl und Auslegung einer einzigen Verfahrensstufe ist die Entwicklung eines ganzen verfahrenstechnischen Prozesses und der dazu gehörigen Anlage. Auf dem Gebiet der Verfahrenstechnik ist eine Prozessentwicklung oft eng mit einer Produktentwicklung verbunden, wobei meist Neuland betreten wird. Die Entscheidungen zu einer solchen Entwicklung bindet meist ein großes Kapitalvolumen und ist daher mit erheblichen Risiken verbunden. Die Investitionen werden nur getätigt, wenn neben ihrer Wirtschaftlichkeit auch strategische Unternehmensziele damit erreicht werden. Die Erreichung dieser Ziele ist immer mit dem Umfeld und dem Markterfolg der erzeugten Produkte verbunden. Eine neue Anlage, die häufig eine Investition von mehreren Millionen Euro erfordert, soll möglichst über mehrere Jahre, wenn nicht sogar Jahrzehnte genutzt werden. Daher müssen bei der Planung der neueste Stand der Technik und auch mögliche zukünftige Entwicklungen berücksichtigt werden.

Eine Anlagenplanung wird in der Regel im Rahmen eines Projektes durchgeführt und entsprechend Abb. 2.1 in drei wesentliche Projektphasen unterteilt. Die Konzeptphase (Vorstudie), das Basic Engineering (Hauptstudie) und das Detail Engineering (Detailstudie bzw. Ausführungsplanung). Diesen schließen sich dann die Phasen der Realisierung bzw. Errichtung der Anlage und der Inbetriebnahme bzw. Abnahme an.

Der eigentlichen Initialisierung des Projektes geht eine Diskussionsphase voraus, in welcher die Idee zur Anlagenplanung entstand und weiterentwickelt wurde. Es ist wichtig, dass mit der Initialisierung eines Projektes das Projektziel, die Projektorganisation und das

Projektmanagement festgelegt werden. Auch sollten bereits ein Projektstrukturplan sowie eine Termin- und Kostenplanung überschlägig ausgearbeitet sein.

Konzeptphase (Vorstudien)

Erste Schritte einer Anlagenplanung beinhalten eine Situationsanalyse und Zielformulierung bzw. Ausarbeitung der Aufgabenstellung. Zur Planung einer verfahrenstechnischen Anlage werden u. a. folgende Informationen benötigt:

- Stoffwerte,
- Beschreibung der Anforderungen an die Anlage,
- Informationen zu den betrieblichen Bedingungen und
- zu beachtende Vorschriften, Richtlinien und technische Regeln.

Der Aufgabenstellung folgt die Lösungssuche, welche in die Teilschritte

- Erarbeitung von Anlagenkonzepten bzw. – varianten und
- Bewertung gegliedert werden kann. Die Erarbeitung von Anlagenkonzepten ist der eigentliche innovative Schritt der Lösungssuche. Im Zusammenhang mit der Bewertung wird analysiert, welches Konzept bzw. welche Variante die Anforderungen der Aufgabenstellung am besten erfüllt.

Um die Lösungssuche zu vereinfachen, hat Blass [2] sogenannte Lösungskataloge vorgeschlagen. Ein Lösungskatalog beinhaltet eine systematisch aufbereitete, fachlich geprüfte und dem aktuellen Stand angepasste Informationssammlung auf Basis von bewährten Problemlösungen. Heute ist man bestrebt, einzelne Konzepte weiter zu konkretisierten und als fertige Anlagenmodule zur Verfügung zu stellen (siehe Kap. 4). Entsprechende Lösungskataloge bzw. Anlagenmodule sind oft in Firmen auf Basis bereits bearbeiteter Projekte vorhanden. Man muss dabei jedoch beachten, dass auch bei nahezu übereinstimmenden Eingangsgrößen, mehrere Lösungsvarianten möglich sind. Im Rahmen einer Projektbearbeitung muss daher eine differenzierte Betrachtung erfolgen und eine Einengung der Variantenvielfalt vorgenommen werden. Dies geschieht auf Basis von Vergleichen und Bewertungen. Vergleichs- und Bewertungskriterien sind u. a. die Investitions- und Betriebskosten, Angaben zur Betriebssicherheit und zum Arbeits- und Umweltschutz sowie der Platzbedarf. Zur Bewertung der wirtschaftlichen Parameter werden Kostenvergleiche sowie Rentabilitäts- und Amortisationsrechnungen durchgeführt. Eine formale Vorgehensweise für eine qualitative Bewertung stellt die Nutzwertanalyse dar. Dabei werden neben den wirtschaftlichen Größen auch andere Parameter entsprechend einer vorzunehmenden Gewichtung berücksichtigt. Dazu gehören z. B.

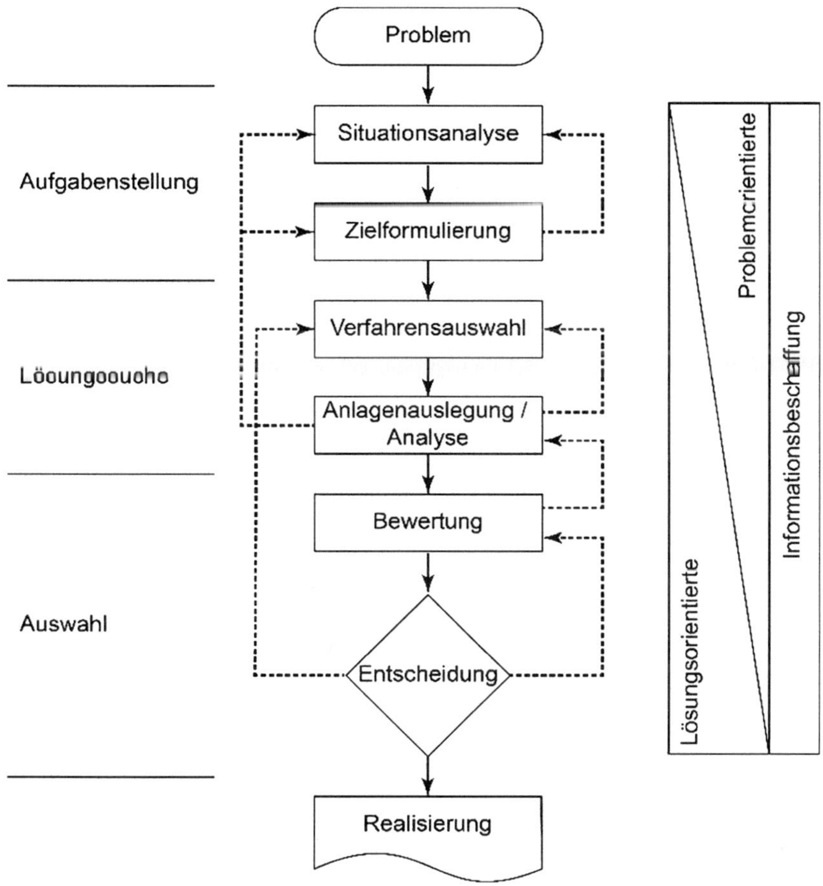

Abb. 2.2 Ablaufplan einer Projektbearbeitung

- die Patentsituation,
- die Versorgung mit Roh- bzw. Hilfsstoffen,
- Produktqualität, Produkteigenschaften,
- kinetische und thermodynamische Daten, usw.

In Abb. 2.2, in welcher der Projektablauf einer Anlagenplanung im Vergleich zur Abb. 2.1 in einer konkreteren Form dargestellt ist, wird mit den gestrichelten Rückführungen angedeutet, dass im Laufe der Projektbearbeitung immer wieder Situationen auftreten, die eine Ergänzung oder neue Ausarbeitung von zuvor bearbeiteten Schritten erfordern.

Je nach den zur Verfügung stehenden Daten können die zugehörigen Anlagen ausgelegt werden. Diese Auslegung wird im Laufe der Projektbearbeitung immer wieder überarbeitet und an den Projektfortschritt angepasst.

Bei vielen Verfahren zur Behandlung komplexer Stoffgemische können einige der notwendigen Informationen und Daten mit der erforderlichen Genauigkeit nur durch Experimente ermittelt werden. Daher beinhaltet eine Projektbearbeitung zu einer verfahrenstechnischen Aufgabenstellung oft auch die Durchführung von Versuchen im Labor- oder Pilotmaßstab (siehe Abschn. 5.1).

Eine andere Datenquelle ist das Expertenwissen, das auf einer langjährigen Erfahrung von Fachleuten bzw. dem Know-how einer Firma beruht. Zunehmend werden in diesem Zusammenhang auch die Möglichkeiten von computergestützten Methoden, ggf. in Verbindung mit Fließschemasimulationen, genutzt.

Der Kostenrahmen für die notwendigen Investitionen einzelner Anlagenvarianten wird abgeschätzt. Die bei Beachtung aller Gesichtspunkte günstigste Variante wird als Ergebnis dieser Planungsphase zur Entscheidung einer Realisierung vorgeschlagen. Der Vorschlag wird in einer Dokumentation begründet.

Basic Engineering (Hauptstudie)

Mit der Hauptstudie wird begonnen, wenn die hierzu benötigten Mittel bereitgestellt sind und wenn mit dem Bau der Anlage zu rechnen ist. Sie konzentriert sich auf die Prozess- und Anlagenentwicklung der günstigsten Variante und präzisiert das Gesamtkonzept für eine Investitionsentscheidung. Dazu müssen u. a. die verfahrenstechnischen Berechnungen zu einzelnen Prozessstufen und Anlagen durchgeführt werden. Die Art der Prozessführung (z. B. kontinuierlich oder absatzweise bzw. diskontinuierlich) und die Energie- und Stoffströme müssen präzisiert werden. Auch die notwendigen Maßnahmen zum Umweltschutz werden geplant. Die Ergebnisse dieser Planungsphase werden in einer Basic-Design-Dokumentation zusammengefasst. Diese enthält u. a. die Verfahrensbeschreibung mit den Fließschemata, eine vergleichende Verfahrensbewertung, die Beschreibung der Einsatzstoffe und der Produkte, die Stoff- und Energiebilanzen, Versuchsresultate, falls im Rahmen der Planung Versuche durchgeführt wurden, Beschreibungen zu speziellen Anlagenkomponenten sowie Angaben zum Gesundheits-, Brand- und Umweltschutz. In der Dokumentation sind möglichst auch noch offene Planungspunkte und die notwendigen ergänzenden Arbeitspakete einer Detailplanung zu beschreiben. Die Ergebnisse des Basic Engineerings sind die Basis für eine Entscheidung, ob die Mittel zur Errichtung der Anlage und die dazu notwendige Detailplanung zur Verfügung gestellt werden.

Detail Engineering (Detailstudie)

Nach einer Entscheidung zur Weiterführung des Projektes gehen die Arbeiten zur Hauptstudie in die Arbeiten zur Detailstudie (Detailplanung) über. Der Planungsaufwand, oft ausgedrückt in den notwendigen „Ingenieurstunden", kann dafür erheblich sein. In Bezug auf die Planungsaufgaben, gibt es einen nahtlosen Übergang von den abstrakten Verfahren zu konkreten Anlagen. Die Details zu den Anlagen werden derart festgelegt, dass mit der Ausschreibung zur Beschaffung der Apparate, Maschinen und Komponenten begonnen werden kann. Einzelne Aufgabenfelder der Detailplanung werden ausführlich von Bernecker [3] beschrieben. Sie beinhalten u. a. die Dimensionierung von Apparaten, Auswahl von Maschinen, Festlegung der Art der Beheizung bzw. Kühlung sowie die Festlegung der Mess-, Steuer- und Regeleinrichtungen, der Prozessüberwachung und der zugehörigen Software.

In dieser Planungsphase bietet die Modularisierung von Anlagen bereits große Vorteile (siehe Kap. 4). Durch die Wiederverwendung von Engineering-Informationen zu bereits realisierten Anlagenmodulen kann der Engineering-Prozess wesentlich beschleunigt werden. Nach der Detailplanung kann mit der Errichtung der Anlage begonnen werden.

Realisierung
Die Realisierungsphase beinhaltet u. a. die Schritte Beschaffung, Montage und Inbetriebnahme [4]. Nach der Inbetriebnahme ist das Projekt „abgewickelt". Die Anlage geht danach in den Verantwortungsbereich eines Betriebes oder eines Werkes über und wird von diesem weiter betrieben und betreut. Diesem Bereich obliegt es dann auch die Anlage zu warten und ggf. im Laufe der Jahre an die technische Entwicklung anzupassen. Während der Inbetriebnahme wird das zum Betrieb notwendige Personal eingearbeitet und unterwiesen.

Großanlagen werden am Ort ihres späteren Betriebes errichtet. Kleine Anlagen, die noch in Einzelteilen transportiert werden können, werden oft beim Lieferanten vormontiert und ausgeliefert. Einige Anlagen werden von einem Auftragnehmer erstellt und schlüsselfertig (engl. Turn-Key) an den Auftragnehmer übergeben. In einem solchen Fall besteht nur eine Schnittstelle zwischen Auftraggeber und -nehmer, da die gesamte Anlage von einem Lieferanten geplant wird. Baugruppen werden häufig bei einem so genannten Factory Acceptance Test (FAT) im vormontierten Zustand bei einem Lieferanten vor der Auslieferung geprüft. Vorteilhaft ist auch, wenn die Anlage möglichst aus standardisierten Baugruppen zum Gesamtsystem zusammengefügt werden kann. All diese Maßnahmen sparen Zeit und minimieren die Kosten (siehe hierzu auch Kap. 4). Eine einheitlich aufgebaute Dokumentation erleichtert die Abnahme, die in den einzelnen Phasen durchgeführt werden.

Die stufenweise Anlagenentwicklung und die dabei vorgenommenen Konkretisierungen spiegeln sich auch in den während der Planung angefertigten Fließbildern wider. Bei der Vorplanung ist es ausreichend, die Funktion einer Prozessstufe zu beschreiben, die z. B. eine Stofftrennung, ein Mischen oder ein Trocknen beinhalten kann. Es wird in dieser Phase ein sogenanntes Grundfließschema (engl. General Flow-Sheet) angefertigt, welche den Prozess bzw. die verfahrenstechnische Anlage in einfacher Form abbildet. Darin eingetragen sind die Stoffströme als Linien, die den einzelnen Stufen zu- und abströmen. Die Prozessstufen, welche oft Grundverfahren beinhalten, werden als Rechtecke dargestellt und entsprechend beschriftet. Zusätzlich können bereits bekannte Betriebsparameter (z. B. Mengenstrom, Druck, Temperatur, Konzentration) angegeben werden. Blass [2] spricht in diesem Zusammenhang von der Funktionsebene.

Die einzelnen Prozessstufen werden in der nächsten Stufe konkretisiert, indem das jeweils genutzte Grundverfahren ausgewählt wird. So wird z. B. für den Fall einer Stofftrennung festgelegt, ob eine Filtration, Zentrifugation oder ein Membranverfahren zum Einsatz kommt. Blass spricht in diesem Zusammenhang von der Physikebene. Das zugehörige Fließschema wird als Verfahrensfließbild (engl. Process Flow-Sheet oder Process Flow-Diagram) bezeichnet. In ihm werden die ausgewählten Apparate mit den zugehörigen Symbolen dargestellt, mit Kürzel beschrieben und in zugehörigen Listen spezifiziert. Zugehörige Betriebsparameter werden ergänzt.

Im Rahmen der Detailplanung werden dann schließlich die in den Prozessstufen zur Anwendung kommende Apparate konstruiert und dimensioniert bzw. die jeweils geeigneten Apparate oder Maschinen werden aus dem Angebot eines Lieferanten ausgewählt. Blass spricht daher in dieser Phase von der Bauartebene. In dieser Phase wird auch das sogenannte Rohrleitungs- und Instrumenten-Fließbild (RI-Fließbild) angefertigt, das symbolische alle erforderlichen Bauteile einer Anlage enthält. Hierzu gehören u. a. Rohrleitungen mit Angabe der Nennweite und der Druckstufe, Pumpen, Behälter, Verdichter, Wärmeübertrager, Messgeräte und deren Prozessanschlüsse. Jedes Bauteil ist durch ein genormtes Symbol gekennzeichnet und wird mit einer Identifikationsnummer versehen und in zugehörigen Listen spezifiziert. In Deutschland werden RI-Fließbilder in der Regel nach DIN EN ISO 10628 [5, 6] dargestellt.

Arbeitsinhalte, die in den einzelnen Phasen bearbeitet werden, sind für den Fall eines Anlagen-Investitionsprojektes in Tab. 2.1 stichwortartig aufgelistet.

Agile Arbeitsmethoden des Projektmanagements

Zur Effizienzsteigerung und insbesondere zur Verkürzung der Entwicklungszeit wird bei Großprojekten der Entwicklungsprozess oft in mehrere parallel laufende Projekte untergliedert. Das bedeutet, dass die zuvor beschriebene strenge sequenzielle Bearbeitung von Arbeitspaketen teilweise aufgegeben wird und durch eine parallele Bearbeitung von Teilprojekten ersetzt wird. Man spricht in diesem Zusammenhang auch vom „Simultaneous Engineering (SE)“. Hierbei kann zwischen einer objekt- und ablauforientierten Parallelisierung unterschieden werden. Die objektorientierte Parallelisierung wurde als eine Konstruktionsmethode im Maschinenbau entwickelt. Bei der zeitparallelen Bearbeitung von eigentlich konsekutiven Arbeitsschritten ist in der Regel der Informationsbedarf in der Frühphase des Projektes wesentlich umfangreicher. Oft sind jedoch wesentliche Daten noch nicht bekannt und das Arbeitsziel noch nicht präzise formuliert. Diese Schwierigkeit umgeht man, indem man zu jeder Zeit die Bedürfnisse des Auftraggebers in den Vordergrund stellt. Er wird daher auch verstärkt in die Projektbearbeitung mit eingebunden. Die Ergebnisse in den Teilprojekten werden mit dem Auftraggeber in einem iterativen Prozess erarbeitet, wobei er bereits erreichte Zwischenergebnisse bewertet und die Ziele immer genauer vorgibt. Am Ende wird dann eine Lösung erzielt, mit welcher der Auftraggeber vollumfänglich zufrieden ist. Man spricht in diesem Zusammenhang von agilen Arbeitsmethoden des Projektmanagements. Sie wurden im Zusammenhang mit der Softwareentwicklung eingeführt und werden zunehmend auch bei Projekten zur Anlagenentwicklung angewendet. Vieles befindet sich dabei jedoch noch im Versuchsstadium, so dass sich noch keine einheitliche Struktur bei der Vorgehensweise herausgebildet hat.

Tab. 2.1 Arbeitspakete in den einzelnen Projektphasen einer Anlagenplanung und -errichtung

Konzeptphase (Vorprojekt)
- Festlegung des Verfahrenskonzeptes und der Betriebsweise,
- Einbindung des Verfahrens in vor- bzw. nachgeschaltete Prozessschritte,
- Festlegung der Betriebsparameter (Durchsatz, Drücke, Temperaturen),
- Erstellung des Verfahrensfließbildes
Basic Engineering (Hauptprojekt)
- Festlegung des Verfahrenskonzeptes und der Betriebsweise,
- Einbindung des Verfahrens in vor- bzw. nachgeschaltete Prozessschritte,
- Festlegung der Betriebsparameter (Durchsatz, Drücke, Temperaturen),
- Erstellung des Verfahrensfließbildes,
- Auslegung der Verfahren (Verfahrensberechnung, Dimensionierung von Bauteilen unter Berücksichtigung von Literatur-, Versuchs- und Erfahrungswerten),
- ggf. Durchführung von Versuchen im Labor- oder Pilotmaßstab,
- Dimensionierung der Apparate, Materialauswahl,
- Auswahl von Bauelementen,
- Konstruktive Gestaltung der Anlage,
- ggf. vorläufige Erstellung des Mess-, Steuer- und Regelplans,
- Betriebswirtschaftliche Betrachtungen (Ermittlung der Investitions- und Betriebskosten),
- Vorbereitung der Genehmigungsanträge für die Behörden (evtl. Antragsstellung),
- Vorbereitung von Lieferverträgen und Montageverträgen,
- Globale Beschreibung der Realisierungsphase,
- Erstellung des Investitionsantrages,
- Schreiben des Projektberichtes
Detail Engineering (Ausführungsplanung)
- Detaillierung von Apparaten und Maschinen,
- Festlegung der Mess-, Steuer- und Regeltechnik,
- Vergabe von Bestellungen und Abschluss von Lieferverträgen,
- Kontrolle und Inspektion bei den Lieferanten,
- Festlegung der Mess- und Testsysteme zur Produktüberwachung,
- Vorbereitung der Montagephase (Aktivitäten, Kapazitäten),
- Entwurf des Betriebshandbuches
Realisierung (Bau und Inbetriebnahme)
• Abschluss von Montageverträgen,
• Ausführung von Montagearbeiten,
• Erstellung des Inbetriebnahmeplans,
• Erstellung des Betriebshandbuches,
• Prüfung der Montage, Abnahmetests der Apparate,
• Durchführung von Funktionstests,
• Inbetriebnahme/Testproduktion,
• Zusammenstellung der Projektdokumentation, Projektabschluss (Abnahme)

Generell ist bei der Planung und Realisierung eines Investitionsprojektes der folgende Zusammenhang zu beachten: Bei der Erstellung der Vorstudie und in der Konzeptphase sind viele mögliche Anlagenvarianten gefragt, die dann auf ihre Tauglichkeit untersucht werden. Das bedeutet, dass am Beginn eines Projektes viele kreative Vorschläge zur Erreichung der Ziele und viele Lösungsvarianten gefragt sind. Am Ende wird jedoch nur eine der Varianten umgesetzt. Das bedeutet auch, dass mit fortschreitender Projektbearbeitung und Konkretisierung der zu realisierenden Anlage Abweichungen vom einmal eingeschlagenen Weg sehr teuer werden. Der Aufwand für solche Kurskorrekturen kann am Ende der Projektbearbeitung beträchtlich sein (Abb. 2.3).

Die durchgängige Versorgung der Teammitglieder mit einheitlichen und vollständigen Informationen zum Projektablauf und zur geplanten Anlage ist ein zentraler Erfolgsfaktor bei der Projektbearbeitung. Durch den Einsatz der heute verfügbaren IT-Technik konnten in den letzten Jahren hierzu deutliche Verbesserungen erzielt werden (siehe hierzu Abschn. 5.3). Die Bereitstellung von einheitlichen und vollständigen digitalen Informationen zur Anlage, ihrer Komponenten und der einzelnen Funktionsbereiche u. a. in Form von CAD-Zeichnungen, FEM- und CFD-Berechnungen, Datenblättern, Prüfzeugnissen erweist sich dabei als wesentlich. Aus den vollständigen Unterlagen ergibt sich ein Datenmodell der Anlage, ein sogenannter „digitaler Zwilling“ (engl.: „digital twin“). Im Laufe der Projektbearbeitung und darüber hinaus wird das Datenmodell permanent aktualisiert. Nach Abschluss des eigentlichen Projektes ist es sinnvoll, darin auch Um- oder Anbauten bzw. Ergänzungen zu erfassen, so dass die Daten immer dem aktuellen Stand der Anlage entsprechen. Alle Daten zusammen geben dann auch Aufschluss über den Lebenszyklus einer Anlage.

Abb. 2.3 Aufwand einer Änderung und Zahl der bearbeiteten Ideen zur Anlagenkonzeption im Verlauf der Projektbearbeitung

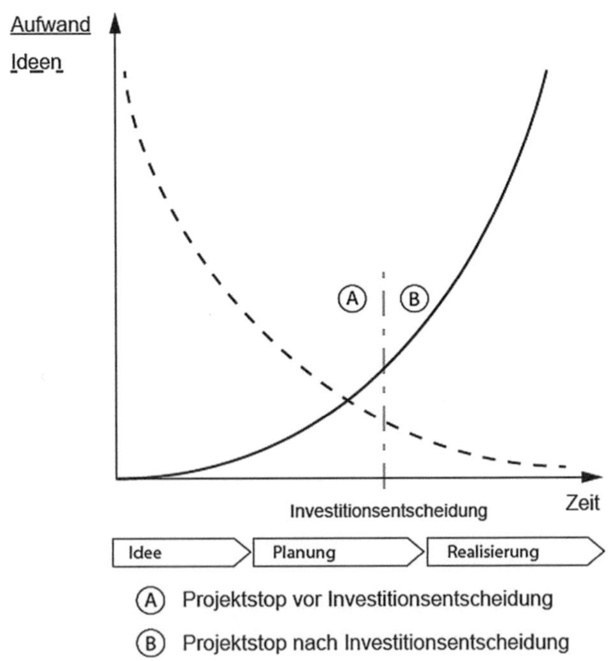

2.3 Projektmanagement

Das Projektmanagement beinhaltet das Konzept zur Leitung einer komplexen Aufgabe. Der Bau einer großen Anlage oder der Umbau einer bestehenden Anlage sind solche Aufgaben, die im Verlauf ihrer Bearbeitung viele Fallstricke aufweisen, die leicht zu Mehrkosten und zu zeitlichen Verschiebungen führen können. Die Aufgabenteilung bedingt eine sachliche, zeitliche und personelle Abstimmung und Koordination. Diese Aufgabe ist insbesondere vom Projektmanager zu lösen. Er kann hierbei bekannte Methoden der Projektabwicklung und -steuerung sowie des Projektcontrollings anwenden. Generell ist die Aufgabe eines Managers das Führen von Mitgliedern einer Gruppe innerhalb einer Organisation. Führen beinhaltet dabei:

a) das Analysieren der jeweiligen Situation und die Koordinierung von Aufgaben,
b) die Planung, um vorgegebene Ziele zu erreichen,
c) die Strukturierung und Koordination von Aufgaben, Tätigkeiten und Abläufen, das Festlegen von Zwischenzielen,
d) das Anleiten und Motivieren der beteiligten Mitglieder der Organisation derart, dass die individuellen Ziele mit denen der Organisation möglichst im Einklang sind,
e) die Information der zu führenden Personen,
f) die Überprüfung, dass die gesetzten Ziele auch erreicht wurden, (Leistungs-, Kosten- und Terminüberwachung)
g) das Entscheiden bzw. das Erwirken von Entscheidungen entsprechend der Zielsetzung und Planung. Neben den geplanten Entscheidungen (z. B. den eingeplanten Meilensteinen) sind solche auch bei eintretenden Veränderungen notwendig.

Führen ist ein wechselseitiger sozialer Prozess zwischen dem Manager (der Führungskraft) und den zu führenden Team- bzw. Gruppenmitgliedern. Die Stelle einer Führungskraft wird oft durch die Organisationsstruktur vorgegeben. Für die Projektarbeit ist es jedoch auch wichtig, dass der Projektmanager die für das Projekt notwendigen Schlüsselkompetenzen besitzt und sich durch seine Interaktionsfähigkeit auszeichnet. Dabei muss auch berücksichtigt werden, dass sich das Umfeld von industriellen Projekten ständig verändern kann. Entsprechend besteht die Aufgabe die dynamische Natur des komplexen Vorhabens mit den vorhandenen bzw. geschaffenen Strukturen zur Projektabwicklung zu vereinen. In diesem Zusammenhang spielt auch der Führungsstil eine Rolle. Der Führungsstil wird durch gelebte oder festgeschriebene Verhaltensrichtlinien, Leitlinien und Führungsgrundsätze der Organisation vorgegeben. Der Führungsstil beeinflusst wesentlich den Projekterfolg.

Bei der Zusammensetzung des Projektteams sollte man berücksichtigen, dass das Arbeitsergebnis wesentlich

- vom Fachwissen der Teammitglieder,
- von der Kenntnis der jeweiligen Situation vor Ort,

- vom Projektmanagement und
- von der Planungsethik und der Teamarbeit beeinflusst wird. Eine gute Zusammenarbeit innerhalb des Teams ist für eine erfolgreiche Projektbearbeitung von großer Bedeutung. Einige personenbezone Anforderungen, welche die Teammitglieder hierfür mitbringen sollten, sind im Folgenden in aufgeführt:
- Kompetenzen für bestimmte Bereiche der Projektarbeit,
- Bereitschaft zum kooperativen Arbeiten und zum Dialog auf Augenhöhe,
- Fähigkeit und Bereitschaft zum Zuhören und Lernen,
- geistige Beweglichkeit
- ein Bewusstsein über die jeweils vorliegende Situation,
- Vermögen, eigene Standpunkte zu formulieren und zu vertreten,
- Bereitschaft, sich überzeugen zu lassen,
- Ertragen von Kritik ohne Kränkung,
- Fähigkeit zu kritisieren, ohne zu kränken,
- Fairness.

Literatur

1. DIN-Normenreihe 69901: Projektmanagement, Projektmanagementsysteme. Beuth, Berlin
2. Blass E (1997) Entwicklung verfahrenstechnischer Prozesse. Springer, Berlin
3. Bernecker G (2001) Planung und Bau verfahrenstechnischer Anlagen. Springer, Berlin/Heidelberg
4. Weber KH (2006) Inbetriebnahme verfahrenstechnischer Anlagen, 3. Aufl. Springer, Berlin/Heidelberg
5. DIN EN ISO 10628-1:2015-04: Schemata für die chemische und petrochemische Industrie – Teil 1: Spezifikation der Schemata (ISO 10628-1:2014); Deutsche Fassung EN ISO 10628-1:2015
6. DIN EN ISO 10628-2:2013-04: Schemata für die chemische und petrochemische Industrie – Teil 2: Graphische Symbole (ISO 10628-2:2012); Deutsche Fassung EN ISO 10628-2:2012

Wirtschaftliche Betrachtungen 3

3.1 Einleitung

Die Bindung finanzieller Mittel für eine Investition in eine technische Anlage wird in der Regel durch den zu erwartenden Nutzeffekt gerechtfertigt. Für eine solche Rechtfertigung sind Abschätzungen der Wirtschaftlichkeit bereits im Vorfeld einer Projektbearbeitung notwendig. Dabei wird für eine bestimmte Nutzungsdauer der ermittelte Aufwand mit den zu erwartenden Einsparungen, Erlösen oder sonstigen Nutzen verglichen. Der finanzielle Aufwand, der über die Nutzungsdauer einer Anlage entsteht, wird auch unter dem Begriff „Life Cycle Costs (LCC)“ zusammengefasst. In der Regel werden die Kosten periodengerecht (z. B. für einen Zeitraum von einem Jahr) vergleichbar gemacht. Die Kontrolle der „Life Cycle Costs“ spielt beim Kostenmanagement eine immer größere Rolle und liefert wesentliche Kriterien für einen Anlagenvergleich und eine Entscheidungsfindung bei der Investition. Auch die Ermittlung des Anlagekapitalbedarfs (engl. Capital Expenditures, kurz: CAPEX) und Umlaufkapitalbedarf (engl. Operation Expenditures, kurz: OPEX) ist im Rahmen des sogenannten „Cost Engineerings“ in den verschiedenen Projektphasen erforderlich.

Entwickelte Prozessvarianten werden anhand technischer und wirtschaftlicher Kriterien bewertet. Die Bewertung sollte bereits in einem frühen Projektstadium erfolgen. Im Folgenden wird hierzu eine einfache jedoch bewährte Methode vorgestellt.

3.2 Schema zur Berechnung der Wirtschaftlichkeit

Bei dem folgenden Schema zur Berechnung der Wirtschaftlichkeit einer zu errichtenden Anlage handelt es sich um eine Kostenvergleichsmethode, d. h. die Gesamtkosten für einzelne Verfahrensvarianten werden für einen bestimmten Zeitraum (ein Jahr) ermittelt und

S. Ripperger, K. Nikolaus, *Entwicklung und Planung verfahrenstechnischer Anlagen*, VDI-Buch, https://doi.org/10.1007/978-3-662-60427-4_3

miteinander verglichen. Es wird von einer bestimmten Produktionskapazität pro Jahr ausgegangen. Dieser Wert ist von den jährlichen Betriebsstunden und dem stündlichen Durchsatz der Anlage abhängig. Die jährlichen Gesamtkosten K_{tot} ergeben sich aus dem Kapitaldienst (engl. Capital Service) K_{CS} als eine Folge der Investitionskosten K_I und den Betriebskosten (engl. Operation Costs) K_{OC}:

$$K_{tot} = K_{CS} + K_{OC} \tag{3.1}$$

Auf Basis der Gesamtkosten können spezifische Kosten, d. h. Kosten pro Einheit Produkt, z. B. pro Kubikmeter, bestimmt werden. Die spezifischen Kosten werden nicht nur von den jährlichen Gesamtkosten, sondern auch von der Auslastung der Anlage und der daraus resultierenden Produktmengen beeinflusst. Das Ziel einer Kostenoptimierung ist die Minimierung der jährlichen Gesamtkosten K_{tot}.

3.2.1 Investitionskosten

Zur Bestimmung des Kapitaldienstes K_{CS} wird die Investitionssumme (engl. Investment Costs) K_{IC} berechnet und der Abschreibungszeitraum der Anlage festgelegt. Die Abschreibung berücksichtigt die Wertminderung der Anlage bzw. die schrittweise Rückführung des investierten Kapitals. Meist legt man eine lineare Abschreibung zugrunde, bei der über dem Abschreibungszeitraum von gleichmäßigen Abschreibungsbeträgen ausgegangen wird. Ein Restwert (Schrotterlös) der Anlage am Ende der Lebensdauer wird meist vernachlässigt. Aus dem Abschreibungszeitraum (n Jahre) und dem berücksichtigten Zinssatz berechnet man den Annuitätsfaktor (Tilgungsfaktor) a, der in Verbindung mit der Investitionssumme den Geldbetrag bestimmt, der zur Tilgung des Anlagekapitals K_{IC} und für dessen Verzinsung jährlich aufgebracht werden muss. Ist der jährliche Tilgungsbetrag konstant und der Zinssatz z während des Abschreibungszeitraums n fest, so ergibt sich die Annuität aufgrund der Investition zu:

$$K_{CS} = K_{\text{IC}}\, a = K_{\text{IC}} \frac{(1+z)^n z}{(1+z)^n - 1} \tag{3.2}$$

Diese Betrachtung ist auch sinnvoll, wenn die Anlage aus vorhandenen Rücklagen finanziert wird. In diesem Fall berücksichtigt der Zinssatz die „entgangene“ mögliche Rendite bei einer anderen Art der Geldanlage.

Die Summe der Annuitäten ergibt das über die Laufzeit einer Abschreibung oder eines Kredits (n Jahre) verzinste Kapital. Die Investitionskosten K_{IC} einer Anlage setzen sich wie folgt zusammen:

$$K_{\text{IC}} = K_A + K_{VM} + K_{GN} + K_{Mo} \tag{3.3}$$

K_A = Kosten der Anlage (ohne Verbrauchsmittel)
K_{VM} = Kosten für Verbrauchsmittel für die Erstausstattung
(z. B. Filtermedium bei einem Filter)
K_{GN} = Gebäude- und Nebenkosten
K_{Mo} = Montagekosten

Die Anlagenkosten K_A beinhalten in der Regel alle Teile, die nicht regulär ausgetauscht werden müssen. Sie können aufgrund von konkreten Planungsunterlagen und Angeboten ermittelt werden. Diese Vorgehensweise ist aufwendig, jedoch beim Vorliegen der notwendigen Daten zu empfehlen. Insbesondere in der Anfangsphase einer Projektbearbeitung liegen diese Daten jedoch meist noch nicht vor. In dieser Phase besteht die Möglichkeit, die Kosten auf der Basis bereits errichteter Anlagen zu schätzen. Die Investitionskosten ergeben sich aus der Summe der Kosten für die einzelnen Anlagenkomponenten (z. B. Behälter, Wärmeaustauscher, Filter, Rohrleitungen usw.). Bei der Ermittlung der Kosten für die einzelnen Anlagenkomponenten auf Basis von Vergleichsanlagen ist darauf zu achten, dass der Verarbeitungs- und Ausrüstungsstandard sowie die verwendeten Werkstoffe der zugrunde gelegten Vergleichsanlagen mit der zu errichtenden übereinstimmt. Die Preisdaten aus früheren Jahren sollten mit Hilfe von Preisindizes korrigiert werden. Entsprechende Daten werden von den statistischen Ämtern und in großen Unternehmen vom Einkauf ermittelt. In Deutschland wird für Anlagen der chemisch-pharmazeutischen Industrie der ProcessNet Chemieanlagen-Preisindex Deutschland (PCD) in der Fachzeitschrift „Chemie Technik" veröffentlicht [1]. Er wird vierteljährlich aktualisierte und kann auch unter http://processnet.org/pcd.hlml kostenfrei abgerufen werden [2].

Da die Größe der Vergleichsanlage meist nicht mit der zu schätzenden übereinstimmt, ist auch hierzu eine Umrechnung notwendig. Bei Behälter bietet es sich an, die Größe mit dem Inhaltsvolumen zu beschreiben. Bei Filter- und Membrananlagen ist die Filter- bzw. Membranfläche oder die Zahl der Filtereinheiten (z. B. Filterkerzen, Membranmodule) zur Kennzeichnung der Anlagengröße geeignet. Einbauten, wie z. B. Füllkörper und Packungen in Kolonnen oder Membranmodule bei Membrananlagen, werden in der Regel separat betrachtet. Entsprechend den Erfahrungen steigt der Preis unterproportional mit der Anlagengröße an. Die Abhängigkeit der Anlagenkosten von dem Parameter zur Kennzeichnung der Anlagengröße G kann für einen bestimmten Ausführungsstandard wie folgt erfasst werden:

$$K_A = K_{AR} \left(\frac{G}{G_R} \right)^m \tag{3.4}$$

K_{AR} = Kosten einer errichteten Anlage mit gleichem Standard
(Bezugs- bzw. Referenzanlage),
G = Parameter zur Kennzeichnung der Anlagengröße (z. B. Filterfläche
oder Behältervolumen),
G_R = Kennzeichnende Größe der Bezugs- bzw. Referenzanlage
m = Degressionsexponent ($m < 1$).

Werte für den Degressionsexponenten m sind für verschiedene Apparate, Maschinen und Anlagen bekannt, oder können auf Basis von ausgeführten Anlagen unterschiedlicher Größe ermittelt werden. Für Apparate wie z. B. Behälter und Kolonnen ermittelt man Werte für m zwischen 0,6 und 0,7. Für Komponenten mit einem hohen Anteil an Rohrleitungen, wie z. B. bei den Verrohrungen von Membrananlagen, werden oft Werte über 0,8 angegeben.

Bei anderen Anlagenkomponenten, wie z. B. Zentrifugen, kann der Nenndurchsatz zur Kennzeichnung der Anlagengröße genutzt werden:

$$K_A = K\left(\dot{V}_{Feed}\right)^m \tag{3.5}$$

K = Kosten einer Zentrifuge mit einem bestimmten Nenndurchsatz (Bezugs- bzw. Referenzanlage)
$\dot{V}_{Feed}$ = Nenndurchsatz der Referenzzentrifuge,
m = Degressionsexponent.

Gebäude- und Nebenkosten K_{GN} sowie die Montagekosten K_{Mo} können unter Berücksichtigung der vorliegenden Gegebenheiten abgeschätzt werden.

3.2.2 Betriebskosten

Die jährlichen Betriebskosten K_{OC} setzen sich wie folgt zusammen:

$$K_{OC} = \sum_i \frac{K_{VM}}{n_{VM}} + K_{Eges} + K_W \tag{3.6}$$

K_{VM} = Kosten für Verbrauchsmittel,
n_{VM} = Nutzungszeit eines Verbrauchmittels,
K_{Eges} = Energiegesamtkosten zum Betreiben der Anlage,
K_W = Kosten für Wartung und Instandhaltung.

Verbrauchsmittel beinhalten z. B. auszutauschende Filtermedien, Filterhilfsmittel, Flockungsmittel und dergleichen. Sie sind zum regulären Betrieb der Anlage notwendig und werden in bestimmten Abständen verbraucht und müssen ersetzt werden. Der Bedarf und damit die Kosten können auf Basis von Erfahrungswerten abgeschätzt werden.

Die Energiekosten beinhalten u. a. den elektrischen Energiebedarf zum Antrieb der Maschinen und ggf. den Energiebedarf zum Heizen bzw. Kühlen. Sie ergeben sich aus den jährlichen Betriebsstunden der Anlage t_O, der Leistung P_i der einzelnen Aggregate i sowie dem Preis der jeweils genutzten Energieform k_{Ei}:

$$K_{Eges} = \sum_i t_{Oi} P_i k_{Ei} \tag{3.7}$$

Bei der Gleichung wird vereinfacht angenommen, dass die Laufzeit der Aggregate der Laufzeit der Anlage entspricht.

Um Ausfälle zu vermeiden, fallen auch Kosten für Wartung und Instandhaltung K_W an. Sie sind von der Größe der Anlage, ihrem Ausführungsstandard und den Betriebsbedingungen abhängig. Oft werden Wartungskosten K_W auf die Investitionskosten bezogen und mit 2 bis 4 Prozent der Investitionskosten angesetzt. Hierin sind jedoch nicht die Verbrauchsmittel, die zum Betrieb der Anlage benötigt werden, enthalten.

3.2.3 Spezifische Produktions- bzw. Herstellkosten

Zum Vergleich ist es zweckmäßig aus den Gesamtkosten, die z. B. auf ein Jahr bezogen sind, auch spezifische Kosten zu ermitteln. Je nach Produkt können z. B. Kosten pro Stück oder pro Volumen- bzw. Masseneinheit ermittelt werden. Kosten pro Volumeneinheit Produkt k_P werden z. B. wie folgt ermittelt, wobei $\dot{V}_P$ den Produktvolumenstrom kennzeichnet:

$$k_P = \frac{K_{ges}}{t_O \cdot \dot{V}_P} \tag{3.8}$$

Obige Gleichung macht deutlich, dass die Anlagenauslastung, welche mit der jährlichen Betriebsstundenzahl t_O erfasst wird, die spezifischen Kosten wesentlich beeinflusst. Die Jahresbetriebsstundenzahl t_O ist damit auch eine Optimierungsvariable. Bei einem Ein- bzw. Zweischichtbetrieb entspricht die Laufzeit einiger Anlagen oft der betrieblichen Arbeitszeit. Man erkennt jedoch auch, dass sich günstigere spezifische Produktionskosten ergeben, wenn man in diesem Fall eine Nutzung der Anlage über die reguläre Arbeitszeit hinaus ermöglicht.

Literatur

1. Fachzeitschrift (o. J.) „Chemie Technik". Hütig, Heidelberg. www.chemietechnik.de
2. F&S Filtrieren und Separieren (2017) Neuer Index zur Schätzung von Investitionskosten in der chemisch-pharmazeutischen Industrie. 31, Nr. 5, S 363

4 Modularisierung im Anlagenbau

4.1 Einführung

Die Modularisierung von Anlagen ist ein Trend innerhalb der Anlagentechnik, der immer mehr an Bedeutung gewinnt. Dabei steht ein systematischer Modularisierungsansatz, der die Prozessentwicklung und die physikalische Umsetzung des Prozesses in Form einer Anlage umfasst, im Vordergrund. Selbst ein zukünftiger Um- oder Rückbau einer Anlage wird dabei berücksichtigt, da die Modularisierung den Austausch und ggf. die Wiederverwendung von ganzen Modulen vereinfachen soll.

Die Vorstellungen zur Modularisierung und die dabei verwendeten Begriffe sind noch nicht vereinheitlicht. Es hat sich noch kein einheitlicher Standard herausgebildet, da noch vieles im Fluss ist. Erst seit wenigen Jahren werden koordinierte Forschungsprojekte zur Modularisierung verfahrenstechnischer Anlage durchgeführt und Arbeitskreise mit Vertreten aus der Industrie und Forschung aktiv. Ihr Ziel ist es, die Vorteile der Modularisierung zu ermitteln und darzustellen, und die Modularisierung von verfahrenstechnischen Anlagen voranzutreiben. Einige der im Folgenden verwendeten Begriffe gehen auf einen solchen Arbeitskreis zurück und wurden dem von ihm erarbeiteten Whitepaper „Modulare Anlagen" entnommen [1].

4.2 Module und Modulgruppen

Module einer verfahrenstechnischen Anlage umfassen in der Regel alle Komponenten, die zur Realisierung einer Prozessstufe notwendig sind. Es handelt sich dabei üblicherweise jeweils um ein Grundverfahren (unit operation) mit den zugehörigen Apparaten und Geräten. Sinnvollerweise werden dabei Prozessstufen betrachtet, die in vielen Prozessen in gleicher Weise eingesetzt und mit anderen Modulen zu einer Anlage zusammengebaut und

S. Ripperger, K. Nikolaus, *Entwicklung und Planung verfahrenstechnischer Anlagen*, VDI-Buch, https://doi.org/10.1007/978-3-662-60427-4_4

betrieben werden können. Das bedeutet auch, dass die Module alle Ausrüstungen enthalten, inklusive der Mess-, Steuer- und Regelungstechnik, die zum Betrieb des Modules und der damit zu realisierenden Anlagen notwendig sind. Um einen einfachen Zusammenbau zu gewährleisten, sind standardisierte Abmessungen und Schnittstellen notwendig. Beispielhafte Anlagenmodule in diesem Sinne sind z. B. Module zum Erhitzen bzw. Kühlen, Pumpen, Mischen, Flotieren, Filtrieren und Zentrifugieren. Die Module werden so ausgelegt und gestaltet, dass sie nach dem Baukastenprinzip flexibel kombinierbar sind. Die Planung einer Anlage mit vorgeplanten und vorgefertigten Modulen beinhaltet dann ihre Positionierung innerhalb des Prozesses sowie ihre Verbindung zu den Nachbarmodulen.

Ausrüstungen, die verfahrenstechnisch die gleiche Aufgabe erfüllen und mehrere Module umfassen, werden als Gruppe bezeichnet. Es kann sich dabei um eine ganze Funktionseinheit handeln, wie z. B. ein System zur Wasseraufbereitung. Auch eine Funktionseinheit zur CIP-Reinigung einer Anlage mit der dazugehörenden Bevorratung und Dosierung der Reinigungschemikalien, dem Ansatz der Reinigungslösung und ihrer Erwärmung sowie der Aufbereitung und ggf. der Stapelung der bereits genutzten Reinigungslösung ist denkbar.

Standardisierte Module oder daraus zusammengesetzte Funktionseinheiten (Gruppen) werden häufig in einem Rahmengestell mit definierten Abmaßen, meist in der Größe standardisierter Container, errichtet. Alle Teile werden darin vormontiert. Elektrische Geräte, auch die der Mess-, Steuer- und Regeltechnik, werden bereits elektrisch verdrahtet. Die Module bzw. Funktionseinheiten müssen auch die sicherheitstechnischen Spezifikationen der Installationsumgebung abdecken und die notwendige Ver- und Entsorgung der darin installierten Apparate und Maschinen gewährleisten.

Die Module bzw. die Gruppen werden üblicherweise vor der Auslieferung beim Hersteller funktionsgeprüft. Danach werden sie an den Bestimmungsort transportiert und dort zur fertigen Anlage montiert.

Ein systematischer Modularisierungsansatz sieht auch vor, dass jedes Modul als „virtueller Zwilling" verfügbar ist (siehe hierzu auch Abschn. 5.3). Das bedeutet, dass alle für die Auslegung und Konstruktion solcher Module angefertigten Dokumente und Planungsunterlagen als Dateien einer Datenbank verfügbar sind. Darüber hinaus sind darin auch die für den Betrieb der Anlage notwendigen Prüf- und Abnahmezertifikate, Betriebsanleitungen und ggf. Unterlagen einer Validierung der Prozessstufe verfügbar. Parallel zur einfachen Montage aller Module zu einer Anlage, können dann auch die zum Betrieb der Anlage notwendigen Unterlagen und Dokumente einfach zusammengestellt werden.

Die Dateien zu einzelnen Modulen können auch Programme zu ihrer Auslegung und Simulation beinhalten, die dann zur Konfiguration von Modulen, z. B. im Sinne eines Scale-up oder Scale-down, genutzt werden können. In diesem Zusammenhang ist es auch sinnvoll, wenn bei den Hauptapparaten und -maschinen auf Baureihen zurückgegriffen werden kann, welche die gleiche Funktionalität aufweisen, sich jedoch in ihrer Größe unterscheiden und damit z. B. andere Produktstrombereiche abdecken. In anderen Fällen können Hauptapparate ausgetauscht werden, um sie an unterschiedliche Betriebsbedingungen, z. B. Druckbereiche, anzupassen.

4.3 Erwartete Vorteile der Modularisierung

Mit dem systematischen Modularisierungsansatz im Anlagenbau werden folgende Ziele verfolgt:

- die Modulherstellung wird in eine günstige Fertigungsumgebung verlagert,
- das Qualitätsmanagement wird verbessert,
- Planungszeit wird eingespart,
- der Transport wird auf wenige Module beschränkt und damit vereinfacht,
- der Montageaufwand vor Ort wird wesentlich reduziert,
- die Zeit bis zur Inbetriebnahme wird wesentlich verkürzt und
- es werden Kosten eingespart.

Vor Ort wird die Anlage aus den vormontierten Modulen oder Funktionseinheiten (Gruppen) montiert und in das betriebliche Umfeld eingebunden. Individuelle Anpassungen sollten trotz der vormontierten Einheiten immer möglich sein.

Bei Anlagen zur Herstellung von pharmazeutischen Produkten müssen gemäß den Anforderungen prozesstechnisch relevante Parameter nicht nur sicher erreicht werden, sondern es muss dafür auch der dokumentierte Nachweis im Vorfeld der Inbetriebnahme im Sinne einer Validierung erbracht werden. Die Validierung der Prozessschritte und die Erstellung der zugehörigen Dokumentation machen einen großen Teil der Ingenieurleistungen aus. Daher ist auch in diesem Zusammenhang die Modularisierung von großem Vorteil, da auf dokumentierte Tests zurückgegriffen wird, die bei der Entwicklung der standardisierten Module durchgeführt wurden. Eine solche Validierungspraxis ist mittlerweile auch in anderen Bereichen, z. B. der bei der Verarbeitung von Lebensmitteln oder bei der Herstellung von kosmetischen Produkten üblich.

Bei der Öl- und Gasförderung rechtfertigen die oft vorliegenden extremen klimatischen Bedingungen an den Förderstätten die Modularisierung. Sie ermöglicht es, dass z. B. die Arbeiten unter arktischen Bedingungen auf ein Minimum reduziert werden. Bei Offshore-Anlagen können aufgrund einer Modularisierung ein Großteil der Arbeiten onshore durchgeführt werden.

Mit der Modularisierung ist gleichzeitig auch eine Standardisierung verbunden. Dadurch ergeben sich weitere Vorteile, z. B. bei der Angebotsabwicklung sowie dem Einkauf und die Bevorratung von Bauteilen. Während des Betriebs vereinfacht die Austauschbarkeit der einzelnen Module die Wartung und den Service und reduziert Umrüstzeiten.

Die Modularisierung eignet sich für Mehrprodukt-Anlagen, bei denen verschiedene Konfigurationen bei den Produktionskampagnen unterschiedlicher Produkte notwendig sind.

Es wird außerdem damit gerechnet, dass der lange Produktlebenszyklus früherer Jahre bei vielen neuen Produkten nicht mehr erreicht wird. Dadurch muss heute bereits mit der Konzeption verfahrenstechnischer Prozesse und Anlagen mit deren Anpassung an neue

Produkte oder deren Rückbau gerechnet werden. Der Modularisierungsansatz im Anlagenbau berücksichtigt auch dies, da er den Um- bzw. Rückbau vereinfacht und wiederverwendbare Module schafft, die einfach in neue modular aufgebaute Anlagen eingefügt werden können. Auf die zughörigen Dokumente der Module kann dabei zu jeder Zeit zurückgegriffen werden. Auch die Errichtung von mehreren gleichartigen und dezentral betriebenen Anlagen wird dadurch einfacher und kostengünstiger ermöglicht.

4.4 Standardisierung

In einzelnen Unternehmen und in Verbünden von Unternehmen mit Institutionen wurden individuelle Modularisierungskonzepte entwickelt und erprobt. Bisher fehlt noch ein anerkannter Standardisierungsansatz, damit die Vorteile der Modularisierung in größerem Umfang bei der Planung, Errichtung und beim Betrieb von verfahrenstechnischen Anlagen genutzt werden. Ein solcher Ansatz ist insbesondere notwendig in Bezug auf die Schnittstellen zur Verbindung einzelner Module und zu ihrem Anschluss an die jeweils lokale Infrastruktur. Die Schnittstellen müssen den Anforderungen unterschiedlicher Grundverfahren genügen und auch die Infrastruktur verschiedener Betriebe berücksichtigen. Sie sollten ein schnelles An- und Abkoppeln von Modulen ermöglichen. Zugleich müssen sie flexibel sein, um den unterschiedlichen Bedingungen und Anforderungen gerecht zu werden. In Bezug auf Ausrüstungen, Komponenten und Geräte muss geprüft werden, ob die ggf. bereits vorhandenen Standards den Anforderungen genügen oder ob neue Standards geschaffen werden müssen.

Eine Standardisierung ist auch wünschenswert in Bezug auf die Konzeption und Definition von einzelnen Modulen sowie die Erstellung und Speicherung modulbezogener Dokumenten und Unterlagen.

Ein erster Anfang zu den letzten Punkten macht die VDI-Richtlinie 2770 mit dem Titel „Mindestanforderungen an digitale Herstellerinformationen für die Prozessindustrie“ [2]. Sie regelt die Beschaffenheit von Herstellerinformationen hinsichtlich deren Klassifikation, Aufbau, Metadaten und Dateiformate. Viele gesetzliche Bestimmungen fordern Herstellerunterlagen, wie beispielsweise CE-Konformitätserklärungen, ATEX-Zertifikate oder Werkstoffzeugnisse. Die Anwendung der Richtlinie VDI 2770 Blatt 1 soll die Übergabe solcher Herstellerinformationen vereinfachen, und sowohl auf Seiten der Hersteller als auch der Anlagenbetreiber deren Registrierung und Nutzung erleichtern. Bei Beachtung der VDI-Richtlinie werden die Herstellerinformationen strukturiert und einheitlich bereitgestellt. Die Übertragung dieser Informationen in IT-Systeme wird durch die Richtlinie vereinheitlicht und ihre Übertragung als Datenobjekt in andere IT-Systeme wird ermöglicht. Viele dieser Herstellerunterlagen werden während des gesamten Lebenszyklus einer Anlage zwingend benötigt. Sie enthalten z. B. Informationen zur richtigen Auslegung, Aufstellung, Inbetriebnahme, Ersatzteilbevorratung, Bedienung, Reinigung, Inspektion, Wartung und Instandsetzung einer Anlage und deren Komponenten.

Organisationen, die sich generell mit der Standardisierung beschäftigen werden in Kap. 7 vorgestellt.

Literatur

1. Whitepaper „Modulare Anlagen“ (Hrsg) (2017) Temporärer ProcessNet-Arbeitskreis „Modulare Anlagen“, Oktober 2017. https://dechema.de/dechema_media/modulareanlagen.pdf. Zugegriffen am 02.03.2020
2. VDI 2770 (2018) Blatt 1: „Betrieb verfahrenstechnischer Anlagen; Mindestanforderungen an digitale Herstellerinformationen für die Prozessindustrie“. VDI-Gesellschaft Verfahrenstechnik und Chemieingenieurwesen (GVC), Düsseldorf

Die Rolle des Versuchs und der Simulation 5

5.1 Die Rolle des Versuchs

Viele der zur Auslegung von verfahrenstechnischen Anlagen notwendigen Daten können nur durch Experimente mit der erforderlichen Genauigkeit ermittelt werden. Das liegt zum einen an der Komplexität der behandelten Stoffsysteme, von denen oft notwendige stoffspezifische Eigenschaften nicht bekannt sind, und zum anderen an den komplexen Vorgängen der Stoffumwandlung. Das trifft besonders auf die Abläufe chemischer Reaktionen in technischen Reaktoren zu, die von den reaktionskinetischen Gegebenheiten und den vorliegenden Stoff- und Wärmetransportvorgängen bestimmt werden. Daher liefern oftmals erst die Ergebnisse aus Versuchen mit Labor- und Pilotanlagen die Basis, um die Vorgänge der Stoffumwandlung zu erfassen und mit mathematischen/physikalischen Modellen zu beschreiben. Es handelt sich dabei in der Regel um quantitative Experimente, d. h. um Experimente, bei denen die Messwerte selbst oder andere physikalische Größen daraus ermittelt werden. Die Werte und/oder die ermittelten Charakteristika sind dann Eingangsparameter, die einer mathematisch/physikalischen Modellierung zugrunde gelegt werden.

Die mathematisch/physikalische Beschreibung der Vorgänge ist wichtig, um eine sichere Übertragung der Ergebnisse von der Versuchsanlage auf die Produktionsanlage zu gewährleisten. Außerdem trägt sie zum Verständnis der Vorgänge bei, auf deren Basis erst eine Optimierung möglich wird. Experimente sind auch notwendig, um Rechen- oder Simulationsergebnisse zu validieren. So können auch die Sinnfälligkeit und die Grenzen der Modelle ausgelotet werden.

Labor- und Pilotanlagen unterscheiden sich u. a. in der absoluten Größe zur Produktionsanlage und in der zeitlich zu verarbeitenden Stoffmenge. Bei einer Pilotanlage können z. B. bereits bis zu 100 kg/h Produkt anfallen. Daher werden sie oft auch zur Herstellung von Produktmustern genutzt, die ggf. auch Kunden zur Prüfung oder zur Weiterverarbeitung zur Verfügung gestellt werden. In Fällen, in denen geometrische Größen die Stoff-

S. Ripperger, K. Nikolaus, *Entwicklung und Planung verfahrenstechnischer Anlagen*, VDI-Buch, https://doi.org/10.1007/978-3-662-60427-4_5

wandlung wesentlich beeinflussen, ist es sinnvoll, den Einfluss des Größenverhältnisses von Versuchsapparatur zum Produktionsapparat sorgfältig zu prüfen. In solchen Fällen wird die Übertragung mit kleiner werdendem Verhältnis zuverlässiger. Daher ist es sinnvoll, nach den Versuchen im Labormaßstab auch Versuche mit Pilotanlagen in einem Technikum einzuplanen. Die in einem Technikum betriebenen Pilotanlagen sind in der Regel verkleinerte Produktionsanlagen, die bereits unter den Bedingungen der zukünftigen Produktion betrieben werden. Dabei muss jedoch beachtet werden, dass die Zahl der Entwicklungsstufen und die Größe der Versuchsapparaturen die Versuchskosten stark beeinflussen.

Experimentelle Untersuchungen haben oft auch das Ziel, zusätzliche Einflüsse, die in den Modellen nicht oder nicht ausreichend berücksichtigt werden, zu erfassen. So kann z. B. die Untersuchung von Parameterschwankungen notwendig werden. Geringe Schwankungen der Stoffzusammensetzung, z. B. durch Fremd- oder Zusatzstoffe, können die Stoffumwandlung stark beeinflussen. Bei kontinuierlichen Prozessen interessiert auch die Langzeitstabilität. Langzeitversuche geben z. B. Hinweise auf notwendige zyklisch durchzuführende Anlagenreinigungen und zum Reinigungseffekt bei bestimmten Reinigungsprozeduren.

Je nach Zielsetzung, können unterschiedliche Versuchstypen unterschieden werden. Bei einigen steht mehr der zu untersuchende Stoff, bei anderen mehr der zu untersuchende Apparat und bei einigen auch das Zusammenwirken von Stoff und Apparat im Vordergrund. Versuche mit unterschiedlichen Apparaturen bzw. Maschinen dienen u. a. zur Vorbereitung einer eindeutigen Entscheidung.

In der Verfahrenstechnik werden zahlreiche Stoffparameter und Kennwerte experimentell ermittelt. Dazu gehören z. B. das Fließverhalten von Flüssigkeiten, Dispersionen, Pulvern und Schüttgütern und das Explosionsverhalten von Stäuben. Damit eine Vergleichbarkeit der Ergebnisse ermöglicht wird, ist es wichtig, dass die Versuche zur Bestimmung von Stoffwerten und Kennwerten unter vergleichbaren Bedingungen durchgeführt werden. Daher ist die Standardisierung bzw. Normung solcher Versuche sinnvoll.

Die Versuche müssen unter jeweils definierten und reproduzierbaren Bedingungen durchgeführt werden. Die Wiederholbarkeit eines Versuchs ist eine wichtige Forderung. Darauf ist auch die Erfassung der Messwerte sowie ihre Dokumentation und Auswertung auszurichten. Nur wenn diese Forderung erfüllt ist, erhält man objektive Aussagen, d. h. Aussagen, die nicht von subjektiven Einschätzungen und zufälligen Bedingungen bzw. Störungen beeinflusst sind. Außerdem ist auf eine exakte und vollständige Protokollführung zu achten. Der zeitliche und personelle Aufwand zur Durchführung von Versuchen ist beträchtlich. Entsprechend groß sind die damit verbundenen Kosten und ggf. der Schaden, der durch eine unvollständige oder mangelhafte Protokollierung der Daten entstehen kann.

Die grundlegende Vorgehensweise bei der experimentellen Arbeit beinhaltet

- die Konzeption der Versuchsanlage mit den zugehörigen Messgeräten und ihrer Anordnung,
- die Versuchsplanung, d. h. die Festlegung der durchzuführenden Versuche und die Auswahl der zu untersuchenden Stoffsysteme,

- die Versuchsdurchführung, d. h. die Durchführung der eigentlichen Messung bzw. Registrierung von Ergebnissen und Beobachtungen, und
- die Versuchsauswertung.

Bei kontinuierlich betriebenen Prozessen sind sowohl beim Betrieb einer Pilotanlage als auch bei der späteren Produktionsanlage stabile und automatisierte Produktionsphasen erstrebenswert. In diesem Zusammenhang kommt der Prozessanalysentechnik (PAT) eine wichtige Rolle zu. Basierend auf ihren Informationen können kritische Prozessparameter überwacht, gesteuert und optimiert werden. Dies ist oft eine Voraussetzung, um eine gewünschte Produktqualität zu erzielen und, um Veränderungen bei den kritischen Qualitätsmerkmalen schnell zu erkennen. Es ist daher sinnvoll bereits im Versuchsstadium geeignete Messverfahren auf ihre Prozesstauglichkeit zu überprüfen und die zugehörigen Messpunkte festzulegen.

5.2 Ähnlichkeitslehre und dimensionslose Kennzahlen

Im Zusammenhang mit der Übertragbarkeit von Ergebnissen aus Versuchs- und Pilotanlagen auf große Produktionsanlagen (Scale-up) und der Untersuchung von Prozessen, die im großen Maßstab betrieben werden und in einem kleineren Maßstab untersucht werden sollen (Scale-down), müssen folgende Fragen beantwortet werden:

- Sind die physikalischen Vorgänge, die in einem Apparat einer bestimmten Größe ablaufen, auf einen Apparat einer anderen Größe übertragbar?
- Wenn ja, welche Gesetzmäßigkeiten müssen bei der Übertragung beachtet werden?

Mit diesen Fragen beschäftigt sich die Ähnlichkeitslehre. Sie beinhaltet Arbeitsmethoden, die es gestatten, über die physikalische Ähnlichkeit von ablaufenden Vorgängen Auskunft zu geben. Die Grundlagen sind Teil der Modell- und Ähnlichkeitstheorie sowie der Dimensionsanalyse.

Die Dimensionsanalyse ist ein mathematisches Hilfsmittel, das auf den Gesetzen der Maßsysteme und mathematischen Gleichungen aufbaut. Sind für einen physikalisch-technischen Sachverhalt die Einflussgrößen bekannt, so lassen sich mit Hilfe der Dimensionsanalyse die den Prozess bestimmenden dimensionslosen Kennzahlen gewinnen. Mit der Dimensionsanalyse erreicht man eine Reduktion der n unabhängigen Einflussgrößen auf m ($m < n$) dimensionslose Größen, die oft auch als dimensionslose Kennzahlen bezeichnet werden.

Im Folgenden wird das Prinzip der ähnlichkeitstheoretischen Darstellung technischer Sachverhalte erläutert und die Ableitung von dimensionslosen Kennzahlen auf Basis der Dimensionsanalyse anhand eines Beispiels behandelt. Für ein vertieftes Studium wird auf die angegebenen Bücher verwiesen [1–3].

Folgende Vorteile, welche mit der Anwendung der Ähnlichkeitstheorie und der Dimensionsanalyse verbunden sind, werden häufig genannt:

1. gesicherte Modellübertragungen,
2. Reduzierung der Zahl der zu untersuchenden Parameter, die das Problem beschreiben,
3. rationelle Darstellung physikalischer Zusammenhänge,
4. Unabhängigkeit der dargestellten Zusammenhänge vom Dimensionssystem.

Wenn im Modell und in der Großausführung die relevanten dimensionslosen Kennzahlen übereinstimmen, sind die Vorgänge physikalisch ähnlich. Eine wichtige Voraussetzung dabei ist, dass eine geometrische Ähnlichkeit zwischen dem Modell und der Großausführung vorliegt. Das bedeutet, dass die Hauptausführung eine lineare Vergrößerung bzw. Verkleinerung des Modells darstellt, so dass auch entsprechende Winkel übereinstimmen. In diesem Fall stehen alle einander entsprechenden Längen in einem festen Verhältnis, dem Vergrößerungs- bzw. Verkleinerungsmaßstab μ:

$$\mu = \frac{d_H}{d_M} = \frac{B_H}{B_M} = \frac{L_H}{L_M} \tag{5.1}$$

(Index H: Hauptausführung, Index M: Modell)

Wichtig ist auch der Hinweis, dass die Dimensionsanalyse **nicht** zu funktionellen Zusammenhängen zwischen den Einflussgrößen des untersuchten Vorgangs führt. Die Zusammenhänge müssen auf Basis von experimentellen Untersuchungen oder physikalischen Modellen zur Beschreibung der Vorgänge ermittelt werden.

Es muss auch beachtet werden, dass häufig nur eine partielle Erfüllung der physikalischen Ähnlichkeit möglich ist. Dies ist der Fall, wenn bei einem Modell auf Grund der einstellbaren Modellparameter der Wert einer dimensionslosen Kennzahl mit dem der realen Ausführung nicht übereinstimmt. Ursache hierfür ist oft, dass z. B. die Erdbeschleunigung oder Stoffwerte nicht über einen großen Bereich variiert werden können. Zur Behandlung solcher Probleme wird auf die zuvor genannten Bücher von J. Pawlowski [1] und M. Zlokarnik [3] verwiesen.

5.2.1 Grundlagen

Zur Beschreibung von physikalischen Zusammenhängen werden physikalische Größen benutzt. Für jede physikalische Größe existiert ein Messverfahren, so dass sie durch eine Zahl und eine Maßeinheit erfasst werden kann. Hinsichtlich ihrer Qualität sind physikalische Größen verschiedenen Größenarten zugeordnet. Als Maß zur Messung von Größen gleicher Art dienen die physikalischen Einheiten. Diese sind international festgelegte, reproduzierbare Größen. Jede physikalische Größe kann formal als Produkt zweier Faktoren, dem Zahlenwert und der Einheit, aufgefasst werden:

$$\textit{Physikalische Größe} = \textit{Zahl} \cdot \textit{Maßeinheit}$$

Tab. 5.1 *Basisgrößen, Basisdimensionen und Basiseinheiten des SI-Systems*

Basisgröße	Zeichen der Basisdimension	Basiseinheit mit Formelzeichen
Länge	L	Meter, m
Zeit	T	Sekunde, s
Masse	M	Kilogramm, kg
Elektrische Stromstärke	I	Ampere, A
Temperatur	Θ	Kelvin, K
Lichtstärke	I_v	Candela, cd

Ein der physikalischen Größe zugeordneter Begriff ist die Dimension. Sie kennzeichnet eine physikalische Größe nur qualitativ, d. h. sie gibt nicht die quantitative Eigenschaft wieder und verweist auch nicht auf eine bestimmte Einheit. Die Dimension gibt den Zusammenhang einer physikalischen Größenart mit den Basisgrößen an. Der Mechanik liegen die drei Basisgrößen Länge (L), Masse (M) und Zeit (T) zugrunde (siehe Tab. 5.1). Aus diesen Basisgrößenarten können die abgeleiteten Größenarten gebildet werden. Entsprechend erhält man die zugehörigen abgeleiteten Dimensionen aus den Dimensionen der Basisgrößen in Form zusammengesetzter Potenzprodukte (Dimensionsprodukte). So erhält man z. B. für die Geschwindigkeit w das Potenzprodukt

$$\dim_w = L^1 \cdot T^{-1}. \tag{5.2}$$

Der Dimensionsexponent der Geschwindigkeit ist in Bezug auf die Länge +1 und in Bezug auf die Zeit −1. Für die Kraft F, die entsprechend dem *Newton*´schen Gesetz dem Produkt Masse mal Beschleunigung entspricht, erhält man das folgende Potenzprodukt:

$$\dim_F = M \cdot L \cdot T^{-2} \tag{5.3}$$

Analog zu den Basisgrößen unterscheidet man zwischen Basiseinheiten und abgeleiteten Einheiten. Dem internationalen Einheitensystem (SI) liegen die in Tab. 5.1 aufgeführten Basiseinheiten zugrunde.

Eine dimensionslose Kennzahl Π ist eine Größe, die in Bezug auf jede Basisdimension den Dimensionsexponenten Null aufweist, so dass gilt:

$$\dim_\Pi = L^0 \cdot T^0 \cdot M^0 \tag{5.4}$$

Die Einheit einer dimensionslosen Kennzahl ist Eins, da gilt:

$$L^0 \cdot T^0 \cdot M^0 = 1 \tag{5.5}$$

Verhältniszahlen aus Größen mit der gleichen Einheit sind demnach dimensionslose Kennzahlen.

5.2.2 Bestimmung relevanter dimensionsloser Kennzahlen

Edgar Buckingham (1867–1940) begründet mit dem sogenannten Π-Theorem (auch pi-Theorem oder *Buckingham*-Theorem genannt) die dimensionslose Darstellung von physikalisch-technischen Sachverhalten [4]. Das Π-Theorem sagt aus, dass jede dimensionsmäßig homogene Gleichung, die einen physikalischen Zusammenhang zwischen verschiedenen Größen beschreibt, auf einen Zusammenhang zwischen einem Satz dimensionsloser Kennzahlen reduziert werden kann. Das bedeutet, dass eine dimensionsrichtige Beziehung zwischen problemrelevanten Größen x_i

$$f\left(x_1,x_2,x_3,\ldots,x_n\right)=0 \tag{5.6}$$

auf eine Form

$$g\left(\Pi_1,\Pi_2,\ldots,\Pi_m\right)=0 \tag{5.7}$$

mit den dimensionslosen Kennzahlen Π_i zurückgeführt werden kann. Dabei gilt

$$m < n.$$

Im Folgenden wird anhand eines Beispiels eine schrittweise Vorgehensweise zur Ermittlung dimensionsloser Kennzahlen (Π-Größen) erläutert.

Beispiel 5.1: ***Druckabfall bei der Durchströmung einer porösen Partikelschicht***

1. **Schritt:** *Aufstellen der Liste aller relevanten physikalischen Größen*

Dieser Schritt setzt physikalisches Wissen über den zu untersuchenden Vorgang voraus. Bei dem behandelten Beispiel wird davon ausgegangen, dass eine homogene und isotrope poröse Schicht der Dicke bzw. Länge z und mit dem konstanten Querschnitt A stationär und isotherm von einem inkompressiblen *Newton*'schen Fluid durchströmt wird (Abb. 5.1). Die Porenweiten innerhalb der porösen Schicht sind sehr viel kleiner als die Abmessungen z und $\sqrt{A}$ der Schicht, so dass Einströmungs- und Wandeinflüsse vernachlässigt werden können. Die Einflüsse des Schichtaufbaus (Porenform, Oberflächenrauigkeit, Partikelform und Porengrößenverteilung) sind

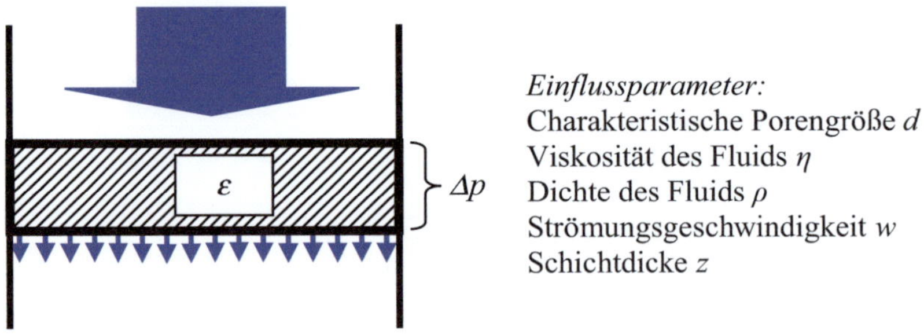

Abb. 5.1 Schema zur Durchströmung einer porösen Schichtmit der Porosität ε

im Druckabfall enthalten und sollen nicht gesondert berücksichtigt werden. Im Sinne der Dimensionsanalyse bedeutet dies, dass sich hinsichtlich dieser Parameter alle betrachteten Schichten gleichen.

Eine Durchströmungsgleichung gibt den Zusammenhang zwischen einer charakteristischen Durchströmungsgeschwindigkeit w, dem Druckabfall Δp, den Fluideigenschaften ρ und η sowie der Schichtgeometrie an. Die äußere Geometrie der Schicht wird durch ihre Dicke z, die innere Geometrie durch die Porosität ε und eine für die Poren bzw. Partikeln charakteristische Abmessung d berücksichtigt.

Die Wahl der charakteristischen Geschwindigkeit w und der charakteristischen Abmessung d ist im Prinzip frei. Man kann z. B. aus dem Volumenstrom $\dot{V}$ und dem durchströmten Querschnitt A die Anströmgeschwindigkeit (entspricht der Leerrohrgeschwindigkeit)

$$\overline{w} = \frac{\dot{V}}{A} \tag{5.8}$$

oder die effektive mittlere Geschwindigkeit in den Poren der Schicht

$$w^* = \frac{\overline{w}}{\varepsilon} = \frac{\dot{V}}{\varepsilon \cdot A} \tag{5.9}$$

bilden. Mit dieser flächenspezifischen Betrachtung ist auch der Einfluss der Anströmfläche berücksichtigt. Für die charakteristische Abmessung d bieten sich eine zunächst noch nicht näher definierte mittlere Partikelgröße d_P, wie z. B. der Sauter-Durchmesser d_{32}, oder der hydraulische Porendurchmesser der Schüttung d_h an. Bei der Wahl eines Partikeldurchmessers erhält man für das Beispiel die folgende Liste von sieben relevanten dimensionsbehafteten Einflussgrößen: $\Delta p, \overline{w}, d_P, z, \rho, \eta, \varepsilon$. In Bezug auf den Druckabfall besteht zwischen diesen Größen ein Zusammenhang:

$$f\left(\Delta p, \overline{w}, d_P, z, \rho, \eta, \varepsilon\right) = 0 \tag{5.10}$$

2. **Schritt:** *Aufstellen der Dimensionsmatrix*

Hierzu ist es erforderlich, die Dimensionen aller relevanten Größen zu ermitteln (Tab. 5.2).

Tab. 5.2 *Dimensionen der problemrelevanten Größen* [5]

Größe	Physik. Größe	Einheit	dim x_i
x_1	Δp	$kg \cdot m^{-1} \cdot s^{-2}$	$L^{-1}\,T^{-2}\,M^{1}$
x_2	$\overline{w}$	$m \cdot s^{-1}$	$L^{1}\,T^{-1}\,M^{0}$
x_3	d_P	m	$L^{1}\,T^{0}\,M^{0}$
x_4	z	m	$L^{1}\,T^{0}\,M^{0}$
x_5	ρ	$kg \cdot m^{-3}$	$L^{-3}\,T^{0}\,M^{1}$
x_6	η	$kg \cdot m^{-1} \cdot s^{-1}$	$L^{-1}\,T^{-1}\,M^{1}$
x_7	ε	–	$L^{0}\,T^{0}\,M^{0}$

Die physikalischen Größen (x-Größen), die Basisdimensionen und die zugehörigen Dimensionsexponenten werden in einer Dimensionsmatrix wie folgt eingetragen:

	→ x-Größen
Basisdimensionen	Dimensionsexponenten

Mit den Angaben in Tab. 5.2 erhält man für das Beispiel folgende Dimensionsmatrix:

	Kernmatrix			Restmatrix			
	d_P	$\overline{w}$	ρ	η	z	Δp	ε
L	1	1	−3	−1	1	−1	0
T	0	−1	0	−1	0	−2	0
M	0	0	1	1	0	1	0

3. **Schritt:** *Bestimmung des Rangs der Matrix*

Hierzu wird durch Anwendung des *Gauss*schen Algorithmus die Matrix derart umgeformt, so dass unterhalb der Hauptdiagonale nur Elemente mit „Null" enthalten sind. Die Anzahl der Elemente in der Hauptdiagonale, die von Null verschieden sind, ergibt den Rang r der Matrix. Es gilt:

$$m = n - r \tag{5.11}$$

$m =$ Anzahl der Π-Größen
$n =$ Anzahl der relevanten Größen (x-Größen)

Für das Beispiel erhält man: $m = 7 - 3 = 4$. Damit kann der Zusammenhang zwischen den sieben Einflussgrößen auf einen Zusammenhang von vier dimensionslosen Größen reduziert werden.

4. **Schritt:** *Überführung der Kernmatrix in eine Einheitsmatrix*

Die Matrix kann wie folgt umgeformt werden:

	Kernmatrix → i			Restmatrix → j			
	d_P	$d_P/\overline{w}$	$\rho\, z^3$	η	z	Δp	ε
L	1	0	0	−1	1	−1	0
T	0	1	0	−1	0	−2	0
M	0	0	1	1	0	1	0

5. **Schritt:** *Bildung der dimensionslosen Kennzahlen (Π-Größen)*

Die Spalten der Einheitsmatrix werden mit dem Laufparameter *i,* und die Spalten der Restmatrix mit dem Laufparameter *j* nummeriert. Gleichzeitig nummeriert *i* auch die Zeilen (von oben nach unten).

Bezogen auf die so erhaltene Einheitsmatrix wird nun jeder Spalte der Restmatrix (x_j-Größen) eine Π_j-Größe entsprechend der folgenden Beziehung zugeordnet:

$$\Pi_j = x_j \prod_i x_i^{-p_{ij}} \tag{5.12}$$

x_j = physikalische Größe in der Restmatrix
x_i = physikalische Größe in der Kernmatrix
p_{ij} = Elemente der Restmatrix,
i = Zeilen- und j = Spaltennummer der Restmatrix

Entsprechend der zuletzt aufgeführten Dimensionsmatrix ist z. B.

$$x_{j=1} = \eta,\ x_{i=1} = d_P \text{ und } x_{i=2} = d_P / \overline{w}.$$

Für den Exponenten p_{11} (erste Zeile und erste Spalte der Restmatrix) erhält man den Dimensionsexponenten -1. Nach diesem Schema ergeben sich mit Gl. (5.12) folgende Π-Größen:

$$\Pi_1 = \eta\ d_P^{\,1} \left(\frac{d_P}{\overline{w}}\right)^1 \left(\rho\ z^3\right)^{-1} = \frac{\eta\ d_P^{\,2}}{\overline{w}\ \rho\ z^3} \tag{5.13}$$

$$\Pi_2 = z \cdot d_P^{\,-1} = \frac{z}{d_P} \tag{5.14}$$

$$\Pi_3 = \Delta p\ d_P^{\,1} \left(\frac{d_P}{\overline{w}}\right)^2 \left(\rho\ z^3\right)^{-1} = \frac{\Delta p\ d_P^{\,3}}{\overline{w}^2 \rho\ z^3} \tag{5.15}$$

$$\Pi_4 = \varepsilon \tag{5.16}$$

Der zwischen den sieben dimensionsbehafteten Größen angegebene Zusammenhang kann nun als eine Funktion von nur vier dimensionslosen Größen geschrieben werden:

$$f\left(\Pi_{1,} \Pi_{2,} \Pi_{3,} \Pi_4\right) = 0 \tag{5.17}$$

Zur Behandlung von immer wiederkehrenden Problemen haben sich bestimmte dimensionslose Kennzahlen eingebürgert. So lassen sich die oben erhaltenen Π-Größen in eingeführte und bekannte dimensionslose Kennzahlen überführen. Dabei wird ausgenutzt, dass ein Produkt aus Π-Größen wieder eine Π-Größe ergibt. Man erhält:

$$\frac{1}{\Pi_1 \cdot \Pi_2^3} \equiv \frac{\overline{w} \cdot d_P \cdot \rho}{\eta} = \mathrm{Re}_P \quad \textit{Reynolds} - \text{Zahl} \tag{5.18}$$

$$\Pi_3 \cdot \Pi_2^3 \equiv \frac{\Delta p}{\rho \cdot \overline{w}^2} = Eu \quad \textit{Euler} - \text{Zahl} \tag{5.19}$$

Man kann damit den Zusammenhang auch wie folgt darstellen:

$$f\left(Eu, \mathrm{Re}_P, \frac{z}{d_P}, \varepsilon \right) = 0 \tag{5.20}$$

Die dimensionslose Porosität hat bereits zu Beginn als Π-Größe festgestanden und hätte in der Matrix nicht gesondert berücksichtigt werden müssen. Ebenso hätte man bei der Ermittlung der Kennzahlen auch einen Längenparameter nicht berücksichtigen müssen, da der Längen-Simplex als Verhältniszahl zweier Größen mit der gleichen Einheit, als dimensionslose Kennzahl von Beginn an feststand. Zwei dimensionslose Kennzahlen hätte man dann bereits festgelegt, so dass man nur noch die *Euler*- und *Reynolds*-Zahl als Π-Größen ermittelt hätte.

Nimmt man an, dass die Funktion entsprechend Gl. (5.20) nach der *Euler*-Zahl auflösbar ist, und berücksichtigt man außerdem wegen der Gleichmäßigkeit (Homogenität und Isotropie) der porösen Schicht die plausible Proportionalität zwischen dem Druckabfall Δp und der durchströmten Länge z, so kann man auch schreiben:

$$Eu = \frac{z}{d_P} \cdot f\left(\mathrm{Re}_P, \varepsilon\right) \tag{5.21}$$

Für die erwähnten Voraussetzungen ist dies der allgemeine dimensionsanalytische Ansatz für alle Durchströmungsgleichungen. Das Produkt zweier dimensionslosen Größen ist ebenfalls dimensionslos, so dass man auch schreiben kann:

$$\varphi = Eu \cdot \frac{d_P}{z} = f\left(\mathrm{Re}_P, \varepsilon\right) \tag{5.22}$$

An dieser Stelle sei nochmals erwähnt, dass die Dimensionsanalyse **nicht** zu funktionellen Zusammenhängen zwischen den charakterisierenden Einflussgrößen bzw. den relevanten Π-Größen des untersuchten Vorgangs führt. Diese können aufgrund von experimentellen Untersuchungen oder auf Basis physikalisch sinnvoller Modelle aufgeklärt werden. Für eine Versuchsplanung ist es sehr förderlich, dass mit der Dimensionsanalyse die Zahl der zu untersuchenden Parameter deutlich reduziert wird, und die experimentellen Ergebnisse, die mit kleinen Versuchseinrichtungen ermittelt werden, auf große geometrisch ähnliche Anlagen übertragen werden können.

Weitere Methode zur Bestimmung dimensionsloser Kennzahlen
Zur Verdeutlichung der Zusammenhänge wird eine weitere Methode aufgeführt, die zu den dimensionslosen Kennzahlen führt. Dabei wird davon ausgegangen, dass jede dimensionslose Kennzahl eine Kombination der relevanten physikalischen Größen darstellt.

Beispiel 5.2: *Alternative Methode zur Bestimmung dimensionsloser Kennzahlen für den Druckabfall bei der Durchströmung einer porösen Partikelschicht*

Für das obige Beispiel erhält man:

$$\Pi_k = \Delta p^{\xi_1} \cdot \overline{w}^{\xi_2} \cdot d_P{}^{\xi_3} \cdot z^{\xi_4} \cdot \rho^{\xi_5} \cdot \eta^{\xi_6} \tag{5.23}$$

Da die Porosität bereits als dimensionslose Größe feststeht, wird sie bei der folgenden Betrachtung nicht berücksichtigt. Die Einheit jeder dimensionslosen Kennzahl ergibt sich zu Eins gemäß Gl. (5.5). Damit kann man für das obige Beispiel schreiben:

$$L^{-\xi_1} \cdot T^{-2\xi_1} \cdot M^{\xi_1} \cdot L^{\xi_2} \cdot T^{-\xi_2} \cdot L^{\xi_3} \cdot L^{\xi_4} \cdot L^{-3\xi_5} \cdot M^{\xi_5} \cdot L^{-\xi_6} \cdot T^{-\xi_6} \cdot M^{\xi_6} = 1 \tag{5.24}$$

bzw.

$$L^{-\xi_1+\xi_2+\xi_3+\xi_4-3\xi_5-\xi_6} \cdot T^{-2\xi_1-\xi_2-\xi_6} \cdot M^{\xi_1+\xi_5+\xi_6} = 1 \tag{5.25}$$

Der beschriebenen Vorgehensweise liegt zugrunde, dass jede dieser dimensionslosen Kennzahlen in Bezug auf die Grundgrößenarten gemäß Gl. (5.5) den Dimensionsexponenten Null besitzt. Damit kann man schreiben:

$$-\xi_1 + \xi_2 + \xi_3 + \xi_4 - 3\xi_5 - \xi_6 = 0 \tag{5.26}$$

$$-2\xi_1 - \xi_2 - \xi_6 = 0 \tag{5.27}$$

$$\xi_1 + \xi_5 + \xi_6 = 0 \tag{5.28}$$

Man erhält also drei Gleichungen mit sechs Unbekannten. Für eine spätere Lösung können drei Exponenten angenommen werden. Nach einem Umformen und Auflösen der Gleichungen (von unten nach oben) nach drei Exponenten erhält man:

$$\xi_5 = -\xi_1 - \xi_6 \tag{5.29}$$

$$\xi_2 = -2\xi_1 - \xi_6 \tag{5.30}$$

$$\xi_3 = +\xi_1 - \xi_2 - \xi_4 + 3\xi_5 + \xi_6 = -\xi_4 - \xi_6 \tag{5.31}$$

Schreibt man Gl. (5.23) mit den gefundenen Zusammenhängen für die drei Exponenten ξ_5, ξ_2 und ξ_3, so erhält man:

$$\Pi_k = \Delta p^{\xi_1} \cdot \overline{w}^{-2\xi_1} \cdot \overline{w}^{-\xi_6} \cdot d_P{}^{-\xi_4} \cdot d_P{}^{-\xi_6} \cdot z^{\xi_4} \cdot \rho^{-\xi_1} \cdot \rho^{-\xi_6} \cdot \eta^{\xi_6} \tag{5.32}$$

Durch Umformen erhält man:

$$\Pi_k = \left(\frac{\Delta p}{\overline{w}^2 \rho} \right)^{\xi_1} \cdot \left(\frac{z}{d_P} \right)^{\xi_4} \cdot \left(\frac{\eta}{\overline{w}\ d_P\ \rho} \right)^{\xi_6} \tag{5.33}$$

Man erkennt in den einzelnen Termen wieder die *Euler*-Zahl *Eu*, den Längen-Simplex und den Kehrwert der *Reynolds*-Zahl *Re*. Die drei Exponenten sind frei wählbar. Für $\xi_1 = 1$, $\xi_4 = 0$ und $\xi_6 = 0$ erhält man die *Euler*-Zahl, und für $\xi_1 = 0$, $\xi_4 = 0$ und $\xi_6 = 1$ erhält man die R*eynolds*-Zahl.

Beispiel 5.3: *Darstellung experimenteller Ergebnisse zum Druckabfall mit dimensionslosen Kennzahlen*

Wie zuvor im Text erwähnt, führt die Dimensionsanalyse **nicht** zu funktionellen Zusammenhängen zwischen den Einflussgrößen des untersuchten Vorgangs. Die Zusammenhänge müssen auf Basis von experimentellen Untersuchungen oder physikalischen Modellen zur Beschreibung der Vorgänge ermittelt werden. Für den behandelten Fall der Durchströmung einer porösen Schicht wird ein vielfach experimentell überprüfter Ansatz von *Darcy* gewählt. Dieser Ansatz ist gültig bis etwa $Re_P < 1$. Als charakteristische Größe zur Kennzeichnung der porösen Struktur wird die Porosität ε sowie als mittlere Partikelgröße der *Sauter*-Durchmessers d_{32} gewählt. Mit ihm können Partikelsysteme mit verteilten Partikelgrößen als Mittelwert beschrieben werden, so dass für kugelförmige Partikeln gilt:

$$S_v = \frac{6}{d_{32}} \tag{5.34}$$

S_V ist die auf das Partikelvolumen bezogene spezifische Oberfläche. Diese nimmt zu, je kleiner die Partikeln werden. Wie zuvor abgeleitet erhält man damit zur Kennzeichnung der Strömung folgende *Reynolds*-Zahl:

$$\mathrm{Re}_P = \frac{\rho \cdot \overline{w} \cdot d_{32}}{\eta} \tag{5.35}$$

Bei einer zähen Durchströmung einer porösen Struktur ($Re_P < 1$) beruht der Durchströmungsdruckabfall praktisch auf den inneren Reibungskräften. Bei größeren *Reynolds*-Zahlen tritt auch ein Druckverlust durch Ablösungserscheinungen in Wirbeln innerhalb der Schicht auf, die mit der Gleichung von *Darcy* nicht berücksichtigt werden. Für Schüttungen aus gebrochenem Mahlgut (Koks, Erz, Steine) mit relativ engen Korngrößenverteilungen hat Ergun [6] Experimente durchgeführt und in der Darstellung mit dem *Sauter-D*urchmesser folgende Gleichung für den Druckabfall erhalten:

$$\frac{\Delta p}{z} = 150 \cdot \frac{(1-\varepsilon)^2}{\varepsilon^3} \frac{\eta \bar{w}}{d_{32}^2} + 1{,}75 \cdot \frac{(1-\varepsilon)}{\varepsilon^3} \cdot \frac{\rho \bar{w}^2}{d_{32}} \tag{5.36}$$

Die *Ergun*-Gleichung gilt im *Reynolds*-Zahl-Bereich $0{,}4 \le Re_P \le 10^4$. Unter Verwendung der dimensionslosen Kennzahlen kann man diese Gleichung auch schreiben:

$$Eu \frac{d_{32}}{z} = \frac{(1-\varepsilon)}{\varepsilon^3} \cdot \left\{ 150 \cdot \frac{(1-\varepsilon)}{\mathrm{Re}_P} + 1{,}75 \right\} \tag{5.37}$$

5.3 Computereinsatz und Simulationstechniken

Die Auslegung und Berechnung verfahrenstechnischer Anlagen und den darin eingesetzten Apparaten ist ohne den Einsatz der Informations- und Computertechnik nicht mehr denkbar. Mit ihr werden Berechnungen durchgeführt, Datensätze gespeichert und geordnet, Anlagen und Bauteile ausgelegt und dargestellt sowie komplexe Vorgänge innerhalb der Apparate und Anlagen simuliert und visualisiert.

Produktdatenmanagement (PDM)

Wesentliche Teilaufgaben bei der Projektbearbeitung zur Errichtung bzw. Verbesserung einer verfahrenstechnischen Anlage sind die Situationsanalyse, die Datenbeschaffung und die möglichst genaue Aufgabenbeschreibung.

Eine Quelle für zuverlässige Daten sind das Expertenwissen innerhalb der Unternehmen sowie das interne Berichtswesen. Das Expertenwissen beruht auf langjährigen Erfahrungen und macht in Ver bindung mit den internen Berichten das Know-how eines Unternehmens aus. Oft ist das Wissen über viele Abteilungen verstreut und nicht vollständig dokumentiert. Ein großer Teil ist empirisch erworbenes Wissen, das „in den Köpfen der Mitarbeiter“ verfügbar ist. Man ist bestrebt auch dieses Wissen zu erfassen. Im Rahmen des Wissensmanagements werden u. a. computergestützte Expertensysteme und Wissensdatenbanken erstellt, die das firmenspezifische Wissen zu Produkten und Prozessen absichern. Es ist wichtig, dass die Daten derart erfasst und gespeichert werden, dass sie zu jeder Zeit miteinander verknüpft und ausgewertet werden können. Die sehr umfangreichen Dokumentationen zum Anlagenbetrieb, zur Betriebsgenehmigung, zum Qualitäts-, Sicherheits- und Umweltmanagement sind Beispiele für solche Datensätze.

Auch bei der Entwicklung von Produkten und den Prozessen zu ihrer Herstellung fällt eine große Datenmenge an. Dabei handelt es sich z. B. um Ergebnisse aus experimentellen Untersuchungen, Produkterprobungen und Mitteilungen von Kunden im Zusammenhang mit der Produktanwendung. In Verbindung mit dem elektronischen Produktdatenmanagement (PDM) wurde eine neue Softwarekategorie entwickelt, mit der produktdefinierende und produktrepräsentierende Daten und Dokumente gespeichert, verwaltet und in nachgelagerten Phasen des Produktlebenszyklus zur Verfügung gestellt werden.

Digitaler Zwilling
Eine Entwicklung in dieser Richtung auf dem Gebiet des Anlagenbaus ist das Konzept des „Digitalen Zwillings“ (engl.: Digital twin). Ein digitaler Zwilling ist das virtuelle Abbild einer Anlage mit allen ihren Komponenten und Funktionsebenen. Alle relevanten Daten, wie z. B. Abmessungen, Betriebsparameter, Informationen zur Lieferung sind in Form von Dateien darin enthalten und abrufbar. Auch Rechenprogramme zur Auslegung von Verfahren und Anlagenkomponenten sind Teil eines digitalen Zwillings. Mit CAD-Programmen kann ein virtuelles geometrisches Modell der Anlage erzeugt werden, dessen physikalische Eigenschaften mit Rechen- oder Simulationsprogrammen, z. B. zur FEM, CFD oder DEM, untersucht werden können. Physikalische Zusammenhänge und Eigenschaften einer Anlage können mit den zugehörigen Softwaretools erfasst und abgebildet werden.

Der virtuelle Zwilling wird bereits bei der Anlagenplanung entwickelt. Er erlaubt es, dass bereits im Vorfeld einer Realisierung wesentliche Eigenschaften der Anlage oder komplexer und aufwendig herzustellender Teile untersucht werden können. Sogenannte „numerische Experimente“ können bereits vor dem Bau einer Anlage oder eines Prüflings durchgeführt werden. Mittels Sensitivitätsanalysen kann der Einfluss von Modellparametern auf die Simulationsergebnisse untersucht werden, so dass Optimierungspotenziale erkannt und Effizienzsteigerungen ermöglicht werden. Auch die physikalischen Grenzen des virtuellen Modells können dabei aufgezeigt werden. Auf diese Weise kann oft auch der zuvor besprochene experimentelle Aufwand reduziert und die Entwicklungszeit wesentlich verkürzt werden.

Das Konzept sieht vor, dass ein digitaler Zwilling einer Anlage diese über die gesamte Lebensdauer begleitet. Es wird dabei dafür gesorgt, dass die zugehörige Dokumentation jederzeit auf dem aktuellen Stand ist. Auch Berichte, Simulationen und Abbildungen, welche die zeitlichen Veränderungen der Anlage betreffen, werden digital erfasst, so dass sie jederzeit verfügbar sind. All diese Maßnahmen sind Teil des Lifecycle-Managements mit Bezug auf die Anlage. Bei Anlagenänderungen und -überprüfungen kann immer auf aktuelle Dokumente zurückgegriffen werden. In Verbindung mit der zugehörigen Software können geplante Veränderungen an der Anlage zunächst in einer virtuellen Umgebung getestet werden, bevor sie dann in der realen Umgebung ausgeführt werden. Die integrierte Datenbasis, die Softwaresysteme und die dazu installierte IT- und Dateninfrastruktur ermöglichen eine koordinierte Zusammenarbeit der beteiligten Partner. Im Zusammenhang mit der Anlagenplanung spricht man in diesem Fall auch von einem „integrierten Engineering“.

Simulationstechnik

Die Fortschritte bei der Rechenleistung und in der Softwareentwicklung ermöglichen es, dass Simulationen bereits in einem frühen Stadium der Prozess- und Anlagenentwicklung wertvolle Beiträge liefern. Eine Simulation erfasst das System- und Stoffverhalten bereits vor der Realisierung einer Anlage. Ein Vorteil, der insbesondere bei komplexen und damit hinsichtlich ihres Verhaltens schwer abzuschätzenden Verfahren bei der Anlagen- und Apparateentwicklung zum Tragen kommt. Gleichzeitig bieten Simulationen die Möglichkeit, ablaufende Vorgänge zu visualisieren.

Verschiedene Simulationsprogramme werden angewendet, um Anlagen virtuell abzubilden und ihre Eigenschaften sowie die darin ablaufenden verfahrenstechnischen Vorgänge zu untersuchen. Es ist dazu erforderlich, dass die jeweiligen Vorgänge mit den natur- und ingenieurwissenschaftlichen Gesetzen soweit erfasst werden, dass sie mathematisch modelliert werden können. Erst dann werden die Vorgänge verstanden und beherrscht und sie können mit ausreichender Genauigkeit simuliert werden. Die Simulation verfahrenstechnischer Vorgänge beinhaltet demnach ihre Abbildung mit physikalisch/mathematischen Modellgleichungen und die numerische Lösung der Gleichungssysteme mit modernen Rechenprogrammen und Rechentechniken. Die folgenden Ziele können damit verfolgt werden:

- schnelle und kostengünstige Auslegung verfahrenstechnischer Prozesse sowie ihre Optimierung,
- modellgestützte Prozesssteuerung und -regelung,
- Optimierung übergreifender Entwicklungsprozesse (z. B. Lebenszyklusmodellierung).

Computer aided Design (CAD)

Wie in anderen Teilen der Technik werden auch im Anlagen- und Apparatebau CAD-Programme angewendet. Die speziellen CAD-Programme für den Anlagen- und Apparatebau enthalten u. a. auch Module für eine automatische Rohrleitungsverlaufsplanung (Routing), 3D-Visualisierungsfunktionen und Hilfen zum Projektmanagement (z. B. Stücklisten, Rohrleitungslisten Funktionen zur Mengenermittlung). Mit den Programmen kann man die Positionen einzelner Komponenten, wie Tanks, Kolonnen und Maschinen planen und die dazu notwendigen Leitungen schnell und einfach festlegen. Die notwendigen Verbindungen untereinander und zu anderen Verfahrensstufen werden dabei an die jeweiligen Positionen angepasst. Solche Simulations programme haben zum Teil die früher aufwendig erstellten maßstäblichen Modelle ersetzt.

Finite-Elemente-Methode (FEM)

Die Finite-Elemente-Methode (FE-Methode) wird u. a. zur Berechnung von Spannungen und Verformungen in komplexen Bauteilen eingesetzt. Es handelt sich dabei um eine Festkörpersimulation auf Basis numerischer Verfahren zur Lösung von partiellen Differenzialgleichungen. Das Berechnungsgebiet wird hierbei in eine große Anzahl von „endlichen“ (finiten) Elementen unterteilt, wobei jedes Element eine Anzahl von Knoten mit bekannten Koordinaten besitzt. Für die Elemente werden die jeweils gültigen Funktionen beschrieben, sodass man ein Gleichsystem erhält, das unter Berücksichtigung von Anfangs- und Randbedingungen numerisch gelöst wird. Diese Lösung stellt eine Näherungslösung der zugehörigen Differenzialgleichungen dar. Die Größe des numerisch zu lösenden Gleichungssystems hängt maßgeblich von der Anzahl der finiten Elemente ab.

Computational Fluid Dynamics (CFD)
Die Computational Fluid Dynamics (CFD) wird zur Simulation von Strömungsvorgängen genutzt. Die dazu verwendeten Programme bieten die Möglichkeit, Strömungsfelder und daran gekoppelte Vorgänge, wie z. B. die Wärmeübertragung, innerhalb verfahrenstechnischer Apparate und Maschinen zu simulieren und zu visualisieren. Die Programme liefern numerische Lösungen der *Navier-Stokes*-Gleichungen, welche die Erhaltungsgleichungen von Masse, Impuls und Energie beinhalten. Zur Lösung dieser nicht linearen partiellen Differenzialgleichungen wird in der Regel die Finite-Volumen-Methode (FVM) eingesetzt. Dazu wird die Geometrie der Strömungskanäle durch ein Berechnungsgitter (Computational Grids) mit mehreren tausend Berechnungszellen diskretisiert und die Erhaltungsgleichungen an jeder einzelnen Zelle ausgeführt. CFD-Programme sind in der Lage, Strömungen, Massen- und Wärmeübertragungen auch unter Berücksichtigung von Wärmequellen, z. B. durch chemische Reaktionen, effektiv zu simulieren. Zudem stehen Berechnungsmethoden zur Strömungssimulation von mehrphasigen Fluiden, wie z. B. Suspensionen oder Aerosole zur Verfügung. Wird die CFD-Simulation z. B. mit der FEM kombiniert, so kann auch das mechanische Verhalten von Bauteilen unter dem Einfluss einer Strömung analysiert werden. Eine Einführung in die CFD-Simulation von verfahrenstechnischen Prozessen ermöglicht Paschedag [7].

Diskrete-Elemente-Methode (DEM)
Mit der Diskrete-Elemente-Methode wird das Verhalten ruhender und bewegter Schüttgüter als Summe vieler einzelner Kontakte zwischen den Partikeln beschrieben. Dabei werden, je nach Kontaktgesetz, verschiedenste mikroskopische Partikel-Partikel- bzw. Partikel-Wand-Wechselwirkungen berücksichtigt. Die Kontaktgesetze bieten mit ihren Parametern auch die Möglichkeit, unterschiedliches Stoffverhalten in den Apparaten zu simulieren. Mit der DEM lassen sich die räumliche Position, Geschwindigkeit und Beschleunigung einzelner Partikeln numerisch berechnen. Damit kann die Prozessdynamik eigenschaftsverteilter Partikelkollektive über Zeit- und Längenskalen hinweg simuliert werden. Mit Hilfe der Simulationen können auch Kraftverläufe in Haufwerken (z. B. in Filterkuchen oder Silos) und die Dynamik von Transportvorgängen ermittelt werden. Ebenso kann die Krafteinwirkung von Partikeln auf Bauteile analysiert werden. Neben weiteren Partikel-Bauteil-Wechselwirkungen, wie z. B. Haftmechanismen, ist es auch möglich, die Beanspruchung von Partikeln zu untersuchen. Auch Strömungskräfte, welche auf die Partikeln einwirken, können bei DEM-Berechnungen berücksichtigt werden, wenn diese mit Programmen zur CFD-Simulation gekoppelt werden. Ein Abgleich der

Ergebnisse aus der Simulationsrechnung bei vorgegebenen definierten Randbedingungen erfolgt in der Regel mit Ergebnissen aus wenigen Experimenten.

Fließschemasimulationen

In einem verfahrenstechnischen Prozess sind die Verknüpfungen zwischen den Grundverfahren und die quantitative Erfassung der Ein- und Ausgangsgrößen (z. B. Stoffströme, Energieströme, Informationen) sowie die physikalischen Effekte und Prinzipien innerhalb der Verfahrensstufen Gegenstand der Betrachtungen. Dabei ist neben der Kenntnis der Grundverfahren auch das Verständnis ihres Zusammenwirkens notwendig, denn in der Regel beeinflussen sich die Grundverfahren im Gesamtsystem auf vielfältige Weise. So kann z. B. die frei werdende Wärme einer exothermen Reaktion an einer anderen Stelle des Prozesses genutzt werden. Oft werden bei einer chemischen Reaktion auch nicht die gesamten Ausgangsstoffe (Edukte) in das gewünschte Produkt umgewandelt, so dass anschließend das Reaktionsprodukt von den nicht reagierten Ausgangskomponenten abgetrennt und aus Gründen der Wirtschaftlichkeit zurückgeführt werden muss.

Derartige stoffliche und energetische Verschaltungen bewirken ein komplexes Systemverhalten, das heute auf Basis von so genannten Fließschema-Simulationsprogrammen erfasst werden kann. Dabei werden Grundverfahren und die zugehörigen Apparate und Maschinen entsprechend dem Fließschema miteinander verknüpft und das zugehörige Gleichungssystem bestehend aus den Stoff- und Wärmebilanzen sowie den Modellgleichungen der einzelnen Grundverfahren simultan gelöst. Simultan werden dabei auch die jeweiligen Zustände der Stoffströme mit den zugehörigen Zustandsgleichungen berücksichtigt. Während für Prozesse der Fluidverfahrenstechnik mit kommerziellen Programmen bereits seit mehreren Jahren gute Ergebnisse erzielt werden, ist die Einbeziehung von Verfahren der Feststoffverfahrenstechnik erst ansatzweise gelöst. Ursachen hierfür werden von Werther et al. [8] und Briesen et al. [9] beschrieben.

Computer gestützte Szenarioanalyse

Die Szenarioanalyse beinhaltet im dargestellten Zusammenhang betriebswirtschaftliche 1 Berücksichtigung künftiger Entwicklungen. Ihre Ergebnisse sind nachvollziehbare Prognosen bei möglichen veränderten Randbedingungen. Im Rahmen der Szenarioanalyse werden die Auswirkungen einzelner veränderlicher Variablen auf die im Kap. 3 beschriebenen betriebswirtschaftlichen Bewertungsparameter analysiert. Auf diese Weise werden z. B. die Auswirkungen steigender Energie- und Materialkosten und/oder erhöhter Gebühren für die Abfallentsorgung auf die Produktionskosten für verschiedene Anlagenvarianten ermittelt. Bei der bestehenden Konkurrenzsituation ist es notwendig, die Auswirkungen möglicher Kostensteigerungen zu ermitteln und ggf. mit neuen bzw. optimierten Anlagenvarianten den Anstieg der Produktionskosten zu minimieren. Es werden daher Kostenrechnungen für eine oder mehrere Prozesskonfigurationen unter Berücksichtigung verschiedener Randbedingungen durchgeführt. Die möglichen Konstellationen sind dabei sehr vielfältig, so dass die Berechnungen mit dem Einsatz von Computerprogrammen wesentlich vereinfacht werden. Die Bewertung der Ergebnisse verschiedener Szenarien können als Grundlage für eine Entscheidung über ein betriebswirtschaftlich sinnvolles Anlagenkonzept herangezogen werden. Bei bestehenden Anlagen ist der Ausgangspunkt für eine Szenarioanalyse in der Regel die Analyse der gegenwärtigen Situation (Ist-Situation).

Literatur

1. Pawlowski J (1971) Die Ähnlichkeitstheorie in der physikalisch-technischen Forschung. Springer, Heidelberg. ISBN: 978-3-642-65095-6
2. Görtler H (1975) Dimensionsanalyse. Springer, Berlin. ISBN: 978-3-642-80873-9
3. Zlokarnik M (2006) Scale-up – Modellübertragung in der Verfahrenstechnik. Wiley-VCH, Weinheim. ISBN: 978-3-527-31422-5
4. Buckingham E (1914) On the physically similar systems – illustrations of the use of dimensional equations (Second Series). Phys Rev 4(4):345–376
5. DIN 1301-1:2010-10 (2010) Einheiten – Teil 1: Einheitennamen, Einheitenzeichen. Beuth, Berlin
6. Ergun S (1952) Fluid flow through packed colums. Chem Eng Prog 48:289–294
7. Paschedag AR (2004) CFD in der Verfahrenstechnik. Wiley-VCH, Weinheim. ISBN: 978-3-527-30994-8
8. Werther J, Hartge E-U, Gruhn G (2004): Fließschema-Simulation von Feststoffprozessen. Chem Ing Tech 76:709–713. https://doi.org/10.1002/cite.200403381
9. Briesen H, Grosch R, Kulikov V, von Wedel L, Yang A, Marquard W (2004) Gekoppelte Fließbildsimulation von Partikelprozessen durch Integration verschiedener Simulationswerkzeuge. Chem Ing Tech 76:714–718. https://doi.org/10.1002/cite.200403384

6 Technisches Recht zur Apparate- und Anlagentechnik

6.1 Einführung

Bei der Planung verfahrenstechnischer Anlagen und beim „Inverkehrbringen" technischer Produkte sind eine Vielzahl gesetzlicher Bestimmungen und ein umfangreiches technisches Regelwerk zu beachten. Der Begriff „Inverkehrbringen" bezeichnet die erstmalige entgeltliche oder unentgeltliche Bereitstellung eines Produktes für den Vertrieb oder die Benutzung auf dem Markt. Viele technische Anlagen bedürfen in Deutschland auch einer Anzeige oder Anmeldung durch den Betreiber bei einer dafür zuständigen Behörde und/oder einer Betriebsgenehmigung. Der Betriebsgenehmigung geht eine Antragstellung voraus, die zahlreiche Prüfungen bzw. Abnahmen zur Folge haben kann. In Deutschland müssen die meisten größeren Industrieanlagen nach den Bestimmungen des Bundes-Immissionsschutzgesetzes (BImSchG) genehmigt werden. Das Gesetz regelt u. a. den Schutz vor schädlichen Umwelteinwirkungen durch Luftverunreinigungen und Lärm. Dabei wird in der Regel auf zahlreiche weitere Vorschriften verwiesen. Es sind Mindeststandards einzuhalten, die wiederum eine Voraussetzung für eine Bau- bzw. Betriebsgenehmigung sind. Die Erfüllung der Anforderungen wird im Genehmigungsverfahren geprüft. Die zu beachtenden Regelungen betreffen u. a.

- die Arbeitssicherheit und den Arbeitsschutz,
- den Umweltschutz (Luft, Wasser, Boden, Abfall, Lärm, Strahlungen),
- den Energiebedarf,
- das Baurecht,
- und sonstige Bereiche (u. a. Naturschutz, Landschaftspflege).

Für einen Außenstehenden erscheint die Vielzahl der zu beachtenden Regelungen, Richtlinien und Normen verwirrend, solange die logische Struktur, die dahinter verborgen

S. Ripperger, K. Nikolaus, *Entwicklung und Planung verfahrenstechnischer Anlagen*, VDI-Buch, https://doi.org/10.1007/978-3-662-60427-4_6

ist, nicht erkennbar ist. Die Struktur ergab sich aus der historischen Entwicklung des Technischen Rechts und den Organisationsstrukturen der Institutionen, die an der Ausarbeitung beteiligt sind. Die genaue Kenntnis der Vorschriften ist im Einzelfall notwendig, da ein Verantwortlicher (Betreiber, Hersteller, Händler als „Inverkehrbringer"), bei einer Nichterfüllung bzw. einem Fehlverhalten zur Rechenschaft gezogen wird. Wie in anderen Bereichen gilt auch hier der Grundsatz: „Unkenntnis schützt vor Strafe nicht".

Das Technische Recht in Deutschland wird mehr und mehr durch geltende Regelungen innerhalb der EU bestimmt. Dies hatte zur Folge, dass über die letzten Jahrzehnte sich zahlreiche vertraute Regelungen grundlegend änderten und durch neue ersetzt wurden. Im Folgenden werden die Strukturen des Technischen Rechts erläutert. Zunächst wird der Rahmen, der überwiegend durch europäische Regelungen vorgegeben wird, erläutert. Danach wird auf die Umsetzung im deutschen Recht näher eingegangen.

6.2 Europäisches Recht

6.2.1 Historische Entwicklung

Als Ausgangspunkte für die Entwicklung der Europäischen Union (EU) gelten das Inkrafttreten folgender Verträge und die dadurch gebildeten Gemeinschaften:

1952: Vertrag über die Gründung der Europäischen Gemeinschaft für Kohle und Stahl (EGKS);

1958: Vertrag zur Gründung der Europäischen Wirtschaftsgemeinschaft (EWG-Vertrag) und zur Gründung der Europäischen Atomgemeinschaft (Euratom, Römische Verträge).

Zu den Gründungsmitgliedern der Gemeinschaften zählen Deutschland, Frankreich, Italien, Belgien, die Niederlande und Luxemburg. Die Verträge wurden im Laufe der Jahre ständig verändert und ergänzt. So trat 1967 der so genannte Fusionsvertrag in Kraft, mit dem die Organe der oben genannten Gemeinschaften zusammengelegt wurden und die Europäische Gemeinschaft (EG) entstand. Damit wurde auch die Konstituierung des Rates und der Kommission für alle drei Gemeinschaften beschlossen. Im Juli 1987 trat die Einheitliche Europäische Akte (EEA) in Kraft, mit der eine Vertragsentwicklung mit der Zielsetzung einer politischen Union vereinbart wurde. Durch die Aufnahme der Bereiche Umwelt, Forschung und Technologie wurden mit der EEA auch die Zuständigkeiten der Europäischen Gemeinschaft (EG) erweitert. Im Interesse der Beschleunigung der Beschlussfassung und einer möglichst zügigen Verwirklichung des Binnenmarktes wurde durch die EEA der Art. 100 a in den EG-Vertrag eingefügt, der die Ermächtigung für alle Maßnahmen ist, die der Schaffung und dem Funktionieren des Binnenmarktes dienen. Mit diesem Artikel wurde auch eingeführt, dass zum Erlass von Richtlinien die qualifizierte Mehrheit im Rat genügt. Art. 130 r bis t des EWG-Vertrages weisen der EG eine eigene

Zuständigkeit für Belange des Umweltschutzes zu. 1993 trat der Maastrichter „Vertrag über die Europäische Union" (EU-Vertrag oder kurz EUV) in Kraft. Der Begriff Europäische Union wird seit dieser Zeit innerhalb der Europäischen Gemeinschaft benutzt, um einen neuen, qualitativ anderen Integrationszustand zu kennzeichnen, wobei die Europäische Gemeinschaft als supranationale Organisation, mit eigener Rechtspersönlichkeit bestehen blieb. Der EWG-Vertrag zur Gründung der Europäischen Gemeinschaft wird mit dem Vertrag von Maastricht in EG-Vertrag umbenannt. Mit Art. 2 des Vertrags von Lissabon wird er später zum Vertrag über die Arbeitsweise zur Europäischen Union (AEU-Vertrag oder AEUV).

Mit der Entwicklung der Gemeinschaft hat sich auch die Zahl der Mitglieder erhöht. 1973 traten Großbritannien, Dänemark und Irland (Norderweiterung) und von 1981 bis 1986 Griechenland, Spanien und Portugal (Süderweiterung) der EG bei. 1995 wurden mit Finnland, Österreich und Schweden drei Staaten der Europäischen Freihandelszone (European Free Trade Association/EFTA) aufgenommen. Die Zahl der Mitglieder stieg damit auf 15 an. Durch den Beitritt mittel- und osteuropäischen Staaten sowie von Malta und Zypern (2004), Bulgarien und Rumänien (2007) und Kroatien (2013) erhöhte sich die Zahl der Mitglieder schließlich auf 28.

Am 23. Juni 2016 haben die Briten bei einem Referendum mit rund 52 Prozent der Stimmen für den sogenannten Brexit, d. h. den Austritt aus der Europäischen Union, gestimmt. Demnach wird das Vereinigte Königreich Großbritannien und Nordirland als erstes Land die Europäische Union wieder verlassen. Die einzelnen Schritte eines Austritts aus der EU regelt Art. 50 des EU-Vertrags. Überwiegend werden negative Folgen eines Brexits für die britische Wirtschaft, aber auch für die EU-Länder erwartet.

Die Staaten der Europäischen Union setzten sich die Schaffung eines Raumes ohne Binnengrenzen zum Ziel. Es soll ein Binnenmarkt geschaffen werden, in dem die folgenden vier „Grundfreiheiten" verwirklicht sind:

- freier Warenverkehr,
- Freizügigkeit der Arbeitnehmer und Arbeitnehmerinnen,
- freier Dienstleistungsverkehr und
- freier Kapital- und Zahlungsverkehr.

Diese vier Grundfreiheiten waren bereits Gegenstand des EWG-Vertrages von 1957. In der EEA von 1987 war die Bildung des Europäischen Binnenmarktes bis zum 1. Januar 1993 als Ziel verankert und ist zu diesem Zeitpunkt auch weitgehend verwirklicht. Heute reicht der Europäische Binnenmarkt von Lappland am Polarkreis bis zur Insel Kreta im Mittelmeer, von der Atlantikküste Portugals bis an das Schwarze Meer. In ihm leben ca. 500 Millionen Menschen.

Die EEA und der Vertrag von Maastricht (EUV) bildeten auch das Fundament für die Wirtschafts- und Währungsunion, die mit der Einführung des EURO als gesetzliches Zahlungsmittel zum 1. Januar 1999 weiterentwickelt wurde. Als Bargeld wurde er erst drei Jahre später in der so genannten „Eurozone" eingeführt.

Am 11. Dezember 2000 haben die Staats- und Regierungschefs den Vertrag von Nizza beschlossen. Er trat am 1. Februar 2003 in Kraft. Er enthält Änderungen zum EU-Vertrag (Vertrag von Maastricht), zu den Verträgen zur Gründung der Europäischen Gemeinschaften sowie zu einigen damit zusammenhängenden Rechtsakten. Als wichtigste Änderung gilt, dass in vielen Bereichen Beschlüsse mit qualifizierter Mehrheit statt mit Einstimmigkeit zur Regel werden. Der Vertrag von Nizza ist die Basis des gegenwärtigen politischen Systems der EU.

2004 wurde ein Vertrag über eine Verfassung für Europa (VVE) unterzeichnet, durch den das politische System der EU reformiert werden sollte. Insbesondere sollte der Europäischen Union eine einheitliche Struktur und Rechtspersönlichkeit gegeben und die bis dahin gültigen Grundlagenverträge (vor allem EU-, EG- und Euratom-Vertrag) abgelöst werden. Gegenüber dem bisher gültigen Vertrag von Nizza sollte die EU zusätzliche Kompetenzen erhalten. Außerdem sollte ihr institutionelles Gefüge geändert werden, um sie demokratischer und handlungsfähiger zu machen. Aufgrund negativer Referenden in Frankreich und den Niederlanden zur Ratifizierung der Verfassung trat sie jedoch nicht in Kraft. Wesentliche Inhalte davon wurden jedoch in den Vertrag von Lissabon übernommen, der von den Regierungschefs der 27 Mitgliedsstaaten unterzeichnet wurde und am 1. Dezember 2009 in Kraft trat. Im Gegensatz zum geplanten Verfassungsvertrag ersetzte er den EU-Vertrag und EG-Vertrag aber nicht, sondern änderte sie nur ab. Letzterer wird im Vertrag von Lissabon in Vertrag zur Arbeitsweise der Europäischen Union (AEU-Vertrag) umbenannt (siehe www.aeuv.de). Die Änderungen bewirkten, dass die Worte „Europäische Gemeinschaft" durchgängig durch „Europäische Union" ersetzt wurden und die EU damit auch die Rechtspersönlichkeit der EG übernahm. Dadurch kann sie als Subjekt des Völkerrechts in eigenem Namen, nach einstimmigem Beschluss des Rats für Auswärtige Angelegenheiten, internationale Verträge und Abkommen unterzeichnen, über den Europäischen Auswärtigen Dienst diplomatische Beziehungen mit anderen Staaten unterhalten und Mitglied in internationalen Organisationen werden. Die Kennzeichnungen bestehender Verträge, Verordnungen und Richtlinien mit dem Kürzel EG oder sogar EWG bleiben erhalten, so dass sie in diesem Zusammenhang noch auftreten können.

Auf Basis der Verträge und der damit eingeleiteten Entwicklungen können heute Personen, Dienstleistungen, Waren und Kapital die Grenzen zwischen den EU-Staaten nahezu ungehindert überschreiten. Im Zuge der Entwicklung war auch eine zügige Harmonisierung von zahlreichen Gesetzen und Vorschriften notwendig.

Die Organe der Europäischen Union beeinflussen daher auch das geltende Technische Recht in den Mitgliedsländern. Änderungen vieler nationaler Gesetze, Verordnungen und Richtlinien wurden damit unumgänglich. Die Unternehmen mussten sich verstärkt an europäischen Maßstäben orientieren, und die Mitarbeiter der technischen Disziplinen mussten sich mit den neuen Regeln vertraut machen. Ziel der Maßnahmen ist, die EU zum einem wettbewerbsfähigen und dynamischen wissensbasierten Wirtschaftsraum zu entwickeln.

6.2.2 EU-Rechtsbeschlüsse

Am Zustandekommen von EU-Rechtsbeschlüssen sind die EU-Organe in unterschiedlicher Weise beteiligt. Die Basis dazu bilden der Vertrag über die Europäische Union (EU-Vertrag) und der Vertrag über die Arbeitsweise der Europäischen Union (AEU-Vertrag).

Während im Europäischen Rat, der sich aus den Staats- und Regierungschefs der einzelnen Mitgliedstaaten zusammensetzt, und dem nach Fachressorts aufgeteilten Rat der Europäischen Union (Ministerrat) die nationalen Regierungen vertreten sind, repräsentiert das Europäische Parlament bei der Rechtsetzung der EU unmittelbar die Bürger der Union. Die Europäische Kommission ist das Exekutivorgan der EU. Der Gerichtshof der Europäischen Union ihre Rechtsprechungsinstanz. Weitere Einrichtungen sind der „Europäische Wirtschafts- und Sozialausschuss (EWSA)“ und der „Ausschuss der Regionen (AdR)“.

Ein Gesetzgebungsakt kann in der Regel nur auf Vorschlag der Kommission erfolgen. Sie besitzt das Initiativrecht. Danach muss, je nach Regelung, das Parlament in unterschiedlichem Umfang beteiligt werden. Beim „ordentlichen Gesetzgebungsverfahren“ hat das Parlament ein vollwertiges Mitentscheidungsrecht. Es wird bei allen Rechtsakten mit allgemeiner Geltung (Verordnungen und Richtlinien) angewendet. Nach Anhörung beratender Organe entscheidet der Europäische Rat, dem Mitglieder der einzelnen Regierungen der Mitgliedstaaten angehören. Dieser tagt aufgrund der unterschiedlichen Politikbereiche in unterschiedlichen Zusammensetzungen, den so genannten Ratsformationen. Jeweils ein Vertreter pro Mitgliedsstaat ist dabei Mitglied. Bei Meinungsverschiedenheiten zwischen Rat und Parlament ist die Einberufung eines Vermittlungsausschusses vorgesehen. Die Beschlussfassung beim „ordentlichen Gesetzgebungsverfahren“ erfolgt mit qualifizierter Mehrheit. Diese wird aufgrund des Vertrags von Lissabon über das Prinzip einer doppelten Mehrheit definiert, d. h. 55 Prozent der Mitgliedstaaten, die mindestens 65 Prozent der EU-Bevölkerung repräsentieren, müssen zustimmen.

Das Verfahren der doppelten Mehrheit wird jedoch erst ab dem Jahr 2017 endgültig eingeführt. Ab 2014 kann es angewandt werden, sofern kein Mitgliedstaat widerspricht. Bis dahin gilt das Verfahren der qualifizierten Mehrheit, das im Vertrag von Nizza vorgesehen war. Dazu wurde allen Mitgliedstaaten jeweils eine bestimmte Anzahl an Stimmen zugewiesen, die von 3 (Malta) bis 29 (Deutschland, Frankreich, Großbritannien, Italien) reichen. Die Stimmenanzahl richtet sich nur annähernd nach der Bevölkerungszahl der einzelnen Mitgliedsstaaten. Generell wird die Bevölkerung kleinerer Staaten bevorzugt. Für die Verabschiedung eines Rechtsakts sind eine einfache Mehrheit der Mitgliedstaaten und eine Mehrheit von 255 der 345 Stimmen notwendig. Auf Antrag eines Mitgliedstaates muss darüber hinaus festgestellt werden, ob die zustimmenden Mitgliedstaaten mindestens 62 Prozent der EU-Bevölkerung umfassen.

Die Kompetenz eigene Gesetze in bestimmten Bereichen zu erlassen erlangte die EU durch die geschlossenen Verträge der Mitgliedsstaaten (Primärrecht). Ihr selbst fehlt eine umfassende Hoheitsgewalt, so dass das „Prinzip der begrenzten Einzelermächtigung“ gilt. Die aus den Einzelermächtigungen abgeleiteten Zuständigkeits- bzw. Kompetenzbereiche der EU sind im Vertrag über die Arbeitsweise der Europäischen Union (AEUV) geregelt. Man unterscheidet zwischen ausschließlicher, geteilter und unterstützender Zuständigkeit. Nach Art. 3 des AEU-Vertrags ist die EU ausschließlich für die Handelspolitik und Zollunion zuständig. Sie besitzt nach Art. 4 eine geteilte Zuständigkeit für die Bereiche Binnenmarkt, Agrar-, Energie- Verkehrs- und Umweltpolitik sowie den Verbraucherschutz. Die Verträge der Mitgliedstaaten sind die Basis für die rechtlichen Instrumente der EU, das sogenannte Sekundärrecht. Es umfasst die EU-Verordnungen und EU-Richtlinien, die EU-Beschlüsse sowie die Empfehlungen und Stellungnahmen (Art. 288 AEUV). Die aktuellen Verordnungen und Richtlinien sind unter „http://eur-lex.europa.eu“ abrufbar.

Verordnungen gelten unmittelbar in den Mitgliedstaaten und sind für jedermann verbindlich. EU-Verordnungen verdrängen daher ihnen entgegenstehende nationale Regelungen. Mit ihnen wird praktisch ein neues, einheitliches Gemeinschaftsrecht geschaffen. In Tab. 6.1 sind einige Verordnungen aufgeführt, die auch für den Bau von Anlagen oder Bauteile von Anlagen relevante Anforderungen enthalten.

Richtlinien sind hinsichtlich ihrer Zielsetzung für die Mitgliedsstaaten verbindlich. Sie richten sich jedoch nicht unmittelbar an die Bürger. Es werden mit ihnen Ziele in Form von verbindlichen Forderungen vorgegeben, die innerhalb bestimmter Fristen erreicht werden müssen. Sie wenden sich daher an die Regierung und an nationale Parlamente. Die Forderungen werden in der Regel durch ihre Umsetzung in nationales Recht bzw. durch Änderungen von nationalen Bestimmungen erfüllt. In Tab. 6.2 sind Richtlinien aufgeführt, die für den Anlagenbau bzw. Bauteile von Anlagen relevante Forderungen enthalten können. Dabei können auf ein Produkt mehrere Richtlinien anwendbar sein.

Beschlüsse sind Einzelakte und in allen Teilen verbindlich. Sind sie an bestimmte Adressaten gerichtet (z. B. Einzelstaaten, Unternehmen bzw. Einzelpersonen) die in ihr bezeichnet sind, so sind sie nur für diese verbindlich. Mit Entscheidungen werden in der Regel Einzelfälle verbindlich geregelt.

Empfehlungen und Stellungnahmen sind nicht rechtsverbindlich. Sie geben u. a. die Auffassung oder den Diskussionsstand innerhalb der EU-Kommission und -Verwaltung wieder.

Tab. 6.1 *EU-Verordnungen mit Forderungen, die auch den Anlagenbau betreffen*

Verordnung (EU) Nr. 1272/2008	zur Einstufung, Kennzeichnung und Verpackung von Chemikalien
Verordnung (EG) Nr. 852/2004	über Lebensmittelhygiene
Verordnung (EG) Nr. 852/2004	über Lebensmittelhygiene (H1)
Verordnung (EG) Nr. 853/2004	über spezifische Hygienevorschriften für Lebensmittel tierischer Herkunft
Verordnung (EG) Nr. 1935/2004	über Materialien und Gegenstände, die dazu bestimmt sind, mit Lebensmitteln in Berührung zu kommen
Verordnung (EU) Nr. 10/2011	für Kunststoffe im Lebensmittelkontakt

Tab. 6.2 *EU-Richtlinien mit Forderungen, die den Anlagenbau bzw. Teile von Anlagen betreffen*

Industrie-Emissionsrichtlinie	2010/75/EU
Maschinenrichtlinie	2006/42/EG
Richtlinie über Aufzüge	2014/33/EU
Produktsicherheitsrichtlinie	2001/95/EG
Druckgeräterichtlinie	2014/68/EU
Richtlinie über einfache Druckbehälter	2014/29/EU
ATEX Herstellerrichtlinie	2014/34/EU
Richtlinie über Messgeräte	2014/32/EU
Richtlinie über die elektromagnetische Verträglichkeit	2014/30/EU
EU-GMP-Leitfaden	2003/94/EG
Medizinprodukterichtlinie	93/42/EWG

6.2.3 Das „Neue Konzept"

Viele Jahre bemühten sich die Kommission und der Rat, eine Harmonisierung durch detaillierte Vorschriften zu erreichen. Dieser Weg scheiterte aufgrund nationaler Egoismen und verzögerte die Einigung. Daher hat der Rat der Europäischen Gemeinschaft 1985 das „Neue Konzept (New Approach)" zur technischen Harmonisierung und Normung verabschiedet. Dieses Konzept geht von zwei Grundsätzen aus:

a) Unterscheidung zwischen Bereichen mit einer Harmonisierungspflicht und Bereichen mit einer gegenseitigen Anerkennung nationaler Regeln und Normen.
b) Für die Bereiche mit Harmonisierungspflicht werden durch EU-Richtlinien einheitliche Regelungen herbeigeführt.

Danach werden in den EU-Richtlinien grundlegende, jedoch europaweit bindende Forderungen aufgestellt. Der Richtlinientext soll sich auf die so genannten wesentlichen Anforderungen beschränken. Dabei kann es sich z. B. um die Festlegung eines grundlegenden Sicherheitsniveaus oder eines Umweltstandards handeln. Entsprechend haben viele EU-Richtlinien eine direkte Auswirkung auf die Konstruktion, den Bau und das Inverkehrbringen vieler Maschinen, Geräte und Anlagen. Sie gelten europaweit und legen Mindestanforderungen an Produkte und Anlagen fest. Richtlinien sind nach der Frist zur Umsetzung in nationales Recht für alle bindend. Nach dieser Frist dürfen nur Erzeugnisse, die mit den EU-Richtlinien konform sind, in Verkehr gebracht werden. Daneben muss ein Produkt, das die EU-Richtlinien erfüllt, in allen EU-Staaten geduldet werden. Die Angleichung der Produkte, wobei es sich um Erzeugnisse, Verfahren oder Dienstleistungen handeln kann, an den Rechtsstandard erfolgt durch entsprechende technische Spezifikationen und den Nachweis ihrer Erfüllung. Die Erfüllung aller vorgeschriebenen Anforderungen, die in den sogenannten normativen Dokumenten der EU aufgeführt sind, wird auch als

Konformität bezeichnet. Die Mitgliedstaaten müssen durch Maßnahmen der Marktüberwachung gewährleisten, dass nur sichere Produkte in den Verkehr gebracht und in Betrieb genommen werden.

Als sichtbares Zeichen für die Konformität von Produkten mit EU-Richtlinien wird in verschiedenen Richtlinien „die Kennzeichnung der Produkte mit dem CE-Zeichen" gefordert (CE = Communauté Européenne). Das CE-Zeichen ist ein Verwaltungszeichen, das darauf hinweist, dass das Produkt geltende EU-Richtlinien erfüllt und im Binnenmarkt frei zirkulieren kann. Es ermöglicht den Kontrollinstanzen der EU-Mitgliedstaaten die Marktüberwachung. Sie können die Rechtmäßigkeit des CE-Zeichens an einem Produkt kontrollieren und bei Unstimmigkeiten die Kennzeichnung anfechten. Die richtlinienkonforme Darstellung des CE-Kennzeichens wird in Abb. 6.1 gezeigt.

Zusätzlich zum CE-Zeichen wird eine Konformitätserklärung gefordert, die ausführliche Angaben zum bestimmungsgemäßen Gebrauch und zur Verwendung (Betriebsanleitung), zur Spezifikation, zu Kontrollen zum Nachweis der Übereinstimmung mit den Richtlinien, zu Maßnahmen der Qualitätssicherung und zum rechtsverbindlichen Unterzeichner enthalten muss. Die Beweislast für die Übereinstimmung (Konformität) der Produkte (z. B. Geräte, Maschinen, Anlagen) mit den Forderungen der jeweiligen EU-Richtlinien liegt beim Hersteller. Die bewertende Stelle ist entweder der Hersteller selbst oder eine außenstehende Stelle.

Seit 1993 ergänzte das „Gesamtkonzept zur Konformitätsbewertung" (Global Approach) die neue Konzeption. Hierbei wurden Module für die Konformitätsbewertung (je nach Gefährdungspotenzial der Produkte) und Regeln für die Anbringung des CE-Kennzeichens hinzugefügt.

Seit 2008 vereint der „Neue Rechtsrahmen" (New Legislative Framework NLF) die neue Konzeption und das Gesamtkonzept. In diesem Zusammenhang wurden europäische Vorschriften zur CE-Kennzeichnung an die neue Konzeption angeglichen, ohne jedoch die technischen Anforderungen bzw. Schutzziele der Richtlinien zu verändern. Die nationale Umsetzung in den EU-Mitgliedstaaten musste bis 19. April 2016 erfolgen

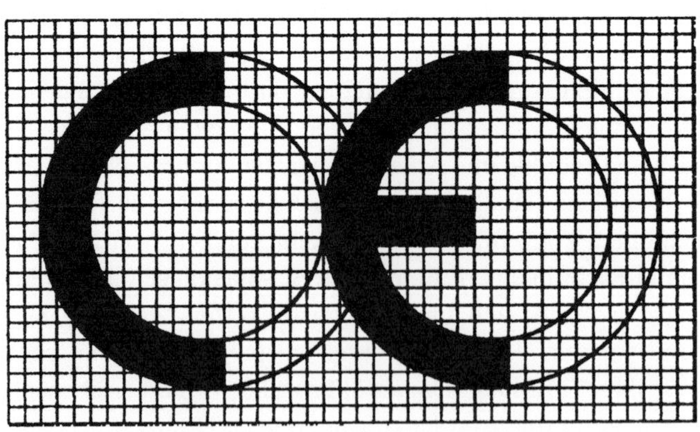

Abb. 6.1 CE-Zeichen gemäß Anhang II der Verordnung (EG) Nr. 765/2008

und ab dem 20. April 2016 sind die dann geltenden nationalen Regelungen von den Herstellern anzuwenden.

Der Nachweis der EU-Richtlinienkonformität geschieht nach einem „Modularen Konzept".[1] Je nach Richtlinie hat der Hersteller die Möglichkeit, die Konformitätsbewertung nach den in der Richtlinie aufgeführten Verfahren, den so genannten Modulen, vorzunehmen. Bei der Überprüfung der Konformität muss sowohl die Entwurfsphase als auch die Produktionsphase des Produktes betrachtet werden. Es wird zwischen 8 Modulen (A bis H) unterschieden.

Nur bei Modul A gibt der Hersteller ohne Hinzuziehung Dritter eine Konformitätserklärung ab, die durch eine interne Fertigungskontrolle nachgewiesen wird. Alle anderen Module B bis H sehen eine Dritt-Zertifizierung durch eine notifizierte Stelle vor.

Ein nach Modul G hergestelltes Produkt wird einer Einzelprüfung in der Entwurfs- und Produktionsphase durch eine notifizierte Stelle unterzogen. Die Module mit Einzelprüfungen stellen die aufwendigsten Prüfverfahren dar, gewährleisten jedoch das größtmögliche Maß an Produktsicherheit. Auch bei Modul F wird eine Einzelprüfung in der Produktionsphase des Produktes durchgeführt.

Beim Modul H wird die Dritt-Zertifizierung durch eine Kombination von Herstellererklärung und dem Nachweis eines zertifizierten Qualitätsmanagementsystems entsprechend der Normenreihe EN ISO 9000 ff ersetzt. Das Modul H beinhaltet eine Prüfung des Qualitätsmanagementsystems durch die notifizierte Stelle sowohl in der Entwurfsphase als auch in der Produktionsphase des Produktes.

Modul B beinhaltet die EU-Baumusterprüfung, d. h. eine notifizierte Stelle prüft das Produkt in der Entwurfsphase mit begleitenden Prüfungen am Prototyp und stellt bei Übereinstimmung mit den Richtlinien eine EU-Baumusterprüfbescheinigung aus. Zur Konformitätsbewertung der Produkte muss Modul B mit einem der Module C bis F kombiniert werden.

Die Module C bis F betreffen jeweils nur die Produktionsphase. Beim ihnen wird die Konformität der Produkte mit der Bauart entsprechend EU-Baumusterprüfung durch den Hersteller bzw. durch eine notifizierte Stelle erklärt. Bei den Modulen D und E wird ein nach EN ISO 9000 ff zertifiziertes Qualitätsmanagementsystem eingesetzt, das durch die notifizierte Stelle überprüft wird. In diesem Zusammenhang sind Qualitätsmanagementsysteme wesentliche Mittel bei der Konformitätsbewertung. Ein Hersteller muss damit alle Anforderungen, die sich aus den Richtlinien ergeben, kennen und für eine Erfüllung und eine entsprechende Umsetzung sorgen.

W. W. Pichler [1] hat einen Leitfaden zur EU-Konformitätsbewertung von Produkten entwickelt. Sein Buch enthält vorgefertigte Dokumente und Beispiele, anhand welcher die Vorgehensweise dargestellt wird. Die Vorgehensweise entspricht der in Kap. 2 beschriebenen Projektbearbeitung und ist in acht Projektphasen unterteilt. Die Bearbeitung der einzelnen Schritte der Phasen stellt sicher, dass das Ziel, d. h. die EU-Konformitätserklärung und

[1] EU-Beschluss 768/2008/EG; Beschluss über einen gemeinsamen Rechtsrahmen für die Vermarktung von Produkten.

damit die Grundlage für eine CE-Kennzeichnung, erreicht wird. Die Projektphasen sind wie folgt überschrieben:

1. Verantwortlichkeiten festlegen, Checklisten entwickeln, Sicherheitsstrategie entwickeln,
2. Zusammentragen aller nötigen Daten und Fakten,
3. Gesetzes-, Richtlinien- und Normen-Recherche durchführen,
4. Interne technische Dokumentation organisieren,
5. Risikobeurteilung durchführen,
6. Betriebsanleitung erstellen und anpassen,
7. EU-Konformitätserklärung zusammenstellen und unterschreiben,
8. Projektnachbereitung und Archiv.

Das Prinzip der gegenseitigen Anerkennung der Konformitätsbewertung bedeutet, dass Produkte, welche die jeweiligen EU-Richtlinien und die Vorschriften eines Mitgliedslandes erfüllen, Zugang zum gesamten Binnenmarkt haben. Damit wurden formal die Voraussetzungen für einen freien Warenverkehr geschaffen. Eine Harmonisierung technischer Anforderungen wurde dadurch jedoch nicht immer erreicht, weil die Anforderungen in den Richtlinien bewusst meist sehr allgemein gültig formuliert sind. Eine Harmonisierung technischer Anforderungen wurde daher mit der Konkretisierung der Anforderungen in den Europäischen Normen in Angriff genommen.

6.2.4 Europäische Normen

In Bezug auf Produkte werden mit EU-Richtlinien grundlegende und in den EU-Mitgliedstaaten bindende Anforderungen aufgestellt. Mit „Europäischen Normen (EN)" werden Anforderungen konkretisiert. Es werden mit ihnen Möglichkeiten beschrieben und Wege aufgezeigt, wie die festgelegten Anforderungen zu erfüllen sind. Die Berücksichtigung der harmonisierten Normen bei der Produktgestaltung und Prüfung vereinfacht den Nachweis der Konformität mit den Richtlinien. Es gilt die sogenannte Konformitätsvermutung, weil die harmonisierten Normen die Anforderung der EU-Richtlinien erfüllen. Unter der Internetadresse „www.eu-richtlinien-online.de" sind die für Produkte relevanten Richtlinien und ihre Übertragung in nationales Recht aufgeführt sowie die in diesem Zusammenhang erarbeitete Normen aufgelistet. Die Erstellung und Herausgabe harmonisierter Normen ist Aufgabe der europäischen Normungsorganisationen (siehe Abschn. 7.4.2).

Laut den Verträgen zwischen den Mitgliedsstaaten müssen die harmonisierten Europäischen Normen von allen EU-Mitgliedsländern unverändert übernommen werden. Vorhandene nationale Normen mit gleicher Thematik müssen zurückgezogen werden. Harmonisierte EN werden im Amtsblatt der EU veröffentlicht. Den Herstellern ist freigestellt EU-Normen anzuwenden. Wendet ein Hersteller die harmonisierten Normen nicht an oder sind solche Normen für seine Erzeugnisse nicht vorhanden, so liegt die Art und Weise, wie er die Forderungen der EU-Richtlinien erfüllt, bei ihm.

Rund um die Themen EU-Richtlinien, harmonisierte Normen und CE-Kennzeichnung gibt es zahlreiche Informationen im Internet (www.eu-richtlinien-online.de). Weitere Aspekte der Normung werden in Kap. 7 behandelt.

6.2.5 Harmonisierung von Prüfverfahren

Die Verwirklichung des europäischen Binnenmarktes erfordert neben der Harmonisierung von Rechtsvorschriften auch die Standardisierung von Prüfverfahren und die gegenseitige Anerkennung der damit gewonnenen Resultate. Das setzt auch voraus, dass alle Personen, Unternehmen und Institute, welche die Einhaltung von Richtlinien und Normen bestätigen, vertrauenswürdig und einheitlich ausgerichtet sind.

Um die Forderungen zu erfüllen, hat die EU-Kommission 1989 ein „Globales Konzept für Zertifizierung und Prüfwesen" ausgearbeitet. Es sieht förmlich anerkannte (akkreditierte) Stellen vor, die Prüfungen durchführen. Grundlagen hierzu sind in der Norm EN ISO/IEC 17000 enthalten.[2] Eine Akkreditierung beinhaltet ein Verfahren, mit dem eine autorisierte Stelle formal anerkennt, dass eine Organisation oder Person kompetent ist, bestimmte Aufgaben zu erfüllen.

Im Jahr 2008 wurde auf europäischer Ebene der Rechtsrahmen der Akkreditierung und die Marktüberwachung an die Erfordernisse des rasch wachsenden internationalen Waren- und Dienstleistungsverkehrs angepasst. Durch die Verordnung (EG) Nr. 765/2008 über die „Vorschriften für die Akkreditierung und Marktüberwachung im Zusammenhang mit der Vermarktung von Produkten" wurde ein einheitlicher und EU-weiter Rechtsrahmen für Akkreditierung entwickelt. Die Verordnung gilt für den freiwilligen Bereich der Konformitätsbewertung ebenso wie für Bereiche, in denen die Akkreditierung einer Konformitätsbewertungsstelle gesetzlich vorgeschrieben ist. Die Mitgliedstaaten mussten bis zum 1. Januar 2010 eine einzige nationale Akkreditierungsstelle einrichten.

Deutschland verfügte bis Ende 2009 über ein zersplittertes Akkreditierungssystem, das aus rund 20 privaten und öffentlich-rechtlichen Akkreditierungsstellen bestand. Durch den Zusammenschluss der privaten und öffentlich-rechtlichen Gesellschaften unter dem Dach der Deutschen Akkreditierungsstelle (DAkkS, www.dakks.de) wurde eine nationale Akkreditierungsstelle geschaffen. Sie nahm zum 1. Januar 2010 ihre Geschäftstätigkeit auf und ist hoheitlich tätig. Standorte der Vorgängergesellschaften (Berlin, Frankfurt am Main und Braunschweig) blieben als Niederlassungen erhalten und ihre Mitarbeiter wurden übernommen.

Durch die gegenseitige Anerkennung der akkreditierten Prüflaboratorien und Zertifizierungsstellen sowie der Zertifikate und Konformitätserklärungen sollte der Bürokratismus innerhalb der EU minimiert werden. Betrachtet man die vielen verschiedenen nationalen Regelungen, die zuvor bestanden, so ist dies gelungen. Dennoch ist der Aufwand für Zer-

[2] DIN EN ISO/IEC 17000:2005-03: Konformitätsbewertung – Begriffe und allgemeine Grundlagen.

tifizierungen und Akkreditierungen beträchtlich. Mit der Harmonisierung des Technischen Rechts in der EU wurden neue Organisationen etabliert und neue Organisationsstrukturen aufgebaut, die man beachten muss und die sich z. T. noch bewähren müssen.

6.2.6 Industrie-Emissionsrichtlinie (IED)

Die Industrie-Emissionsrichtlinie 2010/75/EU (engl.: Industrial Emissions Directive, IED) über Industrieemissionen, enthält Regelungen zur Vermeidung und Verminderung von Umweltverschmutzung. Sie trat am 6. Januar 2011 in Kraft. Die Richtlinie vereint sieben Vorläufer-Richtlinien mit Bezug zu Industrieemissionen. Sie hat das Ziel, die Umweltverschmutzung durch Industrieanlagen durch eine integrierte Genehmigung zu vermeiden oder so weit wie möglich zu vermindern. Dafür müssen Industrieanlagen mit der besten verfügbaren Technik (BVT) (engl.: best available technology, BAT) arbeiten. Diese werden in BVT-Merkblättern der EU-Kommission veröffentlicht.[3] Die BVT-Merkblätter (engl.: BREF documents) werden von technischen Arbeitsgruppen (engl.: technical working groups, TWG) unter Mitwirkung von Vertretern aus Behörden, Industrie und Umweltschutzverbänden in einem 2- bis 5-jährigen Diskussionsprozess im Auftrag der EU-Kommission erarbeitet.

Gemäß Art. 3 Nr. 10 der Industrieemissionsrichtlinie bezeichnet der Ausdruck „beste verfügbare Techniken […] den effizientesten und fortschrittlichsten Entwicklungsstand der Tätigkeiten und entsprechenden Betriebsmethoden, der spezielle Techniken als praktisch geeignet erscheinen lässt, grundsätzlich als Grundlage für die Emissionsgrenzwerte zu dienen, um Emissionen in und Auswirkungen auf die gesamte Umwelt allgemein zu vermeiden oder, wenn dies nicht möglich ist, zu vermindern".

Das Wort „Techniken" beinhaltet sowohl die angewandten Techniken als auch die Art und Weise, wie die Anlage geplant, gebaut, gewartet, betrieben und stillgelegt werde. Das Wort „verfügbar" beschreibt Techniken, die in einem Maßstab entwickelt sind, der unter Berücksichtigung des Kosten-Nutzen-Verhältnisses die Anwendung unter in dem betreffenden industriellen Sektor wirtschaftlich und technisch vertretbaren Verhältnissen ermöglicht, gleich, ob diese Techniken innerhalb des betreffenden Mitgliedstaats verwendet oder hergestellt werden, sofern sie zu vertretbaren Bedingungen für den Betreiber zugänglich sind. Mit dem Wort „beste" wird zum Ausdruck gebracht, dass die Techniken gemeint sind, die am wirksamsten zur Erreichung eines allgemein hohen Schutzniveaus für die Umwelt insgesamt gemeint sind. Die Definition von der BVT erfordert demnach eine Entwicklung der Technik in einem Maßstab, der eine branchenspezifische Umsetzung ermöglicht. Diese europäische Technikklausel entspricht damit weitgehend der in Deutschland lange verwendeten Klausel „Stand der Technik (SdT)".

Im Zusammenhang mit einer BVT können zu erfüllende Anforderungen an Verbrauchs- und Emissionsniveaus in einzelnen Kategorien der industriellen Tätigkeiten festgelegt

[3] http://eippcb.jrc.ec.europa.eu/reference/.

werden. Diese werden in ausführlichen Dokumentationen, die sich auf bestimmte Sektoren oder Anlagentypen beziehen den sog. BREF (Best Available Technique Reference Document, deutsch: BVT-Merkblatt), dargestellt. Da sich die Techniken ständig weiterentwickeln, werden die BREFs regelmäßig aktualisiert. In Deutschland ist die Kommission Reinhaltung der Luft (KRdL) im VDI und DIN seit 1997 in die Erarbeitung von BREFs eingebunden.

6.2.7 Maschinenrichtlinie und Produktsicherheitsrichtlinie

Wesentliche Regelungen zur Sicherheit von Maschinen sind in der EU Maschinenrichtlinie[4] enthalten, die bei der Gestaltung von Bauteilen und Anlagen beachtet werden muss. Sie regelt ein einheitliches Schutzniveau zur Verhütung von Unfällen innerhalb des Europäischen Wirtschaftsraumes (EWR). Die Neufassung der Maschinenrichtlinie muss seit dem 29. Dezember 2009 von den Herstellern über das jeweilige nationale Recht verbindlich angewendet werden. Basis in Deutschland ist das Produktsicherheitsgesetz (ProdSG) in Verbindung mit der Maschinenverordnung (9. GPSGV).

Die Maschinenrichtlinie unterscheidet zwischen Maschinen (vollständige Maschinen) und unvollständigen Maschinen. Eine Maschine gemäß der Maschinenrichtlinie ist eine mit einem Antriebssystem ausgestattete oder dafür vorgesehene Gesamtheit miteinander verbundener Teile oder Vorrichtungen, von denen mindestens eines bzw. eine beweglich ist und die für eine bestimmte Anwendung zusammengefügt sind. Demnach ist z. B. eine handbetriebene Armatur, d. h. eine Armatur ohne Antriebssystem, keine Maschine und unterliegt demzufolge nicht der Maschinenrichtlinie. Eine Armatur mit Antrieben ist im Sinne der Richtlinie eine Maschine, da die Teile für eine bestimmte Anwendung zusammengefügt worden sind.

Ein Hersteller von Maschinen muss gemäß den Bestimmungen der Maschinenrichtlinien ein Konformitätsbewertungsverfahren durchführen und dokumentieren. Dabei wird ein Konformitätsbewertungsverfahren entsprechend dem Gefahrenpotenzial der Maschinen zugeordnet, das in Form der Prüfmodule gemäß dem EU-Beschluss 768/2008/EG auszuführen ist (siehe Abschn. 6.2.3). Bei der Maschinenrichtlinie spielen je nach Gefahrenpotenzial der Maschine insbesondere eine interne Fertigungskontrolle (Modul A), ein Baumusterprüfverfahren (Modul B) oder eine umfassende Qualitätssicherung (Modul H) eine entscheidende Rolle. Im Konformitätsbewertungsverfahren wird die Zuverlässigkeit der sicherheitsrelevanten Systeme einer Maschine beurteilt und die Vorgehensweise hinsichtlich Systematik und Dokumentation verbindlich gemacht.

Auch in den EFTA-Staaten und anderen Regionen der Welt, einigen sich Vertragsparteien auf die CE-Kennzeichnung und damit auf die Einhaltung der europäischen Rechtsvorschriften. Zwischen Kunden und Herstellern können auch individuelle vertragliche

[4] „Maschinenrichtlinie“: Richtlinie 2006/42/EG des Europäischen Parlaments und des Rates vom 17. Mai 2006 über Maschinen und Änderung der Richtlinie 95/16/EG (Neufassung).

Vereinbarungen getroffen werden, die im Einklang mit den Bestimmungen der Maschinenrichtlinie stehen, diese jedoch konkretisieren bzw. ergänzen.

Da die Bestimmungen der Maschinenrichtlinie an vielen Stellen sehr offen formuliert sind, ergeben sich für einige Produkte und Bauteile Interpretationsspielräume. Daher wurde z. B. vom Verband der Kraftwerksbranche (VGB PowerTech), der Chemischen Industrie (VCI) und des Maschinenbaus (VDMA) für Armaturen ein Leitfaden mit dem Titel „Maschinenrichtlinie: Bedeutung für Armaturen" herausgegeben.[5] In ihm wird auch der Zusammenhang zwischen der Maschinenrichtlinie und anderen für Armaturen wichtigen Richtlinien, zum Beispiel der Druckgeräterichtlinie, erläutert. Leitsätze zur Risikobeurteilung und Risikominderung, die den Konstrukteur unterstützen sichere Maschinen herzustellen, sind auch in der DIN EN ISO 12100[6] enthalten. Die Norm DIN EN ISO 13849[7] stellt Sicherheitsanforderungen und einen Leitfaden für die Prinzipien der Gestaltung und Integration sicherheitsbezogener Teile von Steuerungen bereit.

Die Produktsicherheitsrichtlinie 2001/95/EG vom 03.12.2001 legt Sicherheitsanforderungen fest, die nicht durch andere existierende Richtlinien (z. B. die Maschinenrichtlinie) erfasst werden. Die Umsetzung dieser Richtlinie in nationales Recht erfolgte ebenfalls durch das Gesetz über die Neuordnung des Geräte- und Produktsicherheitsrecht (Produktsicherheitsgesetz – ProdSG) vom 08.11.2011.

Die Maschinenrichtlinie und die Produktsicherheitsrichtlinie sind im deutschen Originaltext z. B. unter http://eur-lex.europa.eu zu finden. Wie in Abschn. 6.2.4 beschrieben, kann der Hersteller zur Erfüllung der Mindestanforderungen auch bei der Maschinenrichtlinie auf harmonisierte EN-Normen zurückgreifen. Eine Liste der bis 2018 erschienenen EN-Normen kann auf dem Amtsblatt der Europäischen Union 2018/C 092/01 eingesehen werden.

6.2.8 Druckgeräterichtlinie

Die EU-Druckgeräterichtlinie (DGRL), engl. Pressure Equipment Directive (PED), 2014/68/EU vom Juli 2015 ersetzte ab dem 19. Juli 2016 die bisherige Fassung 97/23/EG. Die Richtlinie legt die Anforderungen für das Inverkehrbringen von Druckgeräten innerhalb des Euro-

[5] https://arm.vdma.org/viewer/-/v2article/render/26223033.

[6] DIN EN ISO 12100:2011-03: Sicherheit von Maschinen – Allgemeine Gestaltungsleitsätze – Risikobeurteilung und Risikominderung.

[7] DIN EN ISO 13849-1:2016-06: Sicherheit von Maschinen Sicherheitsbezogene Teile von Steuerungen – Teil 1: Allgemeine Gestaltungsleitsätze.

DIN EN ISO 13849-2:2013-02: Sicherheit von Maschinen – Sicherheitsbezogene Teile von Steuerungen – Teil 2: Validierung.

päischen Wirtschaftsraumes fest. Die Druckgeräterichtlinie muss wie jede Richtlinie von den Mitgliedsstaaten in nationales Recht umgesetzt werden (siehe hierzu Abschn. 6.3.4).

Als Hersteller von Druckgeräten gelten „jede natürliche oder juristische Person, die ein Druckgerät oder eine Baugruppe herstellt bzw. entwickelt oder herstellen lässt und dieses Druckgerät oder diese Baugruppe unter ihrem eigenen Namen oder ihrer eigenen Handelsmarke vermarktet oder für eigene Zwecke verwendet.“ Voraussetzungen für das Inverkehrbringen eines Druckgerätes sind unter anderem, dass der Wirtschaftsakteur das Druckgerät mit der CE-Kennzeichnung versieht und die zugehörige Konformitätserklärung sowie eine Betriebsanleitung beifügt.

Die Druckgeräterichtlinie wird im Folgenden beispielhaft für alle Richtlinien zum Inverkehrbringen von Produkten (z. B. Maschinenrichtlinie und Explosionsschutz-Richtlinie) ausführlich erläutert, weil sie alle möglichen Varianten zur Konformitätsbewertung bereitstellt und dadurch eine vertiefte Ausführung der rechtlichen und technischen Zusammenhänge ermöglicht. Der Inhalt und das Verfahren zum Erhalt des CE-Kennzeichens ist bei all diesen Richtlinien vergleichbar.

6.2.8.1 Gültigkeitsbereich der Druckgeräterichtlinie

Als Druckgeräte im Sinne der Druckgeräterichtlinie gelten

- Behälter (unbefeuerte und befeuerte Druckbehälter),
- Rohrleitungen,
- druckhaltende Ausrüstungsteile,
- Ausrüstungsteile mit Sicherheitsfunktion

mit einem inneren (Über-)Druck von mehr als 0,5 bar. Sie umfassen auch alle an drucktragenden Teilen angebrachten Elemente, wie z. B. Flansche, Stutzen, Kupplungen, Tragelemente, Hebeösen usw.

Behälter (unbefeuerte und befeuerte Druckbehälter)

Ein Behälter ist nach der Richtlinie ein geschlossenes Bauteil, das zur Aufnahme von unter Druck stehenden Fluiden ausgelegt und gebaut ist, einschließlich der angebrachten Bauteile für den Anschluss an andere Geräte. Fluide sind Flüssigkeiten, Gase oder Dämpfe. Ein Behälter kann mehrere Druckräume haben.

Rohrleitungen

Eine Rohrleitung ist nur zur Durchleitung von Fluiden bestimmt und dient u. a. zum Verbinden von Drucksystemen. Wenn das Bauteil neben der Durchleitung von Fluiden eine weitere Funktion erfüllt, wird es nach DGRL nicht als Rohrleitung aufgefasst. Zu Rohrleitungen zählen Rohre bzw. Rohrsysteme, Rohrformteile, Ausrüstungsteile, Ausdehnungsstücke, Schlauchleitungen oder andere druckhaltende Teile. Wärmetauscher aus Rohren zum Kühlen oder Erhitzen von Luft sind nach DGRL als Ausnahme den Rohrleitungen gleichgestellt. Alle anderen Wärmetauscher aus Rohren werden als Behälter betrachtet.

druckhaltende Ausrüstungsteile
Hierbei handelt es sich um Einrichtungen mit einer Betriebsfunktion, die ein druckbeaufschlagtes Gehäuse aufweisen. Sie besitzen zusätzlich zur Druckhaltung noch eine andere Funktion. Das druckhaltende Ausrüstungsteil kann beispielsweise durch Schrauben, Löten oder Schweißen an andere Druckgeräte angebracht werden. Ein druckhaltendes Ausrüstungsteil hat eine spezifische Funktion. Es besitzt nicht notwendigerweise bewegliche Teile. Typische Beispiele für druckhaltende Ausrüstungsteile sind Ventile, Druckregler, Messkammern, Manometer, Wasserstandsmesser, Filter und Ausdehnungsstücke. Nicht zu den druckhaltenden Ausrüstungsteilen zählen Sicherheitsventile, Bauteile von Druckgeräten wie z. B. Deckel, Dichtungen, Flansche, Sichtgläser mit Rahmen.

Ausrüstungsteile mit Sicherheitsfunktion
Hierunter fallen Einrichtungen, die zum Schutz des Druckgeräts bei einem Überschreiten der zulässigen Grenzen bestimmt sind. Hierzu gehören Einrichtungen zur Druckbegrenzung, wie Sicherheitsventile und Berstscheiben, sowie Begrenzungseinrichtungen, die entweder Korrekturvorrichtungen auslösen oder ein Abschalten bzw. Abschalten und Sperren bewirken (z. B. Druck-, Temperatur- oder Fluidniveauschalter sowie mess- und regeltechnische Schutzeinrichtungen).

Baugruppe
Wenn solche Druckgeräte in Form einer Baugruppe von einem Hersteller als funktionale Einheit in Verkehr gebracht werden, dann unterliegt die ganze Baugruppe der Druckgeräterichtlinie. Beispiele hierfür sind Kälteanlagen, Dampfkesselanlagen und Flüssiggasbehälteranlagen. Unter den Begriff „funktionale Einheit" kann auch ein komplettes Kraftwerk fallen, wenn ein verantwortlicher Hersteller die Anlage schlüsselfertig errichtet.

6.2.8.2 Analyse der Gefahren und Risiken

Nach der DGRL 2014/68/EU sind die Hersteller verpflichtet eine Analyse der Gefahren und Risiken vorzunehmen, um die druckbedingten Gefahren und Risiken für das jeweilige Druckgerät zu ermitteln. Die Analyse ist zu dokumentieren und in den technischen Unterlagen aufzunehmen. Mit der Forderung einer Risikoanalyse und Risikobeurteilung wurden die Anforderungen an den Hersteller gegenüber der früheren Richtlinie erhöht. Der Begriff „Risikoanalyse" beinhaltet gemäß seiner Definition die Ermittlung der Eintrittswahrscheinlichkeit eines Schadensfalls und der Schadenshöhe. In vielen Fällen kann eine solche Risikoanalyse vom Hersteller eines Druckgerätes nicht ohne weiteres durchgeführt werden, da er über die Informationen bezüglich der Aufstellungsbedingungen am Betriebsort des Gerätes nicht verfügt. Daher kann er eine Einschätzung der Auswirkungen eines druckbedingten Versagens und der damit verbundenen möglichen Schäden im Umfeld nicht vornehmen. Zudem kann die notifizierte Stelle im Rahmen der Abnahme des Druckgerätes beim Hersteller das am Betriebsort aus den Gefahren resultierende Risiko nicht beurteilen. Der Hersteller kann sich demzufolge nur auf die Maßnahmen konzentrieren, die druckbedingten Ausfälle der Druckgeräte nach dem Stand der Technik zu verhindern. Entsprechend wählt er die Werkstoffe, die geeignete Auslegungs- bzw. Berechnungsmethode aus und legt die Vorgaben an die Fertigung und Prüfung fest. Aufgrund zahlreicher Bedenken und Stellungnahmen zu diesem Sachverhalt u. a. von dem VdTÜV und dem VDMA hat sich die EU-Kommission in den Entwürfen der Leitlinien H-04 und H-20 dahingehend geäußert, dass die bislang durchgeführte umfassende Analyse der vom Druckgerät ausgehenden Gefahren der in der aktuellen DGRL geforderten Risikoanalyse entspricht.

Für die Durchführung einer Gefahrenanalyse gibt es kein allgemein gültiges, einheitliches Vorgehen, sondern es ist immer eine individuelle Bewertung des jeweiligen Druckgerätes über alle Phasen der Lebensdauer vorzunehmen. Zur Gefahrenanalyse eines Druckgerätes gehören insbesondere die Identifikation der möglichen Belastungen, die der beabsichtigten Verwendung und anderen vorhersehbaren Betriebsbedingungen angemessen sind, und die sich daraus ergebenen Versagensmöglichkeiten unter Beachtung der Folgen des Versagensfalls. Können die Gefahrenquellen konstruktiv beseitigt werden, geht von dem Druckgerät praktisch keine Gefahr mehr aus. Müssen jedoch Schutzmaßnahmen gegen nicht zu beseitigende Gefahren eingesetzt werden, so bleibt die Restgefahr, dass die Schutzmaßnahmen wie z. B. Sicherheitsventile ausfallen könnten. Eine wichtige Rolle kommt in diesem Zusammenhang der Betriebsanleitung zu, in der der Benutzer über nicht zu verhindernde Restgefahren informiert wird und Hinweise auf geeignete besondere Maßnahmen zur Verringerung der Restgefahren bei der Installation und Benutzung wie z. B. eine Vorgabe von Wartungsintervallen erhält. Die Gefahrenanalyse von Baugruppen ist besonders komplex, weil durch die Verbindung von mehreren Druckgeräten die Anzahl der Gefahrenquellen deutlich ansteigt und durch die notwendige Berücksichtigung von unbetriebsmäßigen Zuständen, die beispielsweise durch versehentliche Bedienfehler entstehen können, zahlreiche zusätzliche Schutzmaßnahmen notwendig sind.

6.2.8.3 Eingruppierung der Druckgeräte

In der Druckgeräterichtlinie 2014/68/EU erfolgt die Einstufung der Druckgeräte in Gefahrenkategorien. Die beiden Kriterien zur Beurteilung der Gefahren sind zum einen die im Druckgerät gespeicherte Energie und zum anderen die Folgen, die von einem unkontrollierten Freisetzen des Betriebsmediums ausgehen würden.

Die im Druckgerät gespeicherte Energie kann über das Druckinhaltsprodukt abgeschätzt werden. Dieses wird bei einem Behälter durch das Produkt aus maximal zulässigem Druck (PS) und dem Volumen (V) des Druckraums beschrieben. Ein positiver Wert des Druckes stellt den Überdruck über dem Atmosphärendruck dar. Der maximal zulässige Druck (PS) wird vom Hersteller für eine anzugebende Stelle des Druckgerätes festgelegt und gibt den Druck an, für den das Druckgerät ausgelegt ist. Die Bezugsstelle für PS kann je nach Herstellervorgabe z. B. die Anschlussstelle der Ausrüstungsteile mit Sicherheitsfunktion oder der höchste Punkt des Druckgerätes sein. Bei Rohrleitungen wird zur Berechnung des Druckinhaltsproduktes anstelle des Volumens die Nennweite (DN) der Rohrleitung eingesetzt. Die Nennweite ist eine nominelle Größenbezeichnung, welche für alle Bauteile eines Rohrsystems benutzt wird. Es handelt sich um eine gerundete Zahl, die als Nenngröße dient und nur näherungsweise mit den Fertigungsmaßen in Beziehung steht.

In Bezug auf das Betriebsmedium ist insbesondere der Aggregatzustand für die Einstufung des Druckgerätes in Gefahrenkategorien entscheidend, weil beispielsweise Gase mehr Energie speichern können als Flüssigkeiten. Durch die kompressiblen Eigenschaften von Gasen können diese erhebliche Druckreserven aufbauen, die im Versagensfall große Schäden auch in weiter Umgebung durch beispielsweise umherfliegende Bauteile oder Druckwellen verursachen können. Bei Flüssigkeiten hingegen schießt im Versagensfall durch ihre inkompressible Eigenschaft zwar ein harter Flüssigkeitsstrahl aus der Bruchstelle heraus, der in unmittelbarer Umgebung Schäden anrichten kann, der jedoch auch mit einer plötzlichen Druckentlastung im Druckgerät einhergeht und daher als weniger gefährlich einzustufen ist. Werden jedoch Flüssigkeiten bei Temperaturen oberhalb des Siedepunktes (bezogen auf den Umgebungsdruck) eingesetzt, dann würde im Versagensfall eine Spontanverdampfung bei der Freisetzung in die Umgebung erfolgen, die mit einem starken Anstieg des Volumens verbunden ist. Beispielsweise entstehen aus 1 Liter Wasser in einem Dampfkessel unter Überdruck (z. B. im Schnellkochtopf) ungefähr 1700 Liter Wasserdampf bei Umgebungsdruck. Das Beispiel verdeutlicht die erhebliche Druckreserve von unter Dampfdruck stehenden, „überhitzten" Flüssigkeiten, in denen weitaus mehr Energie gespeichert sein kann als in komprimierten Gasen. Gleiches gilt auch für verflüssigte Gase (unterkühlter Dampf). Die Schäden, die im Versagensfall in Verbindung mit einer Spontanverdampfung hervorgerufen werden, entstehen durch Druckwellen, Verbrühungen (bei Dampf), Erfrierungen (bei Flüssiggasen) und Erstickung durch Sauerstoffverdrängung. Das physikalische Kriterium für das Vorliegen einer überhitzten Flüssigkeit gemäß der Druckgeräterichtlinie ist der Dampfdruck bei der maximal zulässigen Temperatur (TS), wenn dieser Wert um mehr als 0,5 bar über dem Atmosphärendruck liegt, also größer als 1,5 bar (absolut) ist. Der Dampfdruck ist bei dieser Bewertung unabhängig von dem maximal zulässigen Druck (PS), sondern nur anhängig von der maximal zulässigen Temperatur. Die zulässige minimale/maximale Temperatur (TS) muss vom Hersteller angegeben werden, für die das Gerät ausgelegt ist.

In Bezug auf das Betriebsmedium gibt es nach der Druckgeräterichtlinie neben dem Aggregatzustand eine weitere Beurteilung für die Einstufung des Druckgerätes in Gefahrenkategorien, bei der die Gefährlichkeit des Betriebsmediums durch weitere physikalische und chemische Eigenschaften bewertet wird. Die Gefährlichkeitseinstufung der Betriebsmedien erfolgt nach der EU-Verordnung 1272/2008 zur Einstufung, Kennzeichnung und Verpackung von Chemikalien (CLP-Richtlinie, CLP = Classification, Labelling and Packaging). Fluide im Sinne der Druckgeräterichtlinie sind Gase, Flüssigkeiten und

Dämpfe als reine Phase sowie deren Gemische. Sie können auch Feststoffe in Form von Partikeln enthalten (Suspension, Aerosol). Gemäß Art. 13 der Druckgeräterichtlinie werden die jeweiligen Fluide einer von zwei Gruppen zugeordnet. Die Fluidgruppe 1 umfasst gefährliche Betriebsmedien, die explosionsgefährlich, hochentzündlich, leicht entzündlich, entzündlich (wenn die maximal zulässige Temperatur TS über dem Flammpunkt liegt), sehr giftig, giftig und/oder brandfördernd sind. Zur Fluidgruppe 2 zählen alle Betriebsmedien, die nicht eine der genannten Eigenschaften aufweisen und nicht in die Fluidgruppe 1 fallen. Mit der Einstufung der Gefährlichkeit des Betriebsmediums werden die Folgen bezüglich Vergiftung, Explosion oder Brand, die von einem unkontrollierten Freisetzen des Betriebsmediums ausgehen würden, berücksichtigt, die zu den Folgen durch eine Freisetzung der im Druckgerät gespeicherte Energie hinzukommen können.

Zusammenfassend wird das Gefahrenpotenzial eines Druckgerätes beschrieben

- durch die gespeicherte Energie PS•V bzw. PS•DN,
- durch den Aggregatzustand des Betriebsmediums (flüssig, gasförmig) und den Dampfdruck p_D von Flüssigkeiten bei maximaler TS sowie
- durch die Gefährlichkeit des Betriebsmediums (z. B. giftig, entzündlich, brandfördernd, explosiv).

Für die genaue Einordnung des Druckgerätes in die Gefahrenkategorien I bis IV wurden in Anhang II der Druckgeräterichtlinie 9 Konformitätsbewertungsdiagramme für Druckgeräte entwickelt. Die Diagramme 1 bis 4 beziehen sich auf Behälter, die Diagramme 6 bis 9 auf Rohrleitungen. Dem Diagramm 5 kommt eine Sonderstellung zu, weil es als einziges die Eingruppierung von befeuerten Druckgeräten zur Erzeugung von Heißwasser oder Wasserdampf (z. B. Dampfkessel) in Gefahrenkategorien vornimmt. Das Diagramm 5 gilt jedoch nur für das Betriebsmedium Wasser. Ausrüstungsteile mit Sicherheitsfunktion werden generell der Kategorie IV zugeordnet. Druckhaltende Ausrüstungsteile werden den Diagrammen zugeordnet, die den Druckgeräten entsprechen, an die sie angeschlossen sind, jedoch jeweils eine Kategorie höher eingestuft. Im Einzelnen stehen folgende Diagramme zur Verfügung, die nach den Eigenschaften des Betriebsmediums zugeordnet werden (Tab. 6.3):

Die Abb. 6.2 zeigt als Beispiel das Diagramm 1, das für Behälter mit Gasen der Fluidgruppe 1 (gefährlich) einzusetzen ist. Die Abb. 6.3 zeigt das Diagramm 3 als Vergleich, das ebenso für Behälter eingesetzt wird, wenn diese mit Flüssigkeiten der Fluidgruppe 1 (gefährlich) gefüllt sind. Die römischen Ziffern in den Diagrammen entsprechen den zuzuordnenden Kategorien. Die Zuordnung der Druckgeräte in die Kategorien I bis IV erfolgt über den maximal zulässigen Druck PS, das Behältervolumen V (bzw. DN) und das Druckinhaltsprodukt PS · V (bzw. PS · DN) in den einzelnen Diagrammen. Mit den Abgrenzungskurven in den Konformitätsbewertungsdiagrammen wird der Höchstwert für jede Kategorie angegeben, d. h. die Begrenzungslinien gehören zu den jeweils unteren Kategorien. Für jedes Diagramm in Anhang II der Druckgeräterichtlinie gibt es Ausnahmen, die zu beachten sind. Beispielsweise sind tragbare Feuerlöscher, Flaschen für Atemschutzgeräte, Schnellkochtöpfe und Druckgeräte mit instabilen Gasen immer mindestens der

Tab. 6.3 Konformitätsbewertungsdiagramme gemäß Anhang II und Art. 4 Abs. 1 der Druckgeräterichtlinie

Diagramm 1:	Behälter für Gase, Dämpfe, verflüssigte Gase, überhitzte Flüssigkeiten ($p_D >$ 1,5 bar) und Fluidgruppe 1
Diagramm 2:	Behälter für Gase, Dämpfe, verflüssigte Gase, überhitzte Flüssigkeiten ($p_D >$ 1,5 bar, bei Wasser TS >110 °C) und Fluidgruppe 2
Diagramm 3:	Behälter für Flüssigkeiten ($p_D \leq$ 1,5 bar) und Fluidgruppe 1
Diagramm 4:	Behälter für Flüssigkeiten ($p_D \leq$ 1,5 bar) und Fluidgruppe 2
Diagramm 5:	Befeuerte oder anderweitig beheizte Druckgeräte (Behälter, Rohrleitungen, Ausrüstungsteile) mit Überhitzungsrisiko zur Erzeugung von Wasserdampf oder Heißwasser mit TS > 110 °C sowie alle Schnellkochtöpfe
Diagramm 6:	Rohrleitungen für Gase, Dämpfe, verflüssigte Gase, überhitzte Flüssigkeiten (p_D > 1,5 bar) und Fluidgruppe 1
Diagramm 7:	Rohrleitungen für Gase, Dämpfe, verflüssigte Gase, überhitzte Flüssigkeiten (p_D > 1,5 bar, bei Wasser TS >110 °C) und Fluidgruppe 2
Diagramm 8:	Rohrleitungen für Flüssigkeiten ($p_D \leq$ 1,5 bar) und Fluidgruppe 1
Diagramm 9:	Rohrleitung für Flüssigkeiten ($p_D \leq$ 1,5 bar) und Fluidgruppe 2

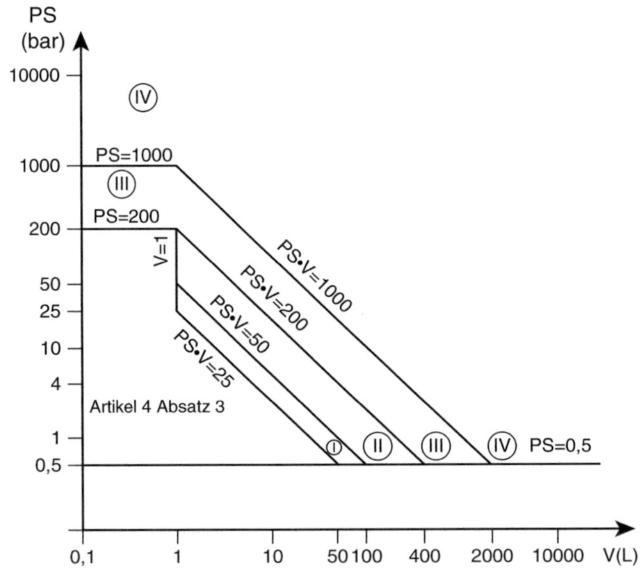

Abb. 6.2 Konformitätsbewertungsdiagramm 1 nach Anhang II und Art. 4 Abs. 1 der DGRL für Behälter und die Fluidarten: Gase, verflüssigte Gase, unter Druck gelöste Gase, Dämpfe und Flüssigkeiten, deren Dampfdruck bei der maximal zulässigen Temperatur TS um mehr als 0,5 bar über dem normalen Atmosphärendruck (1013 bar) liegt; Fluidgruppe 1 (gefährlich); wenn das Volumen grösser als 1 Liter und das Produkt PS · V grösser als 25 bar · Liter ist oder wenn der Druck PS grösser als 200 bar ist

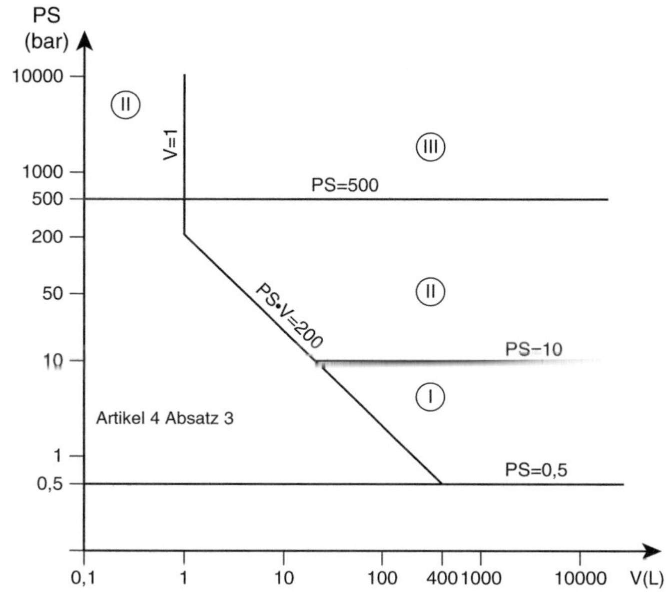

Abb. 6.3 Konformitätsbewertungsdiagramm 3 nach Anhang II und Art. 4 Abs. 1 der DGRL für Behälter und die Fluidart „Flüssigkeit", Fluidgruppe 1 (gefährlich), deren Dampfdruck bei der zulässigen maximalen Temperatur TS um höchstens 0,5 bar über dem normalen Atmosphärendruck (1013 mbar) liegt, wenn das Volumen grösser als 1 Liter und das Produkt PS · V grösser als 200 bar · Liter ist oder wenn der Druck PS grösser als 500 bar ist

Kategorie III zuzuordnen. Bei Schnellkochtöpfen wird beispielsweise im Entwurf geprüft, ob sowohl ein Sicherheitsventil als auch eine selbsthemmende Verschlussvorrichtung für den Überdruckbetrieb vorgesehen ist.

Liegt eine Eingruppierung eines Druckgerätes unterhalb der Kategorie I vor, dann fällt das Druckgerät nach Art. 4 Abs. 3 nicht in den Gültigkeitsbereich der Druckgeräterichtlinie und muss formal auch nicht die Anforderungen gemäß Anhang I erfüllen. Dadurch darf keine CE-Kennzeichnung an dem Druckgerät angebracht werden. Diese Tatsache kann für manche Hersteller ein Problem darstellen, wenn der Kunde eine CE-Kennzeichnung fordert. Die Auslegung und Herstellung von Druckgeräten nach Art. 4 Abs. 3 der DGRL erfolgt nach geltender „guter Ingenieurspraxis" des Mitgliedstaates. Der Hersteller ist dabei selbst für die Sicherheit seines Produktes verantwortlich und dokumentiert dies in einer ausführlichen Betriebsanleitung. Erst ab einer Eingruppierung eines Druckgerätes in die Kategorie I gelten die Sicherheitsanforderungen der DGRL und eine CE-Kennzeichnung wird nach der Konformitätserklärung und der Anfertigung einer Betriebsanleitung am Druckgerät angebracht.

Setzt sich ein Behälter aus mehreren Kammern zusammen, so wird der Behälter in die höchste Kategorie der einzelnen Kammern eingestuft. Befinden sich unterschiedliche Fluide in einer Kammer, so erfolgt die Einstufung nach jenem Betriebsmedium, welches die höchste Kategorie erfordert.

6.2.8.4 Konformitätsbewertung und -erklärung

Jeder festgelegten Kategorie sind Prüfmodule bzw. Prüfmodulkombinationen zugeordnet, die der Hersteller z. B. in Abhängigkeit seines Qualitätsmanagementsystems (QM-Systems) frei wählen kann. Folgende Konformitätsbewertungsverfahren können bei den verschiedenen Kategorien angewendet werden (Tab. 6.4):

Das Modulkonzept der Druckgeräterichtlinie basiert auf dem sog. Modulbeschluss 768/2008/EG, der durch die Europäische Kommission erlassen wurde. Im Anhang III der DGRL sind 13 Prüfmodule aufgeführt, die zum Nachweis der Konformität von Druckgeräten eingesetzt werden können. Die Prüfmodule wurden bereits in Abschn. 6.2.3 vorgestellt. Der Hersteller kann sich auch für ein Verfahren entscheiden, das für eine höhere Kategorie vorgesehen ist. Beispielsweise kann ein Druckgerät der Kategorie I (Modul A: interne Fertigungskontrolle) in Kategorie IV eingruppiert und dadurch einer Modul G Abnahme (Einzelprüfung) unterzogen werden, bevor es als Baumuster eingesetzt in Serie produziert wird und ab dann der Baumusterprüfung unterliegt. Die Module beschreiben in sich geschlossene Prüfungen, welche die Entwurfs- und Produktionsphase eines Druckgerätes betreffen, mit denen der Nachweis erbracht werden kann, dass die Anforderungen der Richtlinie erfüllt sind. Da nicht jedes Modul die Entwurfs- und Produktionsphase abdeckt, werden auch Modulkombinationen verwendet.

Die Prüfmodule beinhalten im Wesentlichen

- die Beschreibung des Verfahrens, mit dem der Hersteller sicherstellt und erklärt, dass die betreffenden Druckgeräte die Anforderungen der Richtlinie erfüllen,
- die Festlegung der durchzuführenden Prüfungen und Überwachungsmaßnahmen und
- die Festlegung der zu erstellenden Unterlagen und Dokumentation.

Die technischen Unterlagen müssen eine Bewertung der Übereinstimmung des Druckgerätes mit den dafür geltenden Anforderungen der Richtlinie ermöglichen. Soweit es für

Tab. 6.4 Konformitätsbewertungsverfahren gemäß Anhang III der Druckgeräterichtlinie

• Kategorie I:	Modul A
• Kategorie II:	Modul A2
	Modul D1
	Modul E1
• Kategorie III:	Module B (Entwurfsmuster) + D
	Module B (Entwurfsmuster) + F
	Module B (Baumuster) + E
	Module B (Baumuster) + C2
	Modul H
• Kategorie IV:	Module B (Baumuster) + D
	Module B (Baumuster) + F
	Modul G
	Modul H1

die Bewertung erforderlich ist, müssen sie Entwurf, Fertigung und Funktionsweise des Druckgeräts abdecken und folgendes enthalten:

- Name und Anschrift des Herstellers;
- eine allgemeine Beschreibung des Druckgerätes;
- Entwürfe, Fertigungszeichnungen und -pläne von Bauteilen, Unterbaugruppen, Schaltkreisen usw.;
- Beschreibungen und Erläuterungen, die zum Verständnis der Zeichnungen und Pläne sowie der Funktionsweise des Druckgeräts erforderlich sind;
- eine Liste von angewandten Normen sowie eine Beschreibung der zur Erfüllung der grundlegenden Anforderungen gewählten Lösungen;
- Ergebnisse der Konstruktionsberechnungen, Prüfungen usw.;
- Angaben zur Prüfung und Prüfberichte.

Mit Ausnahme des Moduls A „Interne Fertigungskontrolle“, das auf Druckgeräte der Kategorie I angewendet wird, ist bei allen anderen Modulen eine notifizierte Stelle beteiligt. Innerhalb der Kategorien II–IV hat der Hersteller die Auswahl zwischen Modulen mit Produktprüfung durch eine notifizierte Stelle (stichprobenweise Prüfung bzw. Einzelprüfung) und Modulen mit Qualitäts-Managementsystem (QM-System). Die notifizierten Stellen der Mitgliedstaaten werden von der Kommission im Amtsblatt der Europäischen Gemeinschaften unter Angabe ihrer Kennnummer und der ihnen übertragenen Aufgaben veröffentlicht. Notifizierte Stellen in Deutschland sind z. B. die Prüforganisationen TÜV und Dekra.

Wie in Abschn. 6.2.4 beschrieben, kann der Hersteller zur Erfüllung der Mindestanforderungen auf harmonisierte EN-Normen zurückgreifen. Im Zusammenhang mit der DGRL sind u. a. folgenden Normen erarbeitet worden (Tab. 6.5):

Tab. 6.5 EN-Normen, die im Zusammenhang mit der Druckgeräterichtlinie stehen (Auszug)

DIN EN 764	Druckgeräte
DIN EN 1591	Flansche und ihre Verbindungen
DIN EN 10028	Flacherzeugnisse aus Druckbehälterstählen
DIN EN 10216	Nahtlose Stahlrohre für Druckbeanspruchungen
DIN EN 10217	Geschweißte Stahlrohre für Druckbeanspruchungen
DIN EN 10222	Schmiedestücke aus Stahl für Druckbehälter
DIN EN 12542	Flüssiggas-Geräte und Ausrüstungsteile
DIN EN 12952	Wasserrohrkessel und Anlagenkomponenten
DIN EN 12953	Großwasserraumkessel
DIN EN 13121	Oberirdische GFK-Tanks und -Behälter
DIN EN 13445	Unbefeuerte Druckbehälter
DIN EN 13480	Metallische industrielle Rohrleitungen
DIN EN 14197	Kryo-Behälter
DIN EN 15494	Kunststoff-Rohrleitungssysteme für industrielle Anwendungen

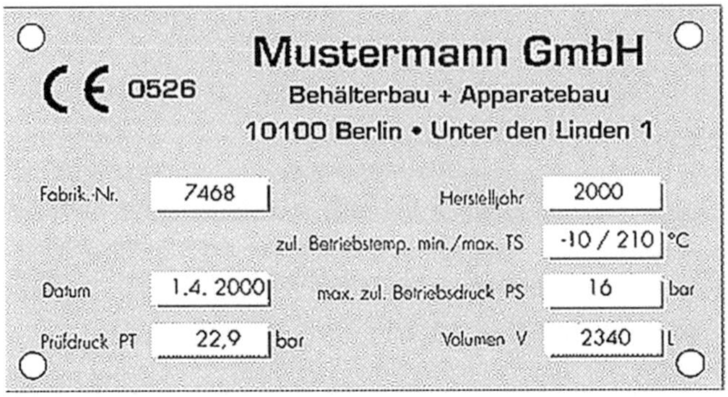

Abb. 6.4 Kennzeichnung eines Druckbehälters entsprechend der DGRL (Beispiel aus www.druckgeraete-online.de)

Eine vollständige Liste der bis 2018 erschienenen EN-Normen kann auf dem Amtsblatt der Europäischen Union 2018/C 326/03 eingesehen werden.

Bei Anwendung und Erfüllung von EU-Normen kann der Hersteller davon ausgehen, dass er die grundlegenden Sicherheits- und Gesundheitsanforderungen nach dem EU-Recht erfüllt. Es gilt in diesem Fall die sogenannte Konformitätsvermutung. Er kann aber auch andere Spezifikationen anwenden, wenn er nachweist, dass er damit ebenfalls die grundlegenden Sicherheits- und Gesundheitsanforderungen erfüllt z. B. AD 2000 Regelwerk, ASME Boiler and Pressure Vessel Code (ASME = American Society of Mechanical Engineers).

Der Rückverfolgbarkeit und der Kennzeichnung der einzelnen Druckgeräte sowie den Begleitdokumenten wird eine starke Bedeutung beigemessen. Sie betreffen u. a. die Kennzeichnung und Etikettierung. So sind neben der vorzunehmenden CE-Kennzeichnung folgende Angaben auf einem sogenannten Kesselschild vorzunehmen (Abb. 6.4):

- Name und Anschrift des Herstellers bzw. andere Angaben zu seiner Identifizierung;
- Herstellungsjahr;
- Angaben, die eine Identifizierung des Druckgerätes seiner Art entsprechend erlauben, wie Typ-, Serien- oder Loskennzeichnung, Fabrikationsnummer;
- Angaben über die wesentlichen zulässigen oberen/unteren Grenzwerte.

Je nach Art des Druckgerätes können noch weitere Angaben notwendig sein, die zur Gewährleistung der Sicherheit bei Montage, Betrieb, Benutzung und gegebenenfalls Wartung und regelmäßiger Überprüfung erforderlich sind. Wenn eine notifizierte Stelle beim Inverkehrbringen des Druckgerätes beteiligt war, dann ist ihre Kennnummer hinter der CE-Kennzeichnung aufzuführen. Die Rückverfolgbarkeit ist auch auf die verwendeten Werkstoffe anzuwenden, die beispielsweise durch eine Stempelung bei Wareneingang realisiert werden kann.

Außerdem ist den Druckgeräten eine Betriebsanleitung für den Benutzer beizufügen, die alle der Sicherheit dienlichen Informationen zu folgenden Aspekten enthält:

- Montage einschließlich Verbindung verschiedener Druckgeräte;
- Inbetriebnahme;
- Benutzung;
- Wartung einschließlich Inspektion durch den Benutzer.

Auch Händler, die keine Hersteller sind, haben die Aufgabe zu überprüfen, ob ein Druckgerät mit der CE-Kennzeichnung zu versehen ist, bzw. ob die erforderlichen Betriebsanleitung und Sicherheitsinformationen in einer Sprache beigefügt sind, die von den Verbrauchern in dem Mitgliedstaat, in dem das Druckgerät bereitgestellt werden soll, leicht verstanden werden kann. Weitere Informationen zur Thema CE-Kennzeichnung sind auf entsprechenden Internetseiten verfügbar wie z. B. www.druckgeraete-online.de, www.eu-richtlinien-online.de, http://ec.europa.eu.

6.2.8.5 Sicherheitsanforderungen an Druckgeräte und zugehörige EN-Normen

Die wesentlichen Sicherheitsanforderungen gemäß Art. 4 Abs. 1 und 2 der DGRL betreffen insbesondere die Auslegung des Druckgerätes, die Eigenschaften zugelassener Werkstoffe, die Fertigung und die Abnahme des Druckgerätes. Im Folgenden werden nur die Kernpunkte der Anforderungen verdeutlicht, wobei grundsätzlich alle Anforderungen der DRGL zu berücksichtigen sind. Die konkreten Methoden zum Erreichen der Anforderungen sind vor allem in den harmonisierten Normen DIN EN 13445 für unbefeuerte Druckbehälter, DIN EN 12952/12953 für Dampfkessel und DIN EN 13480 für Rohrleitungen zu finden. Diese Normen können als „Hauptnormen“ zur Herstellung von Druckgeräten aufgefasst werden, in denen viele Verweise auf detailliertere EN-Normen zusammengefasst sind.

Die wichtigste Anforderung bezieht sich auf einen fachgerechten Entwurf und Konstruktion des Druckgerätes durch eine Auslegung auf alle vorhersehbaren Belastungen in sämtlichen Phasen der Lebensdauer (z. B. Transport, Füllen, Betrieb, Entleeren). Dabei sind auch Verschleiß, Korrosion und andere Einflüsse miteinzubeziehen. Die Auslegung wird z. B. für unbefeuerte Druckbehälter in DIN EN 13445-3 (siehe auch Kap. 9) konkretisiert. In den Fällen, in denen unter nach vernünftigem Ermessen vorhersehbaren Bedingungen die zulässigen Grenzen überschritten werden könnten, ist das Druckgerät mit geeigneten Schutzvorrichtungen (Ausrüstungsteile mit Sicherheitsfunktion) auszustatten.

Die Werkstoffe für drucktragende Bauteile müssen Eigenschaften besitzen, die allen nach vernünftigem Ermessen vorhersehbaren Betriebsbedingungen und allen Prüfbedingungen entsprechen und insbesondere eine ausreichend hohe Duktilität und Zähigkeit vorweisen (Bruchdehnung $\geq$ 14 % und Kerbschlagarbeit bei tiefster Betriebstemperatur und höchstens 20 °C $\geq$ 27 J). Damit soll gewährleistet werden, dass das Druckgerät im Überlastungsfall vor dem Bruch eine deutlich sichtbare plastische Verformung zeigen kann und dadurch auch eine „plastische Reserve“ vor dem Bruch besitzt. Zur Herstellung von Druckgeräten sind Werkstoffe entsprechend den harmonisierten Normen zu verwenden. Diese Werkstoffe werden z. B. für unbefeuerte Druckbehälter in DIN EN 13445-2 aufgeführt, die auf weitere harmonisierte Normen verweist (z. B. DIN EN 10028 und DIN EN

10216/10217). Bei der Verwendung eines anderen Werkstoffs benötigt dieser eine Prüfbescheinigung durch ein Einzelgutachten (nach DIN EN 10204). Weitere Anforderungen an die Werkstoffe drucktragender Bauteile werden in Abschn. 8.2.7 zusammengefasst.

Bei der Fertigung des Druckgerätes stehen dauerhafte Werkstoffverbindungen wie Schweißnähte im Fokus der DGRL, weil sie bei fehlerhafter Fertigung die schwächste Stelle des Druckgerätes darstellen. Daher sind Schweißverbindungen von qualifiziertem Personal mit angemessener Befähigung vorzunehmen. Für Druckgeräte ab der Kategorie II ist zudem eine Zulassung sowohl für das verwendete Schweißverfahren (nach DIN EN ISO 15614) als auch für das Schweißpersonal (nach DIN EN ISO 9606) vorgeschrieben. Des Weiteren darf eine zerstörungsfreie Prüfung der Schweißverbindungen nur von qualifiziertem Personal mit angemessener Befähigung durchgeführt werden. Das Prüfpersonal benötigt zudem für Druckgeräte ab der Kategorie III eine Zulassung (nach DIN EN ISO 9712). Die Fertigung wird z. B. für unbefeuerte Druckbehälter in DIN EN 13445-4 konkretisiert.

Bei der Abnahme des Druckgerätes ist eine Sichtprüfung und eine Kontrolle der technischen Unterlagen (Entwurfsprüfung, Betriebsanleitung) vorzunehmen, wobei insbesondere die Sicherheitseinrichtungen zu prüfen sind. Falls bei der Schlussprüfung bestimmte Bauteile des Druckgerätes nicht mehr zugänglich sind, ist eine Prüfung dieser Bauteile während des Fertigungsprozesses durchzuführen. Die Prüfung der Schweißnähte steht bei der Abnahme in der Regel im Fokus, wobei der genaue Prüfumfang in den harmonisierten Normen festgelegt ist. Die Verfahren und der Umfang der Prüfung werden z. B. für unbefeuerte Druckbehälter in DIN EN 13445-5 konkretisiert. Bei der Druckprüfung, die normalerweise in Form eines hydrostatischen Druckversuchs durchgeführt wird, ist die Druckfestigkeit des Gerätes sicherzustellen. Der Prüfdruck hat mindestens dem 1,43-fachen Wert des höchstzulässigen Druckes zu entsprechen. Die Druckprüfung ist von zentraler Bedeutung, weil sie die einzige Möglichkeit darstellt, eine integrale Prüfung des Gesamtapparates vorzunehmen.

6.2.8.6 Einfache Druckbehälter

Das europäische Recht kennt neben den oben behandelten Druckgeräten auch noch „einfache Druckbehälter“. Letztere sind geschweißte Behälter aus Stahl oder Aluminium zur Aufnahme von Luft oder Stickstoff. Sie werden meist in Serie gefertigt und werden z. B. in Verbindung mit Druckluftkompressoren oder in Bremsanlagen von Fahrzeugen eingesetzt. Sie bestehen aus einem zylindrischen Teil und zwei nach außen gewölbten oder flachen Böden. Der maximale Betriebsdruck darf 30 bar nicht überschreiten. Für sie gilt die EU-Richtlinie 2014/69/EU. Auch diese Richtlinie sieht die CE-Kennzeichnung vor, mit welcher der Hersteller die Übereinstimmung mit den Anforderungen der Richtlinie bestätigt. Die Richtlinie wurde mit der 6. Verordnung zum Produktsicherheitsgesetz (Verordnung über einfache Druckbehälter – 6. ProdSV), die am 20. April 2016 in Kraft trat, in nationales Recht umgesetzt. Durch die Anpassung an den New Legislative Framework (NLF) hat die Richtlinie 2014/29/EU gegenüber der Vorgängerrichtlinie einen erweiterten Regelungsumfang erhalten, so dass zu ihrer Umsetzung auch eine umfangreiche Überarbeitung der 6. ProdSV erforderlich wurde.

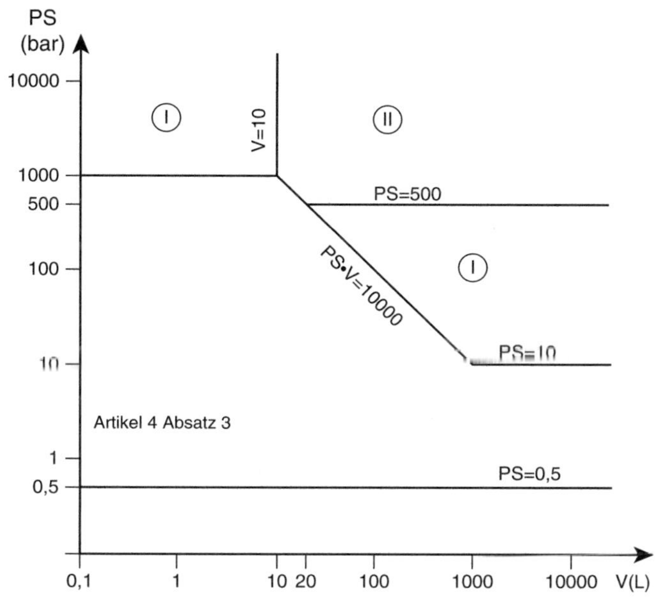

Abb. 6.5 Konformitätsbewertungsdiagramm 4 nach Anhang II und Art. 4 Abs. 1 der DGRL für Behälter für die Fluidart „Flüssigkeit", Fluidgruppe: 2 (nicht giftig, nicht entzündlich, nicht brandfördernd), deren Dampfdruck bei der maximal zulässigen Temperatur TS nicht mehr als 0,5 bar über dem normalen Atmosphärendruck (1013 mbar) liegt, wenn der Druck PS mehr als 10 bar und das Produkt PS · V grösser als 10.000 bar · Liter ist oder wenn der Druck PS grösser als 1000 bar ist

Beispiel 6.1: *Festlegung der Kategorie und der Konformitätsbewertung für einen Druckbehälter*

Für einen Warmwasserspeicher mit einem Volumen von 1000 Liter und einem maximal zulässigen Druck von 12 bar soll das Konformitätsbewertungsverfahren festgelegt werden. Die maximal zulässige Betriebstemperatur beträgt einmal 100 °C und einmal 120 °C.

Schrittweise Lösung:

Schritt 1: Festlegung der Gruppe des Fluids

Die Eingruppierung erfolgt durch die Bewertung der physikalischen und chemischen Eigenschaften des Betriebsmediums. Wasser ist nicht giftig, nicht entzündlich, nicht brandfördernd, nicht explosiv und ist daher der Fluidgruppe 2 zuzuordnen.

Wasser ist eine Flüssigkeit mit folgenden Dampfdrücken:

bei 100 °C: $p_D = 1{,}0132$ bar

bei 110 °C: $p_D = 1{,}4326$ bar

bei 120 °C: $p_D = 1{,}9853$ bar.

Schritt 2: Festlegung der Gefahrenkategorie nach Anhang II der DGRL

Bei einer maximal zulässigen Temperatur von 100 °C ist das passende Konformitätsbewertungsdiagramm das Diagramm 4, weil es für Flüssigkeiten gilt, deren „Dampfdruck bei der maximal zulässigen Temperatur um höchstens 0,5 bar über dem normalen Atmosphärendruck (1,013 bar) liegt", also für Flüssigkeiten mit einen Dampfdruck kleiner als 1,5 bar (absolut). Das Diagramm 4 der DGRL ist in Abb. 6.5

dargestellt. Das Produkt PS · V beträgt 12.000 bar · Liter und ist damit größer als 10.000 bar · Liter. Der Druck PS ist größer als 10 bar und kleiner als 500 bar. Nach dem Diagramm 4 ist der Druckbehälter in Kategorie I einzuordnen.

Bei einer maximal zulässigen Temperatur von 110 °C würde das Diagramm 4 der DGRL ebenfalls für den Druckbehälter zutreffen, weil der Dampfdruck auch in diesem Fall kleiner ist als 1,5 bar. Bei einer maximal zulässigen Temperatur von 120 °C, triff dies jedoch nicht mehr zu, da der Dampfdruck von Wasser bei 120 °C „um mehr als 0,5 bar über dem Atmosphärendruck (1013 mbar) liegt", also größer als 1,5 bar ist. In diesem Fall muss das Diagramm 2 des Anhangs II der Richtlinie angewendet werden, das in der Abb. 6.6 gezeigt wird. Das Produkt PS · V beträgt 12.000 bar · Liter und ist damit größer als 3000 bar · Liter. Nach dem Diagramm 2 ist der Druckbehälter demnach in Kategorie IV einzuordnen.

Schritt 3: Wahl des Moduls

Wie man dem obigen Text entnehmen kann, kann bei der Kategorie I die Konformität nach dem Modul A (interne Fertigungskontrolle) nachgewiesen werden. Die Einschaltung einer notifizierten Stelle ist in diesem Fall nicht notwendig. Bei der Kategorie IV kann zwischen den Modulen B(B)+D, B(B)+F, G und H1 gewählt werden. Die Einschaltung einer notifizierten Stelle ist bei Kategorie IV in allen Fällen notwendig.

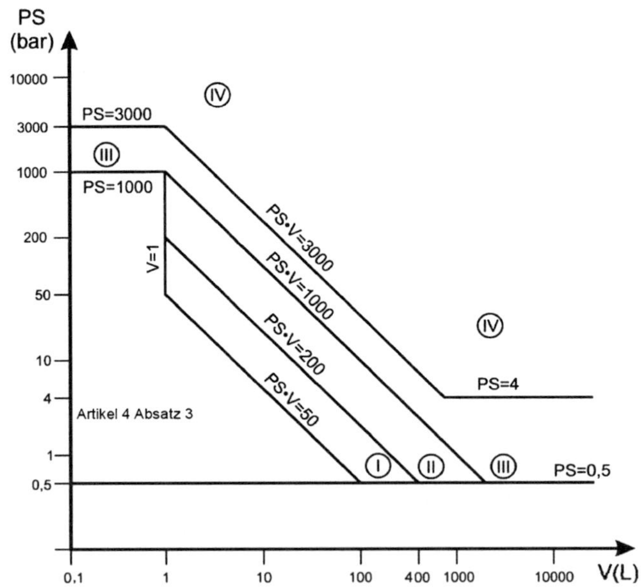

Abb. 6.6 Konformitätsbewertungsdiagramm 2 nach Anhang II und Art. 4 Abs. 1 der DGRL für Behälter für die Fluidarten: Gase, verflüssigte Gase, unter Druck gelöste Gase, Dämpfe und Flüssigkeiten, deren Dampfdruck bei der maximal zulässigen Temperatur TS um mehr als 0,5 bar über dem normalen Atmosphärendruck (1013 bar) liegt; Fluidgruppe 2 (nicht giftig, nicht entzündlich, nicht brandfördernd), wenn das Volumen grösser als 1 Liter und das Produkt PS · V grösser als 50 bar · Liter ist oder wenn der Druck PS grösser als 1000 bar ist

6.2.9 Explosionsschutz-Richtlinie (ATEX-Richtlinie)

Die Explosionsschutz- oder ATEX-Richtlinie 2014/34/EU löste die Richtlinie 94/9/EG aus dem Jahre 1994 ab und beschreibt Anforderungen an Geräte und Schutzsysteme, die in explosionsgefährdenden Bereichen eingesetzt werden. Eine Explosionsgefahr besteht in Bereichen, in denen ein Gemisch aus Luft und brennbaren Gasen, Dämpfen, Nebel oder Stäuben aufgrund der örtlichen und betrieblichen Bedingungen auftreten. Im Anhang I der ATEX-Richtlinie sind Entscheidungskriterien für die Einteilung von Gerätegruppen und drei Gerätekategorien aufgeführt. Den Kategorien sind wiederum Konformitätsbewertungsverfahren in Form von Prüfmodulen gemäß EU-Beschluss 768/2008/EG zugeordnet. Während für Geräte der Kategorie 3 der Hersteller die Konformität durch interne Fertigungskontrollen nachweisen kann, muss bei den anderen Kategorien eine notifizierte Stelle hinzugezogen werden. Die Richtlinie sieht neben der CE-Kennzeichnung der Geräte zusätzlich ein Explosionsschutzkennzeichen gemäß Abb. 6.7, gefolgt von den Kennzeichen, die auf die Gerätegruppe und-kategorie verweisen, vor.

Die Umsetzung der Richtlinie in nationales Recht erfolgte in Deutschland durch das Gesetz über die Neuordnung des Geräte- und Produktsicherheitsrecht (Produktsicherheitsgesetz – ProdSG) vom 08.11.2011 und der darauf basierenden Explosionsschutzverordnung (11. ProdSV). Wie in Abschn. 6.2.4 beschrieben, kann der Hersteller zur Erfüllung der Mindestanforderungen auch bei der Explosionsschutzrichtlinie auf harmonisierte EN-Normen zurückgreifen. Eine Liste der bis 2018 erschienenen EN-Normen kann auf dem Amtsblatt der Europäischen Union 2018/C 371/01 eingesehen werden.

Abb. 6.7 Explosionsschutzkennzeichen

6.3 Deutsches Recht

6.3.1 Einleitung

Von den Verfassungsnormen eines Staates, die in Deutschland mit den Artikeln des Grundgesetztes geregelt sind, leiten sich die weiteren Rechtssätze eines Rechtssystems ab. Sie bilden ein abgestuftes System von Rechtsnormen. Im deutschen Recht sind dies neben dem Grundgesetz die von den Parlamenten verabschiedeten Gesetze (formelle Gesetze, Parlamentsgesetze), die Verordnungen und die Satzungen. Es besteht eine Rangfolge in der Weise, dass das jeweils untergeordnete Gesetz den inhaltlichen Vorgaben des übergeordneten Gesetzes, auf dem es beruht, entsprechen muss (Normenhierarchie). An der Spitze steht das Grundgesetz (Verfassung), darunter die formellen Gesetze (so genannte einfache Gesetze), hierunter die Verordnungen und Satzungen (Abb. 6.8).

Die Bundesrepublik Deutschland ist ein demokratischer und sozialer Bundesstaat (Art. 20 Abs. 1 Grundgesetz, GG). Sie ist ein Bund von Ländern und damit eine Föderation. Aus diesem Bundesstaatsprinzip folgt, dass sowohl der Bund als auch die Länder eigene Staatsgewalt besitzen. Entsprechend der föderalistischen Struktur in Deutschland werden Gesetze von der Legislative, d. h. den Bundes- und Landesparlamenten, in einem Gesetzgebungsverfahren beschlossen und im Gesetzblatt bekannt gemacht. Die jeweiligen Zuständigkeiten sind im Grundgesetz geregelt. In der Gesetzgebung ist ein deutliches Übergewicht des Bundes gegeben. Bei der Ausführung und Überwachung der Gesetze, d. h. bei den Verwaltungskompetenzen, liegt der Schwerpunkt bei den Ländern. Diese Struktur ist dafür verantwortlich, dass die staatlichen Ebenen in Deutschland vielfältig miteinander verwoben sind.

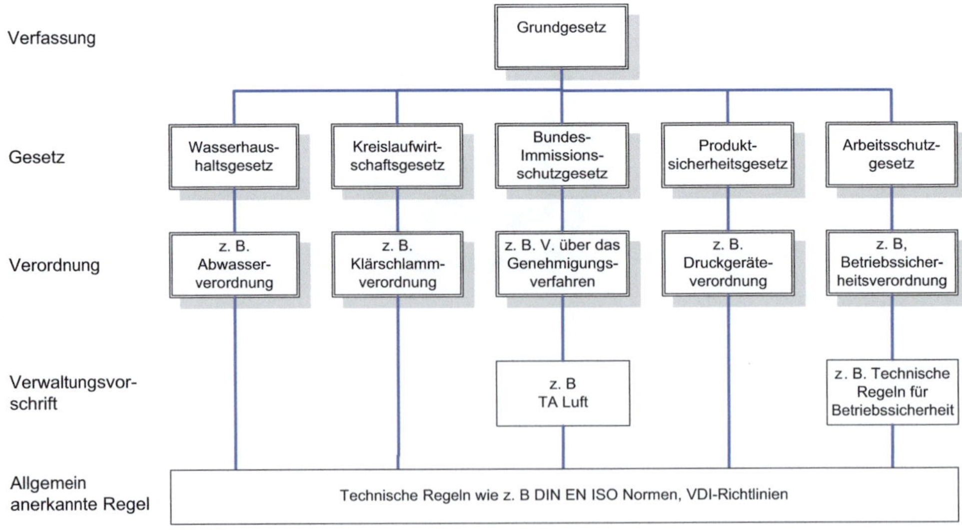

Abb. 6.8 Normenhierarchie in der Bundesrepublik Deutschland

Die jeweilige Legislative kann die Exekutive ermächtigen, die in der Normenhierarchie unter den Gesetzen angesiedelten Verordnungen und Satzungen zu erlassen, d. h. durch einen Hinweis in einem Gesetz wird eine Verwaltungsstelle (z. B. ein Ministerium) ermächtigt, bestimmte Sachverhalte durch eine Verordnung zu regeln. „Dabei müssen Inhalt, Zweck und Ausmaß der erteilten Ermächtigung im Gesetz bestimmt werden" (Art. 80 Abs. 1 GG). Man spricht bei den Verordnungen daher von exekutivem Recht. Eine Verordnung benötigt immer eine Verordnungsermächtigung in einem Gesetz. Sie ist „Gesetz im materiellen Sinn", da sie wie ein Gesetz Rechte und Pflichten gegenüber jedem begründet und gleichsam für jeden „gilt". Eine Verordnung ist jedoch nicht „Gesetz im formellen Sinn", da sie nicht in einem förmlichen Gesetzgebungsverfahren von einem Parlament beraten und verabschiedet wurde. Zum Erlass von Verordnungen kann die Bundesregierung, ein Bundesministerium oder die Landesregierungen ermächtigt werden. Diese Stellen können die Ermächtigung zum Erlass von Verordnungen auch weiter übertragen, was allerdings voraussetzt, dass diese Weiterübertragung in einem Bundesgesetz, das die ursprüngliche Ermächtigung enthält, vorgesehen ist. Viele Belange, die technische Anlagen und Produkte betreffen, werden durch Verordnungen geregelt. Die Vielzahl der Details, die zu regeln sind bzw. geregelt werden, würde die Parlamente überlasten. Entsprechend sind die zu erfüllenden Anforderungen an technische Anlagen und Produkte in den Verordnungen oft konkreter und detaillierter.

Ergänzt werden die Gesetze und Verordnungen durch „Verwaltungsvorschriften (VwV)". Sie dienen dazu, eine einheitliche Rechtsanwendung der Behörden zu gewährleisten und wenden sich daher unmittelbar nur an die zuständigen Behörden, nicht jedoch an den ebenfalls betroffenen Bürger. Die darin festgelegten Vorschriften haben das Ziel, die Anwendung eines Gesetzes zu konkretisieren. Da eine zuständige Behörde zur Anwendung der Verwaltungsvorschriften verpflichtet ist, können diese jedoch auch für die Bürger rechtliche Bedeutung haben. Die Behörden wenden sie z. B. im Zusammenhang mit einem Verwaltungsakt (z. B. eine Anordnung oder einen Bescheid) an. Damit werden Inhalte der Verwaltungsvorschrift für den Betroffenen verbindliches Recht, das er zu beachten hat. So kann die Erteilung einer Betriebsgenehmigung einer technischen Anlage nach dem Bundes-Immissionsschutzgesetz von der Einhaltung der Vorschriften der TA Luft abhängen. Wie das Beispiel zeigt, werden Verwaltungsvorschriften nicht immer als solche bezeichnet, sondern heißen auch Technische Anleitung (TA), Anordnung, Erlass, Richtlinie oder Verfügung. Die in Deutschland bestehende gesetzliche Normenhierarchie wird in Abb. 6.8 in Verbindung mit einigen geltenden Gesetzen erläutert.

Körperschaften, Anstalten und Stiftungen des öffentlichen Rechts sind durch Gesetze ermächtigt, Satzungen zur Regelung ihrer eigenen Angelegenheiten zu erlassen (Satzungsautonomie). Sie sind eine Folge des Selbstverwaltungsrechts. Gemeinden und Landkreise als territoriale Körperschaften aber auch Universitäten und Kammern für selbstständige Berufe machen davon Gebrauch. Satzungen sind allgemein gültige Rechtsvorschriften. Bei ihrer Abfassung müssen jedoch geltende Gesetze beachtet werden.

Problematisch in Deutschland ist die Aufteilung von Gesetzgebungsbefugnissen zwischen Bund und Ländern im deutschen Verfassungsrecht. Art. 30 GG besagt: „Die

Ausübung der staatlichen Befugnisse und die Erfüllung der staatlichen Aufgaben ist Sache der Länder, soweit dieses Grundgesetz keine andere Regelung trifft oder zulässt." Diese „anderen Regelungen" sind jedoch zahlreich. Mit Inkrafttreten der Grundgesetzänderungen im Rahmen der sogenannten Föderalismusreform zum 1. September 2006 sind die Zuständigkeiten teils in eine ausschließliche oder eine konkurrierende Gesetzgebung des Bundes überführt worden. Näheres hierzu regeln die Art. 70 bis Art. 74 im GG. Das Wasserhaushaltsgesetz (WHG) ist damit z. B. ein Gesetz in der konkurrierenden Gesetzgebungskompetenz des Bundes, was bedeutet, dass die Länder auf dem Gebiet des Wasserhaushaltsrechts von den Regelungen des Bundes abweichen können (Art. 72 Abs. 3 GG). Ausgenommen sind dabei stoff- oder anlagenbezogene Vorschriften. Außerdem enthält das WHG Öffnungsklauseln für Regelungen der Länder. Bei der nationalen Gesetzgebung muss jedoch die europäische Wasserrahmenrichtlinie[8] beachtet werden, die in nationales Recht umgesetzt werden muss.

6.3.2 Deutsches Recht und Europarecht

Im Vergleich zu anderen europäischen Staaten ist die deutsche Rechtsstruktur eine Besonderheit, da EU-Richtlinien nicht mit Gesetzen und Verordnungen umgesetzt werden können, sondern auch mit den „normenkonkretisierenden" Verwaltungsvorschriften. Die rechtsverbindliche Umsetzung der Forderungen erfolgt dann erst im Einzelfall durch die jeweiligen Verwaltungsakte. Das deutsche System hat den Vorteil, dass es einen gewissen Spielraum für konkrete Festlegungen gibt, der in anderen EU-Mitgliedsstaaten oft durch Ausnahmeregelungen im formellen Gesetz eröffnet wird.

6.3.3 Bundes-Immissionsschutzgesetz

Das Bundes-Immissionsschutzgesetz (BImSchG) aus dem Jahre 1974 (Neufassung 2002, zuletzt geändert 23.10.2012) ist die Kurzbezeichnung für das deutsche Gesetz zum Schutz vor schädlichen Umwelteinwirkungen durch Luftverunreinigungen, Geräusche, Erschütterungen und ähnliche Vorgänge. Da es neben dem Umweltschutz auch die Genehmigung und den Betrieb vieler technischer Anlagen regelt, ist es auch das bedeutendste Regelwerk zum Anlagenrecht. Das Gesetz verfolgt das Ziel, „Menschen, Tiere und Pflanzen, den Boden, das Wasser, die Atmosphäre sowie Kultur- und sonstige Sachgüter vor schädlichen Umwelteinwirkungen zu schützen und dem Entstehen schädlicher Umweltwirkungen vorzubeugen."

Bei dem Genehmigungsverfahren nach dem Bundes-Immissionsschutzgesetz werden sämtliche Umweltauswirkungen einer Anlage berücksichtigt und gewürdigt. Nach § 6 Abs. 1 muss die Genehmigung erteilt werden, wenn der Betreiber seinen gesetzlichen Verpflichtungen nachkommt, die Rechtsverordnungen über die Anforderungen an die An-

[8] Richtlinie 2000/60/EG des Europäischen Parlamentes und des Rates vom 23.10.2000.

lage erfüllt werden und andere öffentlich-rechtliche Vorschriften und Belange des Arbeitsschutzes der Errichtung und dem Betrieb der Anlage nicht entgegenstehen.

Man unterscheidet zwischen öffentlichen und nichtöffentlichen Genehmigungsverfahren. Bei einer öffentlichen Genehmigung wird der Antrag auf Genehmigung öffentlich bekanntgemacht und es besteht die Gelegenheit, bei der Genehmigungsbehörde in einer bestimmten Frist Einwendungen gegen das Vorhaben zu erheben. Die 4. Verordnung zum BImSchG regelt u. a. für welche Anlagen und ab welcher Größe eine Genehmigung erforderlich ist. Außerdem wird die Art des Genehmigungsverfahrens damit festgelegt. Im Anhang dieser Verordnung sind Anlagenarten und ggf. zugehörige Kapazitäten und Anlagengrößen aufgeführt.

6.3.4 Produktsicherheitsgesetz

Mit dem Produktsicherheitsgesetz (ProdSG) wurde die europäische Richtlinie über die allgemeine Produktsicherheit in Deutschland in nationales Recht umgesetzt. Durch die dem Produktsicherheitsgesetz zugeordnete Maschinenverordnung (9. ProdSV) und Druckgeräteverordnung (14. ProdSV) wurden auch die europäischen Richtlinie 2006/42/EG (kurz: Maschinenrichtlinie) und 2014/68/EU (kurz: Druckgeräterichtlinie) in nationales Recht umgesetzt.

Das Gesetz gilt gemäß § 1 Satz 2 auch „für die Errichtung und den Betrieb überwachungsbedürftiger Anlagen, die gewerblichen oder wirtschaftlichen Zwecken dienen oder durch die Beschäftigte gefährdet werden können“. Unter dieses Gesetz fallen damit auch die Druckbehälter.

Nach § 3 Satz 2 des Gesetzes darf ein Produkt nur „auf dem Markt bereitgestellt werden, wenn es bei bestimmungsgemäßer Verwendung oder vorhersehbarer Verwendung die Sicherheit und Gesundheit von Personen nicht gefährdet.“ Weitere Paragrafen enthalten genauere Bestimmungen und verwaltungsmäßige Handhabungsvorschriften.

Das Gesetz sieht für Hersteller und Händler umfassende Informations- und Identifikationspflichten vor. Jedes Produkt muss eindeutig seinem Hersteller zuzuordnen sein, außerdem muss der Verbraucher über alle möglichen Gefährdungen seiner Sicherheit, die sich aus dem Gebrauch oder der vorhersehbaren Falschanwendung ergeben, hinreichend aufgeklärt werden. Produkte, deren übermäßig mangelnde Sicherheit offiziell festgestellt wird, müssen vom Markt genommen werden.

§ 7 regelt die CE-Kennzeichnung. Nach § 9 haben die zuständigen Behörden eine wirksame Überwachung des Inverkehrbringens von Produkten sowie der in den Verkehr gebrachten Produkte zu gewährleisten. Die Überwachung ist u. a. auch im Arbeitsschutzgesetz und der zugehörigen Betriebssicherheitsverordnung (BetrSichV) geregelt.

Neben der Produktsicherheit regelt das ProdSG mit Verordnungen auch das Inverkehrbringen von Produkten, die besondere Sicherheitseigenschaften erfüllen müssen (u. a. Maschinen, Druckbehälter und Druckgeräte, elektrische Anlagen in explosionsfähiger

Atmosphäre). Damit wurde eine Grundlage geschaffen, um den Warenverkehr über harmonisierte Sicherheitsanforderungen in der EU zu fördern.

Grundlegende Bestimmungen zur Anlagenüberwachung (u. a. die Errichtung und der Betrieb von überwachungsbedürftigen Anlagen) sind im Arbeitsschutzgesetz und der zugehörigen Betriebssicherheitsverordnung geregelt.

Folgende weitere Verordnungen, die für die Apparatetechnik relevant sind, wurden bislang nach dem Produktsicherheitsgesetz erlassen:

- Verordnung über das Inverkehrbringen von einfachen Druckbehältern (6. ProdSGV)
- Gasverbrauchseinrichtungsverordnung (7. ProdSGV)
- Maschinenverordnung (9. ProdSGV)
- Explosionsschutzverordnung (11. ProdSGV)
- Druckgeräteverordnung (14. ProdSGV)

Druckgeräteverordnung regelt die Herstellung von Druckgeräten
Die Umsetzung der Druckgeräterichtlinie (siehe Abschn. 6.2.8) in nationales Recht erfolgt in Deutschland durch Verordnungen auf Basis des Produktsicherheitsgesetzes (ProdSG) und dem Arbeitsschutzgesetz (ArbSchG). Die Herstellung und Beschaffenheit der Druckgeräte sowie die CE-Kennzeichnung wird in der 14. Produktsicherheitsverordnung (14. ProdSV), der sogenannten Druckgeräteverordnung, geregelt. Sie liegt in einer Fassung vom 13. Mai 2015 vor und ist wie die Druckgeräterichtlinie am 19. Juli 2016 in Kraft getreten. Sie minimiert die druckbedingten Risiken, die von einem Druckgerät ausgehen, durch die Vorgabe von Mindestanforderungen an die Konstruktion. In der Druckgeräteverordnung wird mehrfach auf harmonisierte europäische Normen verwiesen, in denen Mittel zur Erfüllung der Sicherheitsanforderungen nach dem Stand der Technik konkretisiert werden. Der Inhalt der Druckgeräteverordnung ist hauptsächlich durch die Regelungen der EU-Druckgeräterichtlinie geprägt. Zu den Druckgeräten und Baugruppen müssen eine Dokumentation sowie eine Betriebsanleitung in deutscher Sprache beigefügt sein.

6.3.5 Arbeitsschutzgesetz

Mit dem Gesetz über die Durchführung von Maßnahmen des Arbeitsschutzes zur Verbesserung der Sicherheit und des Gesundheitsschutzes bei der Arbeit (Arbeitsschutzgesetz – ArbSchG) werden in Deutschland auch Regeln zum Arbeitsschutz nach EU-Richtlinien umgesetzt. Dabei handelt es sich u. a. um die Umsetzung der Arbeitsmittelrichtlinie 89/655/EWG, die 2009 durch die Richtlinie 2009/104/EG kodifiziert wurde. Das deutsche Gesetz enthält auch die Grundlagen zum Erlass von zugehörigen Verordnungen. Solche Verordnungen sind u. a. die Arbeitsstättenverordnung und Betriebssicherheitsverordnung. Zur ersten Verordnung wurden die „Technische Regeln Arbeitsstätten“ bzw. „Arbeitsstättenregeln – ASR“ erarbeitet, welche die unbestimmten Rechtsbegriffe konkretisieren. Die

Betriebssicherheitsverordnung (BetrSichV) regelt u. a. den Betrieb von überwachungsbedürftigen Anlagen. Dazu gehören u. a. auch Dampfkesselanlagen, Druckbehälter, Anlagen in explosionsgefährdeten Bereichen und Tankanlagen. Mit der Verordnung werden die Inbetriebnahme sowie die wiederkehrenden Prüfungen solcher Anlagen geregelt. Im Zusammenhang mit der EU-Druckgeräterichtlinie werden die darin geforderten Prüfungen der Anlagen in Deutschland geregelt. Damit wird dieser Aspekt der Richtlinie mit dieser Verordnung in nationales Gesetz umgesetzt.

Betriebssicherheitsverordnung regelt den Betrieb von Druckgeräten
Der Betrieb und die wiederkehrende Prüfung der Druckgeräte werden durch die Betriebssicherheitsverordnung (BetrSichV) vorgeschrieben. Mit ihr wird auch die Arbeitsmittelrichtlinie 2009/104/EG in deutsches Recht umgesetzt. Es werden jedoch nicht alle Belange der Betriebssicherheit auf europäischer Ebene betrachtet. Daher beinhaltet die Betriebssicherheitsverordnung insbesondere einen großen national geprägten Anteil, der die Betriebssicherheit in Deutschland festlegt. Die Betriebssicherheitsverordnung behandelt nicht nur das druckbedingte, sondern jegliches Gefährdungspotenzial, das in allen Phasen des Betriebes von der Beschaffung bis zum Abbau des Druckgerätes vorliegen kann. Insbesondere wird dabei das gesamte Umfeld des Aufstellungsortes in die Risikoanalyse miteinbezogen. Zudem regelt sie u. a. den Betrieb von überwachungsbedürftigen Anlagen im Sinne des Arbeitsschutzes. Die Konkretisierung zur Erfüllung der betrieblichen Sicherheitsanforderung erfolgt durch die Technischen Regeln für Betriebssicherheit (TRBS), die den Stand der Technik, Arbeitsmedizin und Arbeitshygiene sowie sonstige gesicherte arbeitswissenschaftliche Erkenntnisse für die Verwendung von Arbeitsmitteln wiedergeben. Sie werden vom Ausschuss für Betriebssicherheit ermittelt bzw. angepasst und vom Bundesministerium für Arbeit und Soziales im gemeinsamen Ministerialblatt bekannt gegeben. Bei Einhaltung der Technischen Regeln kann der Arbeitgeber davon ausgehen, dass die entsprechenden Anforderungen der Betriebssicherheitsverordnung erfüllt sind. Wählt der Arbeitgeber eine andere Lösung, muss er damit mindestens die gleiche Sicherheit und den gleichen Gesundheitsschutz für die Beschäftigten erreichen. Überwachungsbedürftige Anlagen werden nach Betriebssicherheitsverordnung von zugelassenen Überwachungsstellen (ZÜS) geprüft. Je nach Gefahrenpotenzial des Druckgerätes können wiederkehrende Prüfungen in bestimmten Fällen auch von einer zur Prüfung befähigten Person durchgeführt werden.

Literatur

1. Wolfram W (2018) Pichler: EU-Konformitätsbewertung – in acht Projektphasen direkt zum Ziel. Carl Hanser, München. ISBN: 978-3-446-45339-5

7 Normung und Standardisierung

7.1 Einführung

Reife technische Fachgebiete, wie die Apparate- und Anlagentechnik, werden u. a. auch von anerkannten Normen geprägt. Es handelt sich dabei um qualifizierte Regeln bzw. Empfehlungen, welche auf Basis des aktuellen Standes der Technik und Wirtschaft ausgearbeitet wurden. Normen sind ein Mittel zur Vereinheitlichung von materiellen und immateriellen Gütern. Sie bieten damit auch anerkannte Lösungen für immer wiederkehrende Aufgaben. Ein Ziel der Normung ist es auch, den nationalen und internationalen Austausch von Waren und Dienstleistungen zu fördern und Handelshemmnisse abzubauen.

Mit technischen Normen werden

- Anforderungen und Eigenschaften von technischen Einheiten, wie z. B. von Bauelementen, Bauteilen oder ganzen Geräten festgelegt,
- technische Schnittstellen gestaltet, wie z. B. Anschlussmaße, Druckbereiche an den Übergängen, Verbindungsformen und Verbindungselemente,
- Begriffe festgelegt und erklärt (siehe hierzu auch DIN 2330)[1] und damit für Klarheit bei der Kommunikation gesorgt und die Terminologie innerhalb eines technischen Fachgebietes mitgeprägt,
- Abläufe und Verfahren vereinheitlicht, wie z. B. Mess- und Testverfahren,
- Qualitäts-, Sicherheits- und Prüfkriterien festgelegt und damit eine Basis für geordnete Abläufe in vielen Bereichen geschaffen,
- bei Messverfahren eine Vergleichbarkeit der damit gewonnenen Ergebnisse gewährleistet.

[1] DIN 2330:2013-07: *Begriffe und Benennungen; Allgemeine Grundsätze.*

S. Ripperger, K. Nikolaus, *Entwicklung und Planung verfahrenstechnischer Anlagen*, VDI-Buch, https://doi.org/10.1007/978-3-662-60427-4_7

Mit der Vereinheitlichung von Produkten sind eine Rationalisierung und Kompatibilität von Produkten verschiedener Hersteller verbunden. Außerdem wird durch die Normung eine Gebrauchstauglichkeit der Produkte und in vielen Fällen auch die Sicherheit gewährleistet. Technische Normen machen anerkanntes Wissen anwendbar und transparent und ohne in die jeweilige theoretische Tiefe einer technischen Disziplin einzudringen.

Nach der 2004 formulierten „Deutschen Normungsstrategie"[2] dient die „Normung und Standardisierung in Deutschland der Wirtschaft und Gesellschaft zur Stärkung, Gestaltung und Erschließung regionaler und globaler Märkte." Da Normen zunächst freiwillig in der Anwendung sind, behindern sie nicht den technischen Fortschritt bzw. schränken ihn nicht ein. Der Raum für Innovationen ist damit auch durch Normen gegeben. Bei der Ausarbeitung von Normen sind sowohl technische als auch wirtschaftliche Gesichtspunkte zu berücksichtigen.

Grundsätze der Normungsarbeit in Deutschland werden in der DIN 820[3] festgelegt. Die Rolle der Normung innerhalb der Europäischen Union und dem „Neuen Konzept (New Approach)" von 1985 zur technischen Harmonisierung und Normung wird in Abschn. 6.2.4 behandelt. Wie dort dargelegt, hat die europäische Normung die Aufgabe übernommen, die in den Richtlinien festgelegten Anforderungen zu konkretisieren. Zudem werden mit Europäischen Normen (EN) Möglichkeiten beschrieben, wie die Forderungen von EU-Richtlinien erfüllt werden können. Die harmonisierten Europäischen Normen müssen entsprechend den abgeschlossenen Verträgen von allen EU-Mitgliedsländern unverändert übernommen werden.

7.2 Grundsätze der Normung

Der überwiegende Teil der Normen bezieht sich auf Verfahren, Bauteile oder technische Systeme. Mit der Normung sollte erst begonnen werden, wenn die zu normenden Verfahren, Bauteile oder Systeme regulär angewendet bzw. verwendet werden und wenn eine gewisse Marktreife erlangt wurde. In der Regel wird dann auch eine Nachfrage von Seiten des Marktes nach einer Normung vorliegen. Nur dann ist eine Normung sinnvoll. Nach DIN 820 ist die „Normung die planmäßige, durch die interessierten Kreise gemeinschaftlich durchgeführte Vereinheitlichung von materiellen und immateriellen Gegenständen zum Nutzen der Allgemeinheit. Sie darf nicht zu einem wirtschaftlichen Sondervorteil einzelner führen." Folgende Grundsätze wurden in der DIN 820 sinngemäß als Voraussetzung für eine allgemeine Anerkennung festgeschrieben:

Freiwilligkeit: Die Mitarbeit an der Normungsarbeit und die Anwendung der Normen geschehen auf freiwilliger Basis. Normen sind daher zunächst Empfehlungen. Erst durch Rechtsakte Dritter können Normen eine Verbindlichkeit erlangen.

[2] *Deutsche Normungsstrategie*: Broschüre des DIN (Deutsches Institut für Normung e. V.), Berlin (2004), Download unter: www.din.de.

[3] DIN 820-1:2014-06: *Normungsarbeit – Teil 1: Grundsätze.*

Öffentlichkeit: Normungsvorhaben und Entwürfe zu DIN-Normen werden öffentlich bekannt gemacht und vor ihrer endgültigen Festlegung der Öffentlichkeit zur Stellungnahme vorgelegt. Kritiker werden an den Verhandlungstisch gebeten, wobei jeder eingegangene Einspruch mit dem Einsprecher verhandelt werden muss.

Beteiligung aller interessierten Kreise: DIN-Normen werden in Arbeitsausschüssen von Fachleuten der interessierten Kreise erarbeitet. Jeder kann sein Interesse einbringen. Ein Schlichtungs- und Schiedsverfahren sichert die Rechte von Minderheiten.

Konsens: Die Normungsarbeit in Deutschland innerhalb des DINs garantiert ein für alle interessierten Kreise faires Verfahren, dessen Kern die ausgewogene Berücksichtigung aller Interessen bei der Meinungsbildung ist. Der Inhalt einer Norm wird dabei im Wege gegenseitiger Verständigung mit dem Bemühen festgelegt, eine allgemeine Zustimmung findende, gemeinsame Auffassung zu erreichen.

Einheitlichkeits- und Widerspruchsfreiheit: Vor der Herausgabe werden neue DIN-Normen auf Widerspruchsfreiheit zu bestehenden DIN-Normen geprüft.

Allgemeiner Nutzen: Der Nutzen für alle steht über dem Vorteil einzelner; gesamtgesellschaftliche Ziele werden berücksichtigt.

Sachbezogenheit: DIN-Normen sollen ein Spiegelbild der Wirklichkeit sein. Definitionsgemäß müssen in technischen Normen Fragen des Gemeinwohls einbezogen werden. Die Normen sollen deshalb nicht nur das technisch Machbare, sondern auch das gesellschaftlich Akzeptierte widerspiegeln.

Ausrichtung am Stand der Wissenschaft und Technik: Die Normung orientiert sich an wissenschaftlichen Erkenntnissen und dem Stand der Technik. Die erarbeiteten Normen sorgen damit für die schnelle Umsetzung neuer Erkenntnisse und für die Dokumentation des Standes der Technik.

Marktrelevanz: Es soll nur das genormt werden, wofür ein Bedarf besteht. Die Normung ist kein Selbstzweck.

Internationalität: Die Normungsarbeit des DINs in Deutschland unterstützt die Ziele eines von technischen Hemmnissen freien Welthandels und des gemeinsamen Marktes in Europa.

Kartellrechtliche Unbedenklichkeit: Aufgrund der Arbeitsweise sowie der Festlegungen in der Satzung und den internen Verfahrensregeln ist die Arbeit des DINs kartellrechtlich unbedenklich.

Akzeptanz: Durch die Beteiligung aller interessierten Kreise und das Konsensverfahren genießen DIN-Normen im gewerblichen und staatlichen Bereich sowie bei Verbrauchern Akzeptanz und Vertrauen.

Legitimation: Die Erweiterung der konsensbasierten Normung durch Einsprüche, Schlichtungs- und Schiedsverfahren verschafft der Normung eine Legitimation und Wertschätzung, z. B. im Bereich des Arbeits-, Umwelt- und Gesundheitsschutzes.

Entsprechend ist eine Norm (nach DIN EN 45020)[4] ein „Dokument, das mit Konsens erstellt und von einer anerkannten Institution angenommen wurde und das für die allgemeine und wiederkehrende Anwendung Regeln, Leitlinien und Merkmale für Tätigkeiten

[4] DIN EN 45020:2007-03: *Normung und damit zusammenhängende Tätigkeiten – Allgemeine Begriffe.*

oder deren Ergebnisse festlegt, wobei ein optimaler Ordnungsgrad in einem gegebenen Zusammenhang angestrebt wird.“ In diesem Sinne wird oftmals auch zwischen einer „Norm“ und einem „Standard“ unterschieden. Bei dieser Unterscheidung genügt ein Standard im Vergleich zu einer Norm, die den Konsens aller interessierten Kreise beinhaltet, geringeren Anforderungen bezüglich des Konsenses und des öffentlichen Einspruchsverfahrens.

7.3 Ergebnisse der Normung

Im Folgenden werden einige Ergebnisse der Normung mit Beispielen aus dem Bereich der Filtrationstechnik näher beleuchtet.

7.3.1 Terminologie

Jedes Fachgebiet hat seine Fachsprache mit speziellen Benennungen und Begriffen. Im Zusammenhang mit der Normung werden Begriffe und physikalische Größen erklärt bzw. ggf. auch mit Gleichungen definiert. Außerdem werden Bauteile und Systeme benannt. Die breit anerkannten Definitionen und Benennungen in Normen sorgen u. a. für Klarheit bei der Kommunikation, der Korrespondenz und in Verträgen. Infolge der internationalen Normungsaktivität werden auch adäquate Übersetzungen in andere Sprachen festgelegt.

7.3.2 Anforderungsprofile und Testprozeduren

In einigen Normen werden (Mindest-)Anforderungen an Apparate festgelegt. So z. B. Anforderungen an Filter für bestimmte Anwendungen. Diese Normen dienen in erster Linie zum Beleg der Leistungsfähigkeit eines Produktes gegenüber Kunden und in zweiter Linie zu Sicherung der Produktqualität bei der Fertigung. Bei Filtern für eine bestimmte Anwendung ist mit der Normung oft auch eine Einteilung in verschiedene Filterklassen verbunden. Ein Beispiel hierfür ist die Norm DIN EN ISO 16890[5] zu Luftfiltern für die allgemeine Raumlufttechnik. In einem solchen Fall bietet die Normung auch eine Orientierung bei der Filterauswahl.

Mit der Normung von Anforderungen ist in der Regel auch eine Normung von Testprozeduren verbunden, mit denen die Erfüllung der Anforderungen überprüft werden kann. Bei den Tests werden z. B. bei Filtern der Abscheidegrad, oftmals auch in Form von

[5] DIN EN ISO 16890-1:2017-08: Luftfilter für die allgemeine Raumlufttechnik – Teil 1: Technische Bestimmungen, Anforderungen und Effizienzklassifizierungssystem, basierend auf dem Feinstaubabscheidegrad (ePM) (ISO 16890-1:2016); Deutsche Fassung EN ISO 16890-1:2016.

Fraktionsabscheidegraden, und der zeitliche Verlauf des Druckabfalls bestimmt. Die ermittelten Werte beziehen sich auf die jeweiligen Testbedingungen. Aufgrund dieser standardisierten Tests wird garantiert, dass Filter verschiedener Hersteller die Mindestanforderungen erfüllen. Meist ist mit der Erfüllung der Anforderungen auch eine einheitliche Kennzeichnung der Filter verbunden.

Die Bedingungen bei der Prüfung und die dabei ermittelten Ergebnisse weichen oft sehr stark von denen im realen Einsatz ab. So können z. B. die Ergebnisse eines Filtertests mit einer Testsuspension bzw. einem Testaerosol meist nicht zur Auslegung eines Filters für den praktischen Einsatz herangezogen werden. Die Ursache hierfür ist insbesondere auf die Unterschiede zwischen den jeweils verwendeten Stoffsystemen zurückzuführen.

7.3.3 Vergleichbare Ermittlung von Parametern zur Auslegung

Bei der Auslegung von Anlagen müssen die speziellen Anforderungen sowie die jeweiligen spezifischen Gegebenheiten am Einsatzort berücksichtigt werden. So können viele für eine Auslegung notwendige Parameter mit der erforderlichen Genauigkeit nur durch Experimente ermittelt werden. Hierzu gehören beispielsweise das Fließverhalten von Suspensionen, die Partikelgrößenverteilung, die spezifischen Widerstände von Filterkuchen und Filtermitteln. Es notwendig, dass solche Versuche unter standardisierten Bedingungen durchgeführt werden.

7.3.4 Rationalisierung

Die Rationalisierung ist eine ständige Aufgabe und beinhaltet u. a. die Optimierung des Arbeits-, Material- und Energieeinsatzes im Zusammenhang mit der Erfüllung von vorgegebenen Zielen. Beim Apparate- und Anlagenbau werden zahlreiche genormte Bauteile und Geräte eingesetzt. Dennoch ist das Potenzial für eine Vereinheitlichung von Bauteilen und Geräten nicht ausgeschöpft, sodass die Normung im Hinblick auf eine Rationalisierung eine ständige Aufgabe darstellt.

So werden z. B. in den Betrieben viele unterschiedlich konfektionierte Filtereinheiten, in Form von Filterkerzen, Filterscheiben, Beutel- oder Taschenfiltern, in passenden Filtergehäusen eingebaut. Die Filtergehäuse sind in der Regel Druckbehälter, welche die Druckgeräterichtlinie erfüllen müssen. Zur vereinfachten Planung und zum Austausch der Filtereinheiten innerhalb von Anlagen sind die Einbaumaße der Gehäuse oftmals genormt, so dass Filtergehäuse unterschiedlicher Anbieter ausgewählt werden können. Das bedeutet jedoch nicht, dass auch die Maße im Gehäuse gleich sind. Aufgrund technischer und vertriebsorientierter Überlegungen werden auch bei genormten Anschlussmaßen der Gehäuse, von vielen Anbietern Gehäuse und die austauschbaren Filtereinheiten derart aufeinander abgestimmt, dass nur Filterelemente eines Herstellers verwendet werden können. Eine Überlegung dabei ist, dass beim Kauf eines Gehäuses auf diese Weise eine

Kundenbindung über die Betriebszeit des Filters gewährleistet wird. Dieser „Wettbewerberschutz" soll sicherstellen, dass in einem Gehäuse nur die dafür vorgesehenen Filterelemente eines Herstellers verwendet werden können. Es hat sich allerdings gezeigt, dass auf diese Weise ein effektiver Schutz vor Wettbewerbern nicht gewährleistet werden kann, da die jeweiligen Passformen einfach nachzubauen sind. Aufgrund des Wettbewerbes bieten daher meist auch andere Anbieter entsprechende passende Filtereinheiten an. Das führt dazu, dass wegen der vielen unterschiedlichen Anschlussmaße im Inneren der Gehäuse, für gleiche Anwendungen viele verschiedene Ausführungsformen existieren. Bei solchen Filtern besteht beispielsweise ein großes Potenzial zur Vereinheitlichung durch eine Normung und damit zur Rationalisierung, von der sowohl die Lieferanten als auch die Anwender profitieren würden.

7.3.5 Anerkannte Regeln der Technik

Nach EN 45020[6] beinhalten „anerkannte Regeln der Technik" technische Festlegungen, die von einer Mehrheit repräsentativer Fachleute als Wiedergabe des Standes der Technik angesehen wird. Dank den zuvor beschriebenen Grundsätzen zur Normung und ihrer Beachtung wird allgemein davon ausgegangen, dass Normen anerkannte Regeln der Technik sind. Dabei kann es sich um die Auslegung und Dimensionierung von Bauteilen und ihre Prüfung, oder um die Inbetriebnahme, den Betrieb und die Instandhaltung von Anlagen handeln.

Solche Normen bilden einen Maßstab für angemessenes und gutes technisches Verhalten. Dieser Aspekt ist auch im Rahmen der Rechtsordnung von Bedeutung. Die Anwendung bzw. Berücksichtigung von Normen ist grundsätzlich freiwillig. Eine Anwendungspflicht kann sich jedoch aufgrund von einem Verweis in Rechts- oder Verwaltungsvorschriften ergeben. Auch in Verträgen kann auf Normen Bezug genommen werden. Bestimmte Normen müssen dann angewendet werden, wenn dies so von den Vertragspartnern vereinbart wurde.

7.3.6 Sicherheit und Verbraucherschutz

In viele Normen sind sicherheitstechnische Festlegungen enthalten. Hierzu gehören u. a.

- Angaben zu messbaren physikalischen Größen, die einzuhalten sind,
- Angaben zur Ermittlung von sicherheitsrelevanten Parametern,
- Angaben zu Prüfungen und Prüfhäufigkeiten,
- Vorgaben zur sicherheitstechnischen Ausführung von Bauteilen und Anlagen,
- Ausführung von Schutzmaßnahmen.

[6] DIN EN 45020:2007-03: Normung und damit zusammenhängende Tätigkeiten – Allgemeine Begriffe.

Mit sicherheitstechnischen Festlegungen soll erreicht werden, dass ein Grenzrisiko im Rahmen eines technischen Konzeptes, z. B. beim Betrieb einer Maschine oder einer Anlage, nicht überschritten wird. Dadurch wird die Wahrscheinlichkeit, dass ein Schaden entsteht wesentlich verringert. Andere sicherheitstechnische Festlegungen haben das Ziel, das Ausmaß eines Schadens einzuschränken. Die Einhaltung mancher genormter Festlegungen sichert auch die Gebrauchstauglichkeit von Produkten. Sie dienen dann auch dem Verbraucherschutz.

7.4 Normungsorganisationen

Das Ausarbeiten und Inkraftsetzen von Normen, d. h. die Normung selber, ist Aufgabe von Normungsorganisationen. Sie entwickeln Normen unter Berücksichtigung von nationalen und internationalen Regeln und des Standes der Technik und Wirtschaft. Nach der Inkraftsetzung werden die Normen dann als Standard (Regel, Maßstab, Richtschnur, Qualitäts- oder Leistungsniveau) anerkannt. Voraussetzung für diese Anerkennung ist, dass die im Abschn. 7.2 aufgeführten Grundsätze bei der Erarbeitung eingehalten werden.

7.4.1 Deutsches Institut für Normung (DIN)

In Deutschland werden Normen hauptsächlich vom Deutschen Institut für Normung e. V. (DIN) mit Sitz in Berlin erarbeitet. Auf Grund des Normenvertrages von 1975 mit der Bundesrepublik Deutschland ist das DIN als nationale Normungsorganisation in den europäischen und internationalen Normungsorganisationen vertreten und als die nationale Normungsorganisation anerkannt. Das Institut wurde 1917 gegründet und mehrmals umbenannt. Der heutige Name wurde 1975 im Zusammenhang mit dem zwischen der Organisation und der Bundesrepublik Deutschland abgeschlossenen Normenvertrag gewählt. Das Deutsche Institut für Normung ist ein eingetragener Verein. Er wird privatwirtschaftlich getragen und bei seinen Normungsaktivitäten von der Bundesrepublik Deutschland als einzige nationale Normungsorganisation unterstützt (Internet: www.din.de).

Aufgrund der globalisierten Wirtschaft und technischen Entwicklung ist die Normungsarbeit des DINs international ausgerichtet. In Arbeitsausschüssen werden die „DIN-Normen“ nach den in DIN 820 festgelegten Grundsätzen erarbeitet (siehe Abschn. 7.2). Das Institut bietet den interessierten Kreisen (u. a. Hersteller, Handel, Industrie, Wissenschaft, Verbraucher, Behörden) ein Forum, um im Konsensverfahren DIN-Normen zu erarbeiten.

Das Deutsche Institut für Normung arbeitet in den internationalen und europäischen Normungsgremien (z. B. ISO und CEN) mit, um den internationalen freien Warenverkehr zu fördern. Es organisiert die Eingliederung internationaler Normen in das deutsche Normenwerk. DIN-Normen werden über den Beuth-Verlag, einem Tochterunternehmen der DIN-Gruppe, kostenpflichtig vertrieben. Der Verlag vertreibt auch Normen anderer Organisationen.

7.4.2 Europäische Normungsorganisationen

In Abschn. 6.2.4 wurde die Bedeutung der „Europäischen Normen (EN)“ erläutert. Zuständig für die Erstellung und Herausgabe von EN-Normen für den Maschinen- und Anlagenbau ist das Europäische Komitee für Normung (CEN, Internet: www.cen.eu). Darin haben sich die nationalen Organisationen für den Maschinen- und Anlagenbau zusammengeschlossen. Daneben wurden ein Europäisches Komitee für Elektrotechnische Normung (CENELEC) und ein Europäisches Telekommunikation-Standard-Institut (ETSI) eingerichtet.

7.4.3 Internationale Organisation für Normung (ISO)

Die Internationale Organisation für Normung (ISO) ist die internationale Vereinigung von Normungsorganisationen (Internet: www.iso.org). Sie wurde aus Vorläuferorganisationen 1946 gegründet. Mittlerweile sind über 150 Länder in der ISO vertreten. Jedes Mitglied vertritt ein Land, wobei es aus jedem Land auch nur ein Mitglied gibt. Deutschland ist durch das Deutsche Institut für Normung e. V. (DIN) in der ISO vertreten.

7.5 Weitere Richtlinien erarbeitende Organisationen

Auch andere Organisationen erarbeiten Normen und Richtlinien, die den Anlagenbau betreffen. Dazu gehören u. a.:

Verein Deutscher Ingenieure (VDI)
Der 1856 gegründete Verein Deutscher Ingenieure (VDI) ist mit mehr als 150.000 Mitgliedern die größte Vereinigung von Ingenieuren und Naturwissenschaftlern in Deutschland (Internet: www.vdi.de). Der Verein vertritt die Interessen seiner Mitglieder in Politik und Gesellschaft. Er leistet in den zahlreichen Fachgremien technisch-wissenschaftliche Arbeit, u. a. auch auf dem Gebiet der Normung. So werden innerhalb seiner Organisation in Arbeitsausschüssen VDI-Richtlinien erarbeitet.

Arbeitsgemeinschaft Druckbehälter (AD)
Die „Arbeitsgemeinschaft Druckbehälter (AD)“ erstellt die so genannten AD-Merkblätter. Sie beinhalten allgemein anerkannte Regeln der Technik für Druckbehälter und Rohrleitungen und deren Ausrüstungsteile. Sie enthalten sicherheitstechnische Anforderungen und Berechnungen, welche die Werkstoffe, Ausrüstung, Aufstellung, Kennzeichnung sowie Herstellung und Prüfung betreffen.

Träger und Mitglieder der „Arbeitsgemeinschaft Druckbehälter" sind die nachstehend aufgeführten Verbände (AD-Verbände):

- Fachverband Dampfkessel-, Behälter- und Rohrleitungsbau e. V. (FDBR), Düsseldorf
- Hauptverband der gewerblichen Berufsgenossenschaften e. V., St. Augustin
- Verband der Chemischen Industrie e. V. (VCI), Frankfurt/Main
- Verband Deutscher Maschinen- und Anlagenbau e. V. (VDMA), Fachverband Verfahrenstechnische Maschinen und Apparate, Frankfurt/Main
- Stahlinstitut VDEh, Düsseldorf
- VGB PowerTech e. V., Essen
- Verband der TÜV e. V., Berlin

Federführender Verband ist der Verband der TÜV e. V. (VdTÜV), der zugleich die Aufgaben der Geschäftsstelle übernimmt (Internet: www.vdtuev.de).

Deutscher Verband für Schweißen und verwandte Verfahren e. V. (DVS)
Der DVS – Deutsche Verband für Schweißen und verwandte Verfahren e. V. ist ein technisch-wissenschaftlicher Verband für die Belange rund um das Fügen, Trennen und Beschichten. In 200 Arbeitsgruppen wurden von ehrenamtlich tätigen Experten der Füge-, Trenn- und Beschichtungstechnik DVS-Merkblätter und DVS-Richtlinien erarbeitet. Das DVS-Regelwerk beinhaltet über 500 Merkblätter und Richtlinien und dokumentiert den Stand der Technik für die Branche. Internet: www.dvs-regelwerk.de.

Deutsche Vereinigung für Wasserwirtschaft, Abwasser und Abfall (DWA)
Der Zweck des Vereins ist, die Wasser- und Abfallwirtschaft zu fördern und die auf diesen Gebieten tätigen Fachleute zusammenzuführen (Internet: www.dwa.de). Er setzt sich darüber hinaus für eine nachhaltige Wasserwirtschaft und für die Förderung von Forschung und Entwicklung ein. Er erarbeitet in diesem Zusammenhang auch Arbeits- und Merkblätter.

Deutscher Verein des Gas- und Wasserfaches (DVGW)
Der Deutsche Verein des Gas- und Wasserfaches e. V. wurde 1859 gegründet und versteht sich als Branchenverband der deutschen Gas- und Wasserwirtschaft (Internet: www.dvgw.de). Er befasst sich auch mit technisch-wissenschaftlichen Fragen der Gas- und Wasserversorgung und erarbeitete das so genannte DVGW-Regelwerk und passt dies an die technische Entwicklung an. Die DVGW-Regeln sind oft Vorläufer von nationalen und internationalen Normen.

Verband Deutscher Maschinen- und Anlagenbau (VDMA)
Der Verband Deutscher Maschinen- und Anlagenbau e. V. (VDMA) ist ein Verband von Unternehmen der Investitionsgüterindustrie (Internet: www.vdma.org). Innerhalb des Verbandes haben sich Fachabteilungen gebildet. Sie erarbeiten die so genannten VDMA-Einheitsblätter.

ASTM International
Die ASTM International ging 2001 aus der „American Society for Testing and Materials" hervor und versteht sich heute als eine internationale Organisation für Standardisierung (Internet: www.astm.org). Ihr Sitz ist in West Conshohocken in Pennsylvania (USA). Sie erarbeitet und veröffentlicht technische Standards für Produkte, Prüf- und Analysemethoden. Sie wurde 1898 im Zusammenhang mit dem Bau von Eisenbahnen gegründet. Die ersten Normen betrafen die Qualität von Stählen und später auch von Zement und Beton. Heute umfasst das Annual Book of ASTM Standards (Jahrbuch der ASTM-Normen) 81 Bände und mehr als 12000 ASTM-Normen. Mitglieder der Organisation sind Hersteller und Anwender von Produkten sowie Regierungen und Personen in mehr als 120 Ländern.

American Society of Mechanical Engineers (ASME)
Die American Society of Mechanical Engineers (ASME) ist ein Berufsverband der Maschinenbauingenieure in den USA mit Sitz in New York City, der 1880 gegründet wurde (Internet: www.asme.org). Die Funktion des ASME in den USA ist vergleichbar mit den Aufgaben des Vereins Deutscher Ingenieure (VDI) in Deutschland. Der Verband erarbeitet technische Richtlinien und zertifiziert Unternehmen gemäß dem veröffentlichten ASME-Regelwerk. Im Druckbehälterbereich wird der ASME Boiler und Pressure Vessel Code (ASME BPVC) alle zwei Jahre neu herausgegeben. In vielen Ländern der Welt werden ASME Codes verwendet. Die Anwendung dieser technischen Richtlinien ist deshalb auch für deutsche Firmen wichtig, um Waren und Dienstleistungen global exportieren zu können. Auch zur Erfüllung der europäischen Druckgeräterichtlinie kann der ASME Code als Grundlage dienen. Apparate, die sowohl europäischen als auch amerikanischen Richtlinien entsprechen, können weltweit angeboten werden.

In Einzelfällen sind auch technische Regelwerke weiterer nationaler Organisationen zu berücksichtigen, wie z. B. in Frankreich dem „Code de construction des appareils à pression non soumis à la flamme" (CODAP) und in Großbritannien dem „British Standard" (BS).

Werkstoffe und Werkstoffauswahl 8

8.1 Werkstoffgruppen der Apparatetechnik

Dem Anlagen- und Apparatebau stehen eine Vielzahl von Werkstoffen zur Verfügung, die in folgende Gruppen eingeteilt werden können [1,2]:

- *Metalle:*
  - Eisenmetalle (Stahl, Gusswerkstoffe)
  - Nichteisenmetalle
- *Nichtmetalle:*
  - organische Werkstoffe (Natur- und Kunststoffe)
  - anorganische nichtmetallische Werkstoffe (z. B. Keramik, Glas, Grafit)
- *Verbundwerkstoffe*
  - Kombination aus Werkstoffen mehrerer Werkstoffgruppen

8.2 Auswahlkriterien für Werkstoffe

Zur Beurteilung der zahlreichen Werkstoffe im Hinblick auf ihre Verarbeitung und Verwendung müssen ihre Eigenschaften bei den jeweiligen vorgesehenen Betriebsbedingungen bekannt sein. Auf dieser Basis kann der planende Ingenieur seine Auswahl treffen. Bei der Auswahl der Werkstoffe sind u. a. die folgenden Gesichtspunkte zu berücksichtigen:

S. Ripperger, K. Nikolaus, *Entwicklung und Planung verfahrenstechnischer Anlagen*, VDI-Buch, https://doi.org/10.1007/978-3-662-60427-4_8

- Festigkeit und andere physikalische Eigenschaften,
- Funktionstauglichkeit bei den Prozessbedingungen (Temperatur, Temperaturwechsel, chemischer Angriff, Korrosion, Abrasion),
- Entwicklungsstand und bekannte Erfahrungen,
- Verarbeitbarkeit (technologische Eigenschaften),
- Wirtschaftlichkeit (Preis),
- Sicherheit (ausreichend hohe Duktilität und Zähigkeit gemäß den Sicherheitsanforderungen der Druckgeräterichtlinie, siehe Abschn. 6.2.8.5),
- Wiederverwertbarkeit bzw. Entsorgung.

8.2.1 Mechanische Kennwerte

Festigkeitskennwerte kennzeichnen den mechanischen Widerstand, den ein Werkstoff einer Formänderung entgegensetzt. Sie kennzeichnen die Beanspruchbarkeit von Bauteilen und werden experimentell anhand von Proben ermittelt. Je nach Werkstoff, Verarbeitung und Werkstoffzustand, Temperatur, Belastung und Belastungsgeschwindigkeit werden unterschiedliche Festigkeitskennwerte bestimmt. Bei einem Zugversuch nach DIN EN ISO 6892-1 können aus einem Spannungs-Dehnungs-Diagramm die Bruchfestigkeit (Zugfestigkeit R_m) und die Fließgrenze (Dehngrenze R_p, Streckgrenze R_e) bestimmt werden [3]. Bei der Ermittlung der zugehörigen Spannungen σ wird die senkrecht zum Querschnitt wirkende Kraft F auf den Ausgangsquerschnitt A bezogen:

$$\sigma = \frac{F}{A} \tag{8.1}$$

Die Zugfestigkeit R_m ist die Zugspannung, die zum Bruch führt. Die Streckgrenze R_e ist die Zugspannung, bei der die plastische Verformung gerade beginnt. Die Dehngrenze R_p ist die Zugspannung, bei welcher die Grenze der elastischen Dehnung um eine festgelegte Toleranzgrenze überschritten und eine vernachlässigbar geringe plastische Dehnung bereits erfolgt ist. Die Dehngrenze R_p wird anstatt der Streckgrenze R_e als Festigkeitskennwert eingesetzt, wenn die Streckgrenze durch einen gekrümmten Kurvenverlauf zwischen dem elastischen und elastisch-plastischen Bereich im Spannungs-Dehnungs-Diagramm nicht genau ermittelt werden kann. Bei metallischen Werkstoffen, die im allgemeinen keine ausgeprägte Streckgrenze aufweisen, wird anstatt der Streckgrenze R_e in der Regel die 0,2 %-Dehngrenze $R_{p0,2}$ und damit eine exakt bestimmbare plastische Verformung von 0,2 % als Toleranzgrenze zugelassen und die zugehörige Zugspannung als Festigkeitskennwert berücksichtigt.

Im Hinblick auf die Festigkeit eines Werkstoffs muss auch dessen Zeitstandverhalten berücksichtigt werden, das insbesondere bei hohen Betriebstemperaturen das Werkstoffverhalten beeinflusst. Bei Stählen beobachtet man ab ca. 400 °C, dass die Festigkeit unter Belastung mit der Zeit abnimmt. Der Vorgang geht mit einem Kriechen des Werkstoffs einher, bei dem durch relativ geringe mechanische Spannungen unterhalb der Streckgrenze eine irreversible plastische Verformung auftritt, die langsam, aber stetig voranschreitet. Die Ermittlung des Kriechverhaltens erfolgt mit Zeitstandversuchen nach DIN EN 10291. Im Zeitstandversuch wird eine Probe statisch unter konstanter hoher Temperatur belastet und dabei die Verlängerung der Probe durch plastische Verformung über der Zeit gemessen. Aus dieser plastischen Verformung lässt sich die Kriechdehnung ermitteln (Kriechkurve). Beim Bruch der Probe ergibt sich die Zeitstandfestigkeit, die als Festigkeitskennwert zu berücksichtigen ist. Die Zeitstandfestigkeit $R_{m,t,\vartheta}$ ist die Spannung, die der Werkstoff bei der Temperatur ϑ für die Beanspruchungszeit t bis zum Versagen erträgt.

Neben den Festigkeitskennwerten spielen auch die Verformungskennwerte der Werkstoffe eine wichtige Rolle. Die Dehnung ε kann allgemein über das Verhältnis der Längenänderung Δl unter einer Belastung zur Ausgangslänge l_0 beschrieben werden:

$$\varepsilon = \frac{\Delta l}{l_0} = \frac{l - l_0}{l_0} \tag{8.2}$$

Die Bruchdehnung A ist die bleibende Längenänderung der Probe (Längsdehnung) nach dem Bruch bezogen auf die ursprüngliche Probenlänge. Die Bruchdehnung charakterisiert damit die Verformungsfähigkeit oder Zähigkeit eines Werkstoffs. In den Sicherheitsanforderungen der Druckgeräterichtlinie wird eine hohe Bruchdehnung A des Werksstoffs von ≥ 14 % gefordert, da die Verformungsfähigkeit des Werksstoffs eine erhöhte Sicherheit gegen das Versagen durch Bruch impliziert.

In Bezug auf die Formstabilität der Bauteile wird die Elastizität der Werkstoffe bewertet. Der Elastizitätsmodul E kennzeichnet das elastische Verformungsvermögen eines Werkstoffs. Er gibt das Verhältnis aus Zugspannung und Längsdehnung im elastischen Bereich des Spannungs-Dehnungs-Diagramms wieder. In diesem Bereich sind die Dehnung und die Spannung einander proportional (Hookesches-Gesetz).

$$E = \frac{\sigma}{\varepsilon} \tag{8.3}$$

Bei der elastischen Dehnung eines runden Stabes mit dem Ausgangsdurchmesser d_0 infolge einer Zugbeanspruchung verringert sich der Durchmesser auf einen Wert d. Der Quotienten aus dieser Querdehnung bzw. Querkontraktion ε_Q und der Längsdehnung ε ergibt einen weitere Elastizitätskonstante ν, den sogenannte Poisson-Koeffizienten bzw. die Poissonsche Querkontraktionszahl:

$$\nu = \frac{\varepsilon_Q}{\varepsilon} = -\frac{\Delta d}{d_0} \cdot \frac{l_0}{\Delta l} = -\frac{(d - d_0)}{d_0} \cdot \frac{l_0}{(l - l_0)} \tag{8.4}$$

Eine Kraftwirkung tangential zu einer Ebene hat eine Schubspannung τ zur Folge. Diese ergibt sich aus der auf die Angriffsfläche A bezogene Tangentialkraft F_T zu:

$$\tau = \frac{F_T}{A} \tag{8.5}$$

Dabei wird die Gestalt eines elastischen Festkörpers derart verändert, dass die zur Ebene senkrechte Kante eines würfelförmigen Elements um den Winkel γ gedreht wird. Diese mit dem Winkel γ beschriebene Gestaltänderung (Deformation) wird als elastische Scherung bezeichnet. Zwischen der wirkenden Schubspannung τ und dem Scherwinkel γ besteht bei einer elastischen Deformation analog zum Hookeschen Gesetz Proportionalität:

$$\tau = G \cdot \gamma \tag{8.6}$$

Die Materialkonstante G ist der Schub- bzw. Schermodul.

Bei der mechanischen Auslegung von Bauteilen werden vom Hersteller mindestens einzuhaltende bzw. gewährleistende Festigkeitskennwerte berücksichtigt. Für Flacherzeugnisse aus unlegierten Baustählen sind diese beispielsweise in DIN EN 10025-2 gelistet. Die Mindestzugfestigkeit liegt z. B. beim unlegierten Baustahl S235JR (früher St37-2, Werkstoffnummer 1,0038), welcher häufig im Stahlhochbau verwendet wird, je nach Qualität bei 360 N/mm^2. Seine Mindeststreckgrenze beträgt im kleinsten Wanddickenbereich ($s \leq 16$ mm) 235 N/mm^2, so dass ab dieser Zugbeanspruchung bei einem Bauteil mit einer bleibenden (plastischen) Verformung gerechnet werden muss. Da diese in der Regel nicht auftreten soll, verwendet man bei der mechanischen Auslegung von Bauteilen häufig die Streckgrenze, die daher auch zur Kennzeichnung des Stahls verwendet wird (siehe Abschn. 8.3.1).

Beim Festigkeits- oder Stabilitätsnachweis wird die im Bauteil vorhandene Beanspruchung je nach Belastungsfall mit der Beanspruchbarkeit des Bauteils, die insbesondere durch den Werkstoff bestimmt wird, verglichen. Die Beanspruchbarkeit des Bauteils wird beim Festigkeitsnachweis in der Regel gegen Fließen ermittelt (Streckgrenze), grundsätzlich ist der niedrigste Festigkeitskennwert entscheidend für den Nachweis. Beim Stabilitätsnachweis wird die Beanspruchbarkeit durch eine andere passende kritische Spannung bestimmt (z. B. Beul- oder Knickspannung), die in der Regel wesentlich niedriger als die Elastizitätsgrenze des Werkstoffs liegt.

Zur Erhöhung der Sicherheit werden bei einer technischen Anwendung Sicherheitsfaktoren berücksichtigt, welche die Unsicherheiten bei der Beurteilung der Beanspruchung und die Streuung der Festigkeitskennwerte berücksichtigen. Bei der Festlegung der Sicherheitsfaktoren wird auch der mögliche Schaden beim Versagen des Bauteils miteinbezogen. Da die Werkstoffkennwerte meist im einachsigen Zugversuch ermittelt werden, Bauteile aber oft mehrachsig beansprucht werden, wird auf Basis einer Festigkeitshypothese eine einachsige Vergleichsspannung ermittelt, die dann mit der bekannten Festigkeit des Werkstoffes verglichen werden kann (siehe Abschn. 9.2.2). Die Anwendung der Festigkeitshypothesen unterliegt jedoch vereinfachenden Annahmen, die bei dem Festigkeitsnachweis Unsicherheiten darstellen. All diese Unsicherheiten müssen in den Sicherheitsbeiwerten berücksichtigt werden. Durch die Sicherheitsbeiwerte wird die theoretisch ermittelte Beanspruchbarkeit reduziert und damit eine konservativere Betrachtung des Festigkeits- oder Stabilitätsnachweises berücksichtigt. Nähere Ausführungen zum Festigkeitsnachweis werden in Kap. 9 erläutert.

Eine Vielzahl von Bauteilen in Anlagen unterliegt im Betrieb nicht nur einer statischen Belastung, sondern oftmals auch einer dynamischen Beanspruchung, die durch eine zeitlich veränderliche Belastung hervorgerufen wird. Diese resultiert beispielsweise aus An- und Abfahrvorgängen von Anlagen bzw. Maschinen, aus Stellvorgängen von Armaturen (z. B. Ventilen) und Fluktuationen von Betriebslasten. Periodisch wechselnd beanspruchte Bauteile können bereits bei weitaus geringeren Belastungen als der im statischen Zugversuch ermittelten Zugfestigkeit zu Bruch gehen. Es kann in diesem Fall zu einem Ermüdungsbruch kommen, der nach einer gewissen Zeit der dynamischen Belastung eintritt. Geeignete Kennwerte zur Festigkeitsberechnung bei einer dynamischen Beanspruchung sind die Zeitfestigkeit und die Dauerfestigkeit. Beide Größen können über „Wöhlerkurven" nach einem Schwingfestigkeitsversuch ermittelt werden. Beim Schwingfestigkeitsversuch nach DIN 50100 werden hinsichtlich Werkstoff, Geometrie und Bearbeitung gleichwertige Proben oder Bauteile mit jeweils gleicher Mittelspannung und verschiedenen Spannungsamplituden solange einer meist sinusförmigen Schwingbeanspruchung unterworfen, bis ein Ermüdungsbruch eintritt [3]. Während die Zeitfestigkeit eine Abhängigkeit von der Anzahl der Lastwechsel (ca. 10^4 bis $2 \cdot 10^6$) aufweist, ist die Dauerfestigkeit unter Beachtung der ausgelegten Betriebszeit theoretisch unabhängig von der Anzahl der Lastwechsel (ca. $2 \cdot 10^6$ bis 10^8).

Die Festigkeitseigenschaften der Werkstoffe sind temperaturabhängig, so dass auch dieser Zusammenhang berücksichtigt werden muss. Im Kontext von wechselnden Temperaturen oder großen Temperaturunterschieden innerhalb eines Bauteils müssen bei den Konstruktionen auch die Wärmeausdehnung und die Wärmeleitung der Werkstoffe berücksichtigt werden. Dabei beschreibt der Wärmeausdehnungskoeffizient α das Verhalten eines Werkstoffes bezüglich Veränderungen seines Volumens gegenüber seinem ursprünglichen Volumen bei Temperaturveränderungen und die Wärmeleitfähigkeit λ den Wärmestrom durch den Werkstoff infolge einer Wärmeleitung.

8.2.2 Form- und Umformbarkeit

Die Form- bzw. Umformbarkeit kennzeichnet das Verhalten eines Werkstoffes bei der Formgebung. Durch Umformverfahren, wie z. B. Biegen, Walzen, Pressen und Schmieden, werden die Werkstoffe plastisch verformt, d. h. bleibend verändert. Da Festigkeitswerte mit der Temperatur abnehmen, wird die Umformung meist bei einer erhöhten Temperatur durchgeführt. Die möglichen Belastungen bei einer Umformung werden u. a. durch die Streck- und Bruchgrenze beschränkt.

Auch bei einer spanenden Bearbeitung, z. B. durch Bohren, Fräsen und Schleifen, wird die Temperatur örtlich erhöht. Aufgrund einer ungleichförmigen Temperaturänderung können in den bearbeiteten Bereichen eines Bauteils Gefügeveränderungen im Werkstoff auftreten, die innere Spannungen und einen „Verzug" des Bauteils zur Folgen haben können.

8.2.3 Schweißbarkeit

Die Schweißbarkeit von Stählen hängt insbesondere von deren Kohlenstoffgehalt ab. Ist der Kohlenstoffgehalt < 0,2 % ist der Stahl uneingeschränkt schweißbar, während Stähle mit einem Kohlenstoffgehalt von > 0,25 % nicht zum Schweißen geeignet sind. Die Schweißbarkeit eines Werkstoffes wird zudem vom gewählten Schweißverfahren und den beim Schweißen auftretenden Bedingungen (z. B. Temperaturverteilung im Bauteil) beeinflusst. Generell treten im Zusammenhang mit den hohen lokalen Temperaturunterschieden beim Schweißen innere Spannungen auf, die einen Verzug eines Bauteils verursachen können. Die dabei entstehenden Eigenspannungen können über eine Wärmenachbehandlung (z. B. Spannungsarmglühen) wieder reduziert werden. Zudem können durch ein Vorwärmen des zu schweißenden Bauteilbereiches der Entstehung von Eigenspannungen vorgebeugt werden.

8.2.4 Korrosion und Korrosionsschutz

Korrosion basiert oft auf unerwünschten Reaktionen des Werkstoffes mit Stoffen aus der Umgebung. In Verbindung mit metallischen Werkstoffen ist nach DIN EN ISO 8044 die Korrosion eine Reaktion des Werkstoffes auf seine Umgebung, die eine messbare Veränderung des Werkstoffes bewirkt und zu einer Beeinträchtigung der Funktion eines Bauteils oder eines ganzen Systems führen kann. Bei Metallen tritt Korrosion häufig in Folge von elektrochemischen Reaktionen auf. Dabei handelt es sich vor allem um Redox-Reaktionen unter dem Einfluss von Wasser, Salzlösungen oder Säuren sowie zwischen unterschiedlichen Metallen. Die Erscheinungsformen der Korrosion sind vielfältig und hängen neben dem Werkstoff (Material und Gefüge) auch von den Umgebungsbedingungen ab (Medium, Temperatur, Sauerstoffgehalt, pH-Wert). Je nach Form der Zersetzung und Schädigung unterscheidet man folgende Korrosionserscheinungsformen:

Kontaktkorrosion (Galvanische Korrosion) auch Bimetallkorrosion genannt. Sie tritt dann auf, wenn zwei metallische Werkstoffe unterschiedlicher Zusammensetzung mit einem Elektrolyten elektrisch leitend miteinander verbunden sind. Dabei korrodiert der elektrochemisch weniger edle Kontaktpartner.

Lochfraßkorrosion Diese Art der Korrosion beinhaltet punktförmige Korrosionsstellen in der Oberfläche von Metallen mit einer Passivschicht (schützende Oxidschicht), die sich unter dieser Schicht erheblich ausweiten können. Diese Art der Korrosion bleibt wegen der geringen Ausdehnung an der Oberfläche oft lange unbemerkt.

Flächenkorrosion beinhaltet die kombinierte Einwirkung einer elektrochemischen Korrosion und mechanischen Kräften, ausgelöst durch ein strömendes Medium (z. B. durch Kavitation oder Abrasion).

Spannungsrisskorrosion Man versteht darunter intergranulare Korrosionserscheinungen, die durch das Zusammenwirken von chemischem Angriff und inneren oder äußeren

Materialspannungen (auch Wechselspannungen) ausgelöst werden. Sie führen oft zu Brüchen, ohne dass ein erkennbarer Materialabtrag vorliegt.

Spaltkorrosion tritt auf, wenn z. B. in einem Spalt oder unter einer Schmutzschicht Konzentrationsunterschiede in eine1m nicht bewegten Elektrolyten auftreten. In einer solchen Konzentrationszelle kann der Kontaktpartner an der Seite mit der höheren oder niedrigeren Konzentration korrodieren.

Interkristalline Korrosion tritt unter bestimmten Bedingungen bei einigen Werkstoffen entlang der Korngrenzen auf (Korngrenzkorrosion). Man nimmt an, dass z. B. bei einer Wärmebehandlung eine Entmischung innerhalb des Werkstoffes auftreten kann, so dass sich ausgeschiedenen Bestandteile an den Korngrenzen ablagern und somit die Festigkeit reduzieren. Beim Schweißen von nicht rostenden Stählen kann diese Problematik auftreten.

Selektive Korrosion tritt bei Legierungen auf, wenn ein Bestandteil aus der festen Lösung von dem Fluid bevorzugt herausgelöst wird.

Biokorrosion Diese Art der Korrosion entsteht bei einigen Werkstoffen insbesondere dann, wenn sie von Biofilmen besiedelt werden. Die Stoffwechselaktivität der Mikroorganismen kann beispielsweise den pH-Wert, das Redoxpotenzial, die Sauerstoffkonzentration und andere korrosionsrelevante Parameter verändern, wodurch eine beschleunigte Korrosion von Werkstoffen ausgelöst werden kann. In Biogasanlagen werden z. B. auch Schwefelwasserstoff und als Folgeprodukte schwefelige Säure und Schwefelsäure gebildet, wodurch vielfach Korrosionsschäden verursacht werden.

Im Kontakt mit atomarem Wasserstoff wird bei einigen Metallen, u. a. auch bei Stählen, eine deutliche Reduktion der Festigkeitsparameter festgestellt. Ursache ist die Diffusion des Wasserstoffs in den Werkstoff und seine Einlagerung innerhalb der Kristallstruktur. Es kommt zur sogenannten Wasserstoffversprödung, die bei einer entsprechenden Krafteinwirkung den Sprödbruch eines Bauteils verursachen kann.

Die wirkungsvollste Maßnahme, um negative Veränderungen durch Korrosion oder andere negative Veränderungen der Bauteile zu vermeiden, ist eine geeignete Werkstoffauswahl. Aus wirtschaftlichen Gründen ist es jedoch nicht immer sinnvoll das ganze Bauteil aus dem Werkstoff mit der optimalen Korrosionsbeständigkeit zu fertigen. Oft besteht die Möglichkeit einen kostengünstigeren Werkstoff zu verwenden, dessen produktberührten Oberflächen dann durch geeignete Beschichtungen vor Korrosion geschützt werden (siehe hierzu Abschn. 8.10).

8.2.5 Abrasion und Erosion

Als Abrasion bezeichnet man im Bereich der Technik den gewollten oder ungewollten Materialabtrag durch einen schleifenden Partikelkontakt, durch Scheuern oder Strahlen. Erosion ist der Oberbegriff und schließt auch noch zusätzliche andere Mechanismen zum Abtrag von festem Material mit ein, z. B. der Abtrag durch einen chemischen Angriff.

8.2.6 Anforderungen im Hinblick auf die Produkte

Neben dem Einfluss des zu behandelnden Produktes auf den Werkstoff muss in vielen Bereichen der Verfahrenstechnik auch darauf geachtet werden, dass das Produkt, das mit dem Werkstoff in Kontakt kommt, nicht von ihm nachteilig beeinflusst wird. In der Biotechnologie, Pharmazie, Lebensmitteltechnik und Chemie werden überwiegend nichtrostende Stähle eingesetzt (siehe Abschn. 8.3.2). Auch Kunststoffe (siehe Abschn. 8.6) werden, wenn möglich verwendet, wobei im Bereich der Life Sciences spezielle Anforderungen im Hinblick auf eine Produktbeeinflussung beachtet werden müssen.

8.2.7 Anforderungen an Werkstoffe beim Bau von Druckgeräten

Nach Anhang 1 der Druckgeräterichtlinie (DGRL) müssen die zur Herstellung von Druckgeräten verwendeten Werkstoffe, falls sie nicht von Zeit zu Zeit ersetzt werden sollen, für die gesamte vorgesehene Lebensdauer geeignet sein. Für Werkstoffe drucktragender Teile gelten folgende Regelungen:

- Sie müssen Eigenschaften besitzen, die allen nach vernünftigem Ermessen vorhersehbaren Betriebs- und Prüfbedingungen entsprechen, und so ausgewählt werden, dass es nicht zu einem Sprödbruch kommt. Daher müssen sie eine ausreichend hohe Duktilität und Zähigkeit vorweisen (Bruchdehnung $\geq$14 % und Kerbschlagarbeit bei tiefster Betriebstemperatur und höchstens 20 °C $\geq$ 27 J). Damit soll gewährleistet werden, dass das Druckgerät im Überlastungsfall vor dem Bruch eine deutlich sichtbare plastische Verformung zeigen kann und dadurch auch eine „plastische Reserve" vor dem Bruch besitzt. Muss aus bestimmten Gründen ein spröder Werkstoff verwendet werden, so sind entsprechende Maßnahmen zu treffen.
- Sie müssen gegen die in Kontakt kommenden Fluiden in ausreichendem Maße chemisch beständig sein und dürfen durch Alterung nicht wesentlich beeinträchtigt werden.
- Sie müssen für die vorgesehenen Verarbeitungsverfahren geeignet sein.
- Sie müssen so ausgewählt sein, dass bei der Verbindung unterschiedlicher Werkstoffe keine wesentlich nachteiligen Wirkungen auftreten.

Der Hersteller muss in den technischen Unterlagen Angaben zur Einhaltung der Werkstoffvorschriften gemäß DGRL machen. Dies kann in den folgenden Formen geschehen:

- Verwendung von Werkstoffen entsprechend den harmonisierten Normen; diese Werkstoffe werden z. B. für unbefeuerte Druckbehälter in DIN EN 13445-2 aufgeführt, die auf weitere harmonisierte Normen verweist (z. B. DIN EN 10028 und DIN EN 10216/10217).

- Verwendung von Werkstoffen, für die eine europäische Werkstoffzulassung für Druckgeräte gemäß Art. 11 DGRL vorliegt; die Auswahl dieser Werkstoffe ist jedoch sehr begrenzt, da der Zulassungsaufwand sehr hoch ist.
- Einzelgutachten zu den Werkstoffen (nach DIN EN 10204): Bei Druckgeräten der Kategorien III und IV wird das Einzelgutachten von der für die Konformitätsbewertung des Druckgerätes zuständigen notifizierten Stelle durchgeführt. Der Hersteller des Druckgerätes muss für alle Werkstoffe vom Werkstoffhersteller ausgefertigte Unterlagen einholen, durch die eine Übereinstimmung mit einer gegebenen Vorschrift bescheinigt wird. Für die wichtigsten drucktragenden Teile von Druckgeräten der Kategorien II, III und IV erfolgt dies in Form einer Bescheinigung mit spezifischer Prüfung der Produkte (3.1- oder 3.2-Zeugnis). Ähnliche Anforderungen müssen auch bei vielen anderen mechanisch belasteten Bauteilen berücksichtigt werden.

8.3 Stähle

8.3.1 Kennzeichnung und Einteilung

Stähle sind im Apparatebau die am häufigsten verwendeten Werkstoffe. Nach DIN EN 10020 sind Stähle Werkstoffe, deren Massenanteil an Eisen größer ist als der jedes anderen Elements und deren Kohlenstoffgehalt kleiner als 2 Gew.-% ist. Bei höheren Anteilen bildet sich u. a. auch Zementit (Fe_3C), wodurch die Umformbarkeit behindert wird. Kohlenstoff ist ein wichtiges Legierungselement im Stahl. Er liegt entweder elementar oder als Verbindung in Form von Zementit (Fe_3C) vor. In Abhängigkeit vom Kohlenstoffgehalt und der Umgebungstemperatur bilden sich unterschiedliche Phasen, wie Austenit, Ferrit, Martensit, Perlit, Ledeburit und primärer, sekundärer und tertiärer Zementit, die wesentlich das Gefüge und die Stahleigenschaften bestimmen. Die Art und Zusammensetzung der Phasen im Stahl werden für den Gleichgewichtszustand mit dem Eisen-Kohlenstoff-Diagramm beschrieben. Im Allgemeinen wird Stahl mit steigendem Kohlenstoffanteil fester, aber auch spröder. Das Gefüge kann durch den Herstellungsprozess und eine Wärmebehandlung beeinflusst werden. Durch Legieren mit Kohlenstoff und anderen Elementen in Kombination mit thermischen Behandlungen mit oder ohne gleichzeitiger, plastischer Umformung können die Eigenschaften von Bauteilen aus Stahl in einem weiten Bereich gezielt den Bedürfnissen angepasst werden. Stahl kann weich und damit gut verformbar und auch sehr hart und spröde hergestellt werden.

Stähle werden gekennzeichnet durch

- Angabe einer Kurzbezeichnung (Kurzzeichen) und/oder durch
- Angabe einer Werkstoffnummer. Die Kurzbezeichnungen der Stähle sind in DIN EN 10027 festgelegt.

Es werden ca. 2500 verschiedene Stahlsorten hergestellt. Sie werden nach dem Gehalt an Legierungselementen, den Anwendungsgebieten und Eigenschaften in Gruppen eingeteilt.

Einteilung nach dem Gehalt an Legierungselementen
Nach DIN EN 10020 (2000) werden drei Stahlklassen unterschieden:

- unlegierte Stähle,
- nichtrostende Stähle und
- andere legierte Stähle.

Je nach Gehalt an Legierungselementen unterscheidet man:

- unlegierte Stähle,
- niedriglegierte Stähle: Der Gehalt aller Legierungselemente außer Kohlenstoff ist $< 5\,\%$.
- hochlegierte Stähle: Der Gehalt eines der Legierungselemente beträgt mindestens 5 %.

Der Einsatz legierter Stähle ist bei bestimmten Anforderungen notwendig. Zunderbeständigkeit oder besondere physikalische Eigenschaften lassen sich oft nur durch entsprechend hohe Legierungsbestandteile erzeugen.

Einteilung nach Anwendungsgebieten
In zahlreichen Normen werden Stähle für bestimmte Anwendungen spezifiziert. Damit werden auch ihre Einsatzbereiche und Verwendungsmöglichkeiten sowie die Eigenschaften beschrieben. Für den Apparatebau von Bedeutung sind:

- Allgemeine Baustähle (DIN EN 10025)
- Druckbehälterstähle (DIN EN 10028)
- Schweißgeeignete Feinkornbaustähle (DIN EN 10025 und DIN EN 10028)
- Stähle für Rohrleitungen:
  - Nahtlose und geschweißte Rohre für Druckbeanspruchung bei Raumtemperatur (DIN EN 10216 und DIN EN 10217)
  - Stahlrohre für Rohrleitungstransportsysteme der Erdöl- und Erdgasindustrie (DIN EN ISO 3183)
  - Nichtrostende Stahlrohre für den Transport wässriger Flüssigkeiten (DIN EN 10312)
- Säurebeständige Stähle (DIN EN 10088) Warmfeste Stähle und Tieftemperaturstähle (DIN EN 10028, DIN EN 10216, DIN EN 10217):
- Stähle für Betriebstemperaturen > 400 °C Druckwasserstoffbeständige Stähle (DIN EN 10028):

- Diese Stähle wurden speziell für Werkstücke entwickelt, die Wasserstoff ausgesetzt sind, wie zum Beispiel beim Einsatz in der Ammoniaksynthese, der Kohlehydrierung oder der Erdölverarbeitung.
- Stähle für Schweißdrähte (DIN EN ISO 20378)
- Betonstähle (DIN EN 10080)
- Nichtrostende Stähle (DIN EN 10088)

In DIN EN 13445-2 (Werkstoffe für unbefeuerte Druckbehälter) und DIN EN 13480-2 (Werkstoffe für Rohrleitungen) sind die wichtigsten EN-Normen für Stähle im Druckbehälterbau zusammengefasst. Die Tab. 8.1 zeigt die entsprechenden EN-Normen, die den jeweiligen Anwendungsgebieten und besonderen Werkstoffeigenschaften zugeordnet sind. Die genannten EN-Normen enthalten insbesondere Festigkeitskennwerte der einzelnen zugelassenen Stahlsorten bei verschiedenen Betriebstemperaturen und Wandstärken.

In den Tab. 8.2 und 8.3 sind einige Kenngrößen und Stoffdaten von metallischen Werkstoffen, die im Apparatebau eingesetzt werden, aufgeführt.

8.3.2 Nichtrostende Stähle

Nichtrostende Stähle bzw. „Rostfreie Stähle" werden in DIN EN 10088 behandelt. Edelstähle (nach EN 10020) ist eine Bezeichnung für Stähle mit besonderem Reinheitsgrad. Häufig werden auch Markennamen wie NIROSTA (1922 eingetragen für die Fa. Krupp) oder V2A (Bezeichnung der Fa. Krupp aus dem Jahre 1912 für Versuchsschmelze 2, Legierungstyp X5CrNi18-8, Werkstoffnummer 1.4300) benutzt. Danach wurde diese Bezeichnung auch für den verwendeten Legierungstyp X5CrNi18-10, Werkstoffnummer 1.4301 (AISI 304: Bezeichnung nach AISI, American Iron and Steel Institut), verwendet. Dieser austenitische, nichtmagnetische Stahl wird auch heute noch als nichtrostender Stahl häufig verwendet.

Die Korrosionsbeständigkeit der nichtrostenden Stähle wird durch Chromgehalte ≥ 12 % erreicht. Durch den Zusatz von Nickel (≥ 7 %) wandelt sich der Hauptgefüge-Bestandteil der Mikrostruktur von Ferrit zu Austenit. Aufgrund des hohen Chromanteils wird eine schützende, dünne, dichte und fest haftende Passivschicht aus Chromoxid an der Werkstoffoberfläche gebildet. Die Beständigkeit sinkt mit steigendem Kohlenstoffgehalt, da Chrom eine hohe Kohlenstoffaffinität besitzt und sich hartes, sprödes Chromkarbid vorwiegend an den Korngrenzen bildet, zu Lasten des schützenden Chromoxids. Die Korrosionsbeständigkeit kann noch durch weitere Legierungsbestandteile wie Nickel, Molybdän, Mangan, Titan und Niob verbessert werden. Außerdem können damit die Eigenschaften an die Anwendung und die Verarbeitung angepasst werden.

Um die Korrosionsbeständigkeit gegenüber chloridhaltigen Medien, wie z. B. Salzwasser, zu erhöhen, wurden Stähle mit 2 % Mo entwickelt (Legierungstyp X5CrNiMo17-12-2,

Tab 8.1 Europäische Normen für Stähle und Bauteile aus Stahl für Druckbehälter (aus DIN EN 13445-2)

Produktform	Allgemeine Anforderungen	Stähle für Umgebungstemperatur[a]	Warmfeste Stähle	Feinkornstähle			Kaltzähe Stähle	Nichtrostende Stähle
				normalgeglüht	Thermomechanisch behandelt	vergütet		
Blech und Band	EN 10028-1	–	EN 10028-2	EN 10028-3	EN 10028-5	EN 10028-6	EN 10028-4	EN 10028-7
gewalzte Stäbe	–	–	EN 10273	–	–	–	–	EN 10272
nahtlose Rohre	–	EN 10216-1	EN 10216-2	EN 10216-3	–	EN 10216-3	EN 10216-4	EN 10216-5
elektrisch geschweißte Rohre	–	EN 10217-1	EN 10217-2	EN 10217-3	–	–	EN 10217-4	–
Unterpulvergeschweißte Rohre	–	EN 10217-1	EN 10217-5	EN 10217-3	–	–	EN 10217-6	–
Schmelzgeschweißte Rohre	–	–	–	–	–	–	–	EN 10217-7
Formstücke	–	EN 10253-2	EN 10253-2	EN 10253-2	EN 10253-2	EN 10253-2	EN 10253-2	EN 10253-4
Schmiedestücke einschließlich geschmiedeter Stäbe	EN 10222-1	–	EN 10222-2	EN 10222-4	–	–	EN 10222-3	EN 10222-5
Gussstücke	EN 10213	–	EN 10213	–	–	–	EN 10213	EN 10213
Stähle für Verbindungsmittel	–	–	EN 10269	–	–	–	EN 10269	EN 10269

[a]In allen Normen nach dieser Tabelle sind Umgebungstemperaturen angegeben

Tab. 8.2 Anhaltswerte für Kenngrößen von beispielhaften Stählen für den Apparatebau

Eigenschaft		P235GH (1.0345)*			16Mo3 (1.5415)*			X5CrNi18-10 (1.4301)**		
Bruchdehnung A/%		24			22			45		
Elastizitätsmodul E/ GPa bei 20 °C		210			210			200		
Wärmeausdehnungskoeffizient $\beta_T/10^{-6}K^{-1}$ (zw. 20 °C und 100 °C)		12,5			11,1			16,0		
Festigkeit/MPa		$R_{m/\vartheta}$	$R_{p0,2/\vartheta}$	$R_{m/t/\vartheta}$	$R_{m/\vartheta}$	$R_{p0,2/\vartheta}$	$R_{m/t/\vartheta}$	$R_{m/\vartheta}$	$R_{p0,2/\vartheta}$	$R_{m/t/\vartheta}$
ϑ/°C	**s/mm**									
20	**s≤16**	360	235		440	275	-	520	210	-
	16<s≤40		225			270				
50	**s≤16**		227	-		273	-	494	190	-
	16<s≤40		218			268				
100	**s≤16**		214	-		264	-	450	157	-
	16<s≤40		205			259				
150	**s≤16**		198	-		250	-	420	142	-
	16<s≤40		190			245				
200	**s≤16**		182	-		233	-	400	127	-
	16<s≤40		174			228				
250	**s≤16**		167	-		213	-	390	118	-
	16<s≤40		160			209				
300	**s≤16**		153	-		194	-	380	110	-
	16<s≤40		147			190				
350	**s≤16**		142	-		175	-	380	104	-
	16<s≤40		136			172				
400	**s≤16**		133	115		159	-	380	98	-
	16<s≤40		128			156				
450	**s≤16**		-	57		147	217	370	95	-
	16<s≤40		-			145				
500	**s≤16**		-	-		141	84	360	92	-
	16<s≤40		-			139				
550	**s≤16**		-	-		-	-	330	90	-
	16<s≤40		-			-				

$R_{m/\vartheta}$: Zugfestigkeit bei der Temperatur ϑ, $R_{p0,2/\vartheta}$: 0,2 %-Dehngrenze bei der Temperatur ϑ, $R_{m/t/\vartheta}$: Zeitstandfestigkeit bei der Temperatur ϑ und einer Betriebsdauer von t = 200.000 h, s: Wanddicke, Bruchdehnungen und Festigkeitswerte sind jeweils als Mindestwerte zu verstehen, * Werte aus DIN EN 10028-2, ** Werte aus DIN EN 10028-7 und DIN EN 10088-1

Tab. 8.3 Anhaltswerte für Kenngrößen metallischer Apparatebauwerkstoffe bei 20 °C

Eigenschaft	Stahl, Ferrit	Stahl, Austenit	Kupfer	Aluminium	Nickel	Titan
Dichte $\rho/10^3$ kg · m^{-3}	7,9	7,9	8,9	2,7	8,9	4,5
Elastizitätsmodul E/GPa	212	197	132	70	200	110
Wärmeausdehnungskoeffizient $\beta_T/10^{-6}$K^{-1}	11,9	16,8	16,8	23,1	13,0	8,5

Werkstoffnummer 1.4401, AISI 316, alte Bezeichnung der Fa. Krupp V4A). Weit verbreitet sind auch die nichtrostenden Stähle mit den Werkstoffnummern 1.4571 und 1.4435. Diese Stähle entsprechen etwa den amerikanischen Stählen 316Ti und 316L.

Der Stahl mit der Werkstoffnummer 1.4301 ist molybdänfrei und daher weniger gegen Lochfraßkorrosion beständig als molybdänhaltige Stähle (z. B. 1.4401, 1.4404 und 1.4571). Lochfraß entsteht durch eine Beschädigung der Passivschicht durch Kratzer, Fehlstellen oder Einschlüsse. Auch Risse und Spalte als Folge einer mechanischen Beanspruchung, können die Ausbildung einer zusammenhängenden Passivschicht und den Korrosionsschutz beeinträchtigen. Daher ist auch eine hohe Oberflächengüte für den Korrosionsschutz von Vorteil. Bei einer Beschädigung der Oberfläche, muss eine Passivschicht schnell neu gebildet werden. Dies kann durch eine Passivierung erfolgen, welche z. B. eine Spülung mit oxidierenden Lösungen (z. B. Salpeter- oder Phosphorsäure) beinhaltet.

Zum Abschätzen der Korrosionsbeständigkeit eines rostfreien Stahls gegenüber Lochfraß und Spaltkorrosion dient die Wirksumme (auch PRE-Wert; Pitting Resistance Equivalent). Sie ergibt sich aus der Addition des Chromgehalts, des 3,3-fachen Molybdängehalts und des 16-fachen Stickstoffgehaltes (Gehaltsangabe jeweils in Prozent). Je höher dieser Wert ist, desto beständiger ist die Legierung gegen Lochfraß und Spaltkorrosion. Legierungen mit einer Wirksumme über 33 gelten als seewasserbeständig. Hierzu gehören z. B. die Stähle mit der DIN-Kurzbezeichnung X1CrNiMoCuN20-18-7 (Werkstoffnummer: 1.4547) und X2CrNiMnMoN25-18-6-5 (Werkstoffnummer: 1.4565).

Im Praxiseinsatz kann die Schutz- oder Passivschicht mit der Zeit an Chrom verarmen. Die zurückbleibende eisenoxidreiche Oberfläche färbt sich dann langsam rostrot. Man bezeichnet diesen Vorgang als „Rouging". Der Belag kann Partikel freisetzen und ist meist unerwünscht. Diese Eisenoxidbeläge können mit konzentrierten Säuren (z. B. Phosphorsäure ca. 30 % oder Zitronensäure) entfernt werden. Auch unter bestimmten Bedingungen, z. B. in chlorhaltigen Lösungen, können nichtrostende Stähle Korrosionserscheinungen zeigen, wie z. B Lochfraß oder eine Spannungsrisskorrosion (siehe Abschn. 8.2.4). Daher ist die richtige Werkstoffwahl von entscheidender Bedeutung. Oft erreicht man die Beständigkeit in chloridhaltigen Medien durch Zulegieren von mindestens 2 Prozent Molybdän (z. B. X6CrNiMoTi17-12-2, Werkstoffnummer 1.4571, AISI 316Ti).

Wegen der vielen Vorteile, u. a. der guten Umformbarkeit von Blechen, finden nichtrostende Stähle heute eine immer größere Verbreitung in der Industrie, im Haushalt und der Medizin. Ihre Schweißbarkeit nimmt mit abnehmendem Kohlenstoffgehalt zu. Neben den hygienischen Aspekten ist auch die Langlebigkeit der daraus produzierten Teile dafür ein Grund. Bemerkenswert ist auch die antibakterielle Wirkung (oligodynamischer Effekt), nach dem Mikroorganismen die Flächen von nicht rostenden Stählen weniger besiedeln.

Die Kennzeichnung von Schrauben aus rostfreien Stählen erfolgt z. B. mit A2-70. Hierbei steht A2 für die Stahlsorte (A = austenitisch, 2 die Sorte), 70 für 1/10 der Zugfestigkeit von 700 MPa. Im Offshore-Bereich werden Bauteile aus X2CrNiMoN17-13-5 (Werkstoffnummer 1.4439) bevorzugt. Schraubenwerkstoffe aus nichtrostenden Stählen sind mit EN ISO 3506 genormt.

Ni-Cr-Legierungen, die weniger als 50 % Eisen enthalten und noch bessere Eigenschaften bezüglich Korrosions- und Warmfestigkeit haben, werden nicht mehr zu den Stählen gezählt (siehe Abschn. 8.5.3).

Seit der Patenterteilung auf Stähle mit „hoher Widerstandskraft gegen Korrosion" im Jahr 1912 durch die Friedrich Krupp AG in Essen hat die Produktion von rostfreiem Stahl einen gewaltigen Aufschwung genommen. Auslöser für die Entwicklung war u. a. der Apparatebau in der chemischen Industrie. Aus Mangel an geeigneten Stählen im Fall von Syntheseverfahren mit Heißdampf, säurehaltigen Medien und hohen Temperaturen waren viele damalige Reaktoren aus Granit gefertigt bzw. ausgekleidet. Die 1913 anlaufende Ammoniaksynthese nach dem Haber-Bosch-Verfahren konnte nur durch den Einsatz von austenitischen CrNi-Stählen, wie sie bei Krupp ein Jahr zuvor entwickelt wurden, realisiert werden. Die parallele Entwicklung der Stahl- und Chemieindustrie in der Folgezeit war deshalb kein Zufall.

Die Entwicklung bei den nichtrostenden Stählen wurde in den letzten Jahren von einer steigenden Nachfrage und steigenden Preisen geprägt. Besonders der Nickelpreis ist stetig gestiegen. In diesem Zusammenhang wurden die so genannten nichtrostenden Duplex-Stähle entwickelt. Sie erhielten ihren Namen aufgrund ihres zweiphasigen Gefügeaufbaus aus Ferrit und Austenit zu ungefähr gleichen Teilen. Bei diesem Ferrit-Austenit-Verhältnis erreichen sie ihre optimalen Eigenschaften. So z. B. die nichtrostenden Stähle mit den Werkstoffnummern Nr. 1.4462 (Kurzbezeichnung X2CrNiMoN22-5-3), 1.4501 (Kurzbezeichnung X2CrNiMoCuWN25-7-4) und 1.4410 (Kurzbezeichnung X2CrNiMoN25-7-4). Im Vergleich zu anderen nichtrostenden austenitischen Stählen enthalten Duplex-Stähle weniger Nickel (ca. 4 bis 8 %), woraus in der Regel ein günstigeres Preis-Leistungsverhältnis resultiert. Diese Werkstoffe werden u. a. auch im Kontakt mit Wässern mit einem hohen Chloridanteil angewendet und neigen weniger zur Spannungsrisskorrosion.

8.4 Gusseisen

Gusseisen ist eine Eisen-Kohlenstofflegierung mit 2,0 bis 4,5 Gew-% Kohlenstoff und 0,5 bis 3 Gew.-% Silicium. Ein großer Teil des Kohlenstoffs wird in Form von Grafit eingelagert. Aufgrund eines hohen Gehaltes an Zementit kann Gusseisen sehr spröde sein. Es besitzt in der Regel eine vergleichsweise niedrige Zug- jedoch eine hohe Druckfestigkeit.

Durch die Form der Grafiteinlagerung (lamellenartig oder kugelförmig) und Legierungsbestandteile können die Eigenschaften in einem großen Bereich variiert werden. Bei einer kugelförmigen Form der Grafiteinlagerung können Eigenschaften erzielt werden, die denen von Stahl sehr nahe kommen.

8.5 Nichteisenmetalle

8.5.1 Kupfer und Kupferlegierungen

Kupfer ist ein Schwermetall und leitet sehr gut den elektrischen Strom sowie die Wärme. An der Luft geht der Metallglanz verloren und Kupfer wird rotbraun. Durch weitere Verwitterung und Korrosion kann es sich bis zu blaugrün verfärben.

Im Apparatebau wurde Kupfer besonders wegen seiner leichten Formbarkeit und guten Korrosionsbeständigkeit genutzt. Es kann getrieben und leicht verformt werden, so dass auf diese Weise kunstvoll geformte Kessel und Destillierblasen aus Kupfer gefertigt wurden. Heute wird Kupfer im Apparatebau für Armaturen, Kessel, Präzisionsteile, Rohrleitungen und vieles mehr verwendet. Kupfer ist in vielen Umgebungen äußerst beständig, wie z. B. an der Atmosphäre und in Salzwasser. Nicht beständig ist Kupfer gegen oxidierende saure Lösungen. Die mechanischen Eigenschaften von Kupfer werden stark von der Verarbeitung beeinflusst. Wegen seiner sehr guten Wärmeleitfähigkeit eignet es sich auch gut zur Wärmeübertragung.

Die mechanischen und Korrosionseigenschaften können durch Legieren mit anderen Metallen verbessert werden. Kupfer ist in Messing mit Zink, in der Bronze mit Zinn und im so genannten Neusilber mit Zink und Nickel legiert. Diese Legierungen werden wegen ihrer guten Eigenschaften, wie Korrosionsbeständigkeit und Verarbeitbarkeit, vielfältig eingesetzt. Neusilber ist silberweiß, da die kupfereigene Farbe durch den hohen Nickelanteil verschwindet.

Man unterscheidet Knetlegierungen (Messing und Neusilber) und Gusswerkstoffe (Rotguss, Bronzen). Die jeweilige Schmelztemperatur hängt vom Mischungsverhältnis ab. Knetlegierungen werden durch plastisches Umformen (Warmumformen: Walzen, Schmieden usw. oder Kaltumformen: Drahtziehen, Hämmern, Kaltwalzen, Tiefziehen usw.) in die gewünschte Form gebracht, während Gusswerkstoffe durch Gießen geformt werden und meist nur schwer plastisch formbar sind.

8.5.2 Aluminium und Aluminiumlegierungen

Wegen seiner geringen Dichte wird Aluminium gerne dort verwendet, wo es auf den Leichtbau ankommt (z. B. Luft- und Raumfahrt, Fahrzeugbau). Gegenüber den Stählen weist Aluminium eine hohe elektrische und thermische Leitfähigkeit auf. An der Oberfläche bildet Aluminium eine sehr dünne (ca. 10 bis 100 nm) fest haftende Oxidschicht (Al_2O_3), die gegenüber dem Angriff von Säuren und Basen wenig beständig ist. Eine Ausnahme bilden verdünnte organische Säuren, wie sie z. B. in einigen Lebensmitteln vorkommen. Durch anodische und chemische Oxidation (Eloxieren, Anodisation) kann diese Schicht bis zu 25 µm verstärkt und auch eingefärbt werden. Erzeugt wird die Eloxalschicht in einem Elektrolyten, z. B. Schwefelsäure. In dem Elektrolytbad wird das zu eloxierende Material als Anode geschaltet und ein Gleichstrom angelegt. Die Kathoden befinden sich am Rand des Bades. Beim Eloxieren bildet sich mit der Zeit eine Schicht mit sehr feinen Poren, in die ein Farbstoff eingelagert werden kann. Durch die gewählten Parameter während des Eloxierens können Eigenschaften der Schicht, wie Härte und Porengröße, eingestellt werden. In einem weiteren Verfahrensschritt werden die Poren verdichtet. Hierbei entsteht unter Einwirkung von vollentsalztem Wasser bei 100 °C Aluminiumoxidhydrat. Das transparente Aluminiumoxidhydrat bildet sich in der Pore und verschließt sie hermetisch, so dass die Farbe zusätzlich geschützt ist. Da diese Schicht transparent ist, bleibt der metallische Glanz des Materials erhalten. Das Verdichten ist für die Korrosionsbeständigkeit und Langlebigkeit der Aluminiumoberfläche ein entscheidender Schritt. Eloxierte Aluminiumbauteile sind gut zu verarbeiten und besitzen eine relativ hohe Festigkeit. Die eloxierte Schicht ist sehr hart (250 bis 450 HV) und bietet eine gute Schutzwirkung.

Aluminium erreicht in Legierungen mit Magnesium, Silizium und anderen Metallen Festigkeiten, die denen von Stahl nahekommt. Die schlechtere Schweißbarkeit sowie die problematische Dauerbruchfestigkeit stehen einer breiten Anwendung von Aluminium im Apparatebau jedoch entgegen.

Aluminium lässt sich durch Strangpressen in komplexe Profile formen. Hierin liegt der Vorteil bei der Fertigung von Hohlprofilen zum Aufbau von Gestellen und von Profilen mit Kühlrippen. Aluminium-Gussteile können durch Druckguss in komplexen Formen gefertigt werden. Die spanende Bearbeitung ist gut möglich.

Aluminiumbleche wurden auch für Verkleidungen eingesetzt. In der Verpackungsindustrie wird Aluminium zu Getränke- und Konservendosen sowie zu Aluminiumfolie und weiteren Einwegartikeln verarbeitet. Durch Bedampfung lassen sich Folien mit einer 0,1 bis 1 µm dünnen Schicht versehen, was eine hohe Barrierefunktion für Gase (insbesondere Sauerstoff) zur Folge hat. Aluminiumfolien werden daher auch in Verbundsystemen (z. B. Tetrapacks) eingesetzt. Aus Aluminium werden auch Kochtöpfe sowie Reisegeschirr hergestellt. Die Aufbewahrung und Zubereitung von säurehaltigen Lebensmitteln in Aluminiumbehältern bzw. -folie ist problematisch, da es dabei lösliche Aluminiumsalze bildet, die mit der Nahrung aufgenommen werden. Aluminiumschichten in Verpackungsmitteln werden daher häufig durch eine Kunststoffschicht geschützt.

Aluminium wird meist legiert verwendet. Es gibt eine Vielzahl von Legierungen, die entweder gute Verformbarkeit oder gute Gießbarkeit und spanende Bearbeitbarkeit zeigen.

8.5.3 Nickel und Nickellegierungen

Nickel ist ein Basismetall für eine Reihe von Legierungen die in der Apparatetechnik insbesondere wegen ihrer Korrosions- und Temperaturbeständigkeit eingesetzt werden. Korrosionsbeständige hochwarmfeste Nickellegierungen basieren auf einem zum Beginn des 20 Jahrhunderts bereits beschriebenen Legierungstyp NiCr8020. Durch weitere Zusätze, z. B. Aluminium, Titan und Molybdän, werden diese aushärtbar und bei hohen Temperaturen in der Festigkeit gesteigert. Bekannte Handelsnamen sind z. B. Inconel, Incaloy, Hastelloy, Cronifer, Nicrofer. Neusilber (Monel) enthält 65 bis 67 % Ni, 30 bis 32 % Cu und 1 % Mn. Es ist warmfest bis 500 °C und beständig gegenüber Säuren, Laugen, Salzlösungen sowie überhitztem Dampf. Entsprechend werden solche, relativ teuren Legierungen, in der Chemischen-, Öl- und Gasindustrie sowie in der Umwelttechnik angewendet, wenn andere kostengünstigere Werkstoffe versagen. Sie werden dann eingesetzt, wenn eine hohe Festigkeit bei hohen Temperaturen und/oder bei hoch korrosiven Bedingungen auf lange Dauer gewährleistet werden muss.

8.5.4 Titan und Titanlegierungen

Titan wird im Apparatebau im Zusammenhang mit aggressiven Lösungen eingesetzt. Es bildet sich an der Oberfläche eine Schutzschicht aus, die u. a. gegen chloridhaltige Lösungen (u. a. auch Seewasser) und organische Säuren beständig ist. Eine Gefahr der Versprödung besteht gegenüber Wasserstoff.

8.5.5 Tantal

Tantal ist ein sehr teurer Werkstoff, der in der Regel nur dann eingesetzt wird, wenn die Korrosionsbeständigkeit mit anderen Werkstoffen nicht erzielt werden kann. Die außerordentliche Korrosionsbeständigkeit beruht auf einer Oxidschicht an der Oberfläche. Tantal ist z. B. beständig gegenüber oxidierende Stoffe wird Salpetersäure. Angegriffen wird Tantal von Flusssäure und rauchender Schwefelsäure. Gegenüber Wasserstoff besteht die Gefahr einer Versprödung.

8.6 Kunststoffe

8.6.1 Einsatzgebiete

Im Apparatebau werden Kunststoffe z. B. eingesetzt als:

- Serienteile, welche durch Pressen oder Spritzgießen oder andere Verfahren hergestellt werden (z. B. Fittings, kleine Behälter, Platten für Kammerfilterpressen);

- Rohrleitungen, welche durch Extrusion u. a. aus PP, PE, PVC, PVDF, hergestellt werden,
- Faser-Kunststoff-Verbunde u. a. in Form von Behältern, Tanks und Druck- bzw. Hüllrohren (z. B. mit Glas- oder Kohlenstofffasern verstärkte Kunststoffe, die durch Wickeln der Fasern hergestellt werden). Sie können mit einem erhöhten Innendruck beaufschlagt werden. Aus ihnen werden u. a. Druckbehälter und Gehäuse für die Wasseraufbereitung (z. B. Gehäuse für Membranmodule) hergestellt.
- Textilien als Filtermedien und beschichtet als Schläuche und Säcke (Big Pak) und Abdeckungen,
- Stofftrennmembranen.

Im Rohrleitungsbereich, Apparatebau sowie der Sonderteilefertigung werden, wenn möglich, vermehrt Kunststoffe eingesetzt. Um den richtigen Kunststoff für den jeweiligen Anwendungsbereich auszuwählen, sind Werkstoffwissen und Anwendungskenntnisse erforderlich. Im Wissensportal (WIPO) des Fachverbandes der Kunststoffrohr-Industrie (Kunststoffrohrverband e. V., KRV)[1] sind umfangreiche technische Informationen über Kunststoffe allgemein und Rohrkunststoffe, die in der Praxis zum Einsatz kommen, enthalten.

8.6.2 Kennzeichnende Merkmale und Einteilung

Kunststoffe sind organische hochmolekulare Werkstoffe, die überwiegend synthetisch durch eine Reaktion kleiner Moleküle (= Monomere) zu Makromolekülen (= Polymere) hergestellt werden. Bei den Reaktionen unterscheidet man zwischen einer Polymerisation, Polykondensation und Polyaddition. Bei der Polymerisation werden die Monomere mit einer Kohlenstoff-Doppelbindung, ohne Abspaltung eines Nebenproduktes, zu dem Polymerisat zusammengefügt. Hierbei entstehen hochmolekulare Ketten ohne Doppelbindungen. Zur Erzielung bestimmter gewünschter Eigenschaften werden häufig zwei oder mehrere Monomere gemeinsam polymerisiert. Man spricht dann von Copolymerisaten. Bei einer Polykondensation werden die Monomere zu einem Makromolekül unter Abspaltung eines niedermolekularen Nebenproduktes vereinigt. Oft fällt dabei Wasser als Kondensat an (daher die Bezeichnung Polykondensation). Bei der Polyaddition lagern sich zwei verschiedenartige Monomere zum Makromolekül aneinander, und zwar im Gegensatz zur Polykondensation ohne Abspaltung eines Nebenproduktes, und im Gegensatz zur Copolymerisation ohne, dass die Kohlenstoff-Doppelbindungen gegenseitig abgesättigt werden.

Die Größe der Makromoleküle wird durch die relative Molmasse oder den Polymerisations- bzw. Kondensationsgrad, d. h. die Zahl der zu einem Makromolekül vereinigten Monomeren, angegeben. Dabei ist zu beachten, dass Kunststoffe immer aus einem Gemisch verschieden großer Makromoleküle bestehen, so dass es sich bei den Angaben meist um Mittelwerte handelt.

---

[1] https://www.krv.de/wissen.

Die Eigenschaften der Kunststoffe sind vom chemischen Aufbau, von der Gestalt und Größe der Makromoleküle sowie ihrer gegenseitigen Ordnung zueinander abhängig. Man unterscheidet Thermoplaste, Duroplaste und Elastomere.

Variationsmöglichkeiten von Kunststoffen
Die Variationsmöglichkeiten bei der Herstellung und Verarbeitung von Kunststoffen ermöglicht die Herstellung „maßgeschneiderter" Werkstoffe. Durch

- Variation der Molekülgröße (Polymerisierungsgrad),
- Erhöhung der Molekülordnung (z. B. durch Verstrecken),
- Mischen von Molekülbausteinen (Misch- oder Copolymerisate),
- Vernetzen der Molekülketten,
- Herstellung von Polymermischungen (Compounds, Blends, Polymerlegierungen) und
- Einarbeitung von Zusatzstoffen (Additive; z. B. Füllstoffe oder Weichmacher)

können die Eigenschaften in einem weiten Bereich variiert werden. Die kostengünstige Massenfertigung auch komplexer Form- und Bauteile wird dadurch möglich. Die gezielte Entwicklung bestimmter Eigenschaften und ihre Nutzung ermöglicht auch besondere konstruktive Problemlösungen (z. B. Schnappverbindungen, Filmscharniere, Gleitlager).

Kennzeichnung
Zur Kennzeichnung der Kunststofftypen wurden in DIN EN ISO 1043-1:2002-06 Kurzzeichen festgelegt. DIN EN ISO 472/A1:2019-03 enthält ein Fachwörterverzeichnis und DIN EN ISO 1043-1:2016-09 ein Ordnungssystem für Kunststoffe mit Kennbuchstaben und Kurzzeichen.

8.6.3 Eigenschaften

In den Tab. 8.4 und 8.5 sind Eigenschaften einiger Kunststoffe aufgeführt. Ein Vergleich mit den Tab. 8.2 und 8.3 zeigt, dass ihre Festigkeit im Verhältnis zu Metallen wesentlich niedriger ist. Ihr Elastizitätsmodul ist gering, was eine hohe Dehnung bei einer Belastung mit sich bringt. Sie besitzen eine geringe Wärmestandfestigkeit und eine hohe Wärmedehnung. Einige Typen sind bei tiefen Temperaturen spröde. Das zähe Verhalten und die daran gekoppelte geringe Verschleißbarkeit sind von Vorteil. Ebenso die niedrige Dichte und gute Formbarkeit bei der Verarbeitung.

Der mögliche Einsatz von Kunststoffen in der Anlagentechnik wird von der zulässigen Grenze der Belastung bestimmt. Wie in Abschn. 9.3 gezeigt, werden Rohre und Behälter aus Kunststoffen unter Berücksichtigung von zeit- und temperaturabhängigen Werkstoffkennwerten ausgelegt. Dabei ist auch zu beachten, dass die Eigenschaften von Kunststoffen neben der Temperatur auch vom Medium, mit dem sie im Kontakt sind, stark beein-

Tab. 8.4 Anhaltswerte für Kenngrößen von Thermoplasten [4, 5]

Eigenschaft	Einheit	PVC	PE-HD	PP	PVDF	PFA	PTFE	ABS
Dichte	kg/m^3	1400	950	930	1780	2150	2150	1060
Zugfestigkeit	MPa	45 … 55	23 … 29	30 … 33	40 … 60	24 … 30	20 … 40	40
E-Modul	GPa	3	0,9	1,2	0,2	0,28	0,35 … 0,75	2,5
Bruchdehnung	%	20 … 30	100 … 1000	20 … 800	20 … 80	300	140 … 400	5 … 20
Obere Dauergebrauchstemperatur	°C	60	80	80	150	260	260	80
Untere Dauergebrauchstemperatur	°C	−10	−50	−50	−140	−190	−200	−40
Wärmeleitfähigkeit	W/(mK)	0,16	0,43	0,22	0,19	0,19	0,24	0,17
Linearer Wärmeausdehnungskoeffizient	$10^{-6}\,K^{-1}$	80	200	150	120	140	120 … 200	90

Tab. 8.5 Anhaltswerte für Kenngrößen von glasfaserverstärkten Kunststoffen (GFK) [4]

Eigenschaft	Einheit	Glasfaserverstärktes Epoxidharz (EP-GF)	Glasfaserverstärktes Polyesterharz (UP-GF)
Dichte	kg/m^3	1900 … 2200	1600 … 2200
Zugfestigkeit	MPa	220 … 700	50 … 500
E-Modul	GPa	10 … 30	4 … 28
Linearer Wärmeausdehnungskoeffizient	$10^{-6}/K$	12 … 18	12 … 40
Glasgehalt	%	50 … 65	20 … 65

flusst werden. Inhaltsstoffe der Medien können in die Kunststoffe eindringen und sie aufquellen, auflösen oder chemisch zersetzen. Physikalische Veränderungen, z. B. eine Quellung, sind oft reversibel. Bei chemisch aktiven Medien werden die Eigenschaften eines Kunststoffes irreversibel verändert. Für die Beständigkeit gegenüber Chemikalien ist die chemische Konstitution ausschlaggebend. So sind Kunststoffe mit einer Kohlenstoff-Hauptkette besonders hydrolysebeständig, während die Polymere mit einem Heteroatom in der Kette leichter durch Hydrolyse gespaltet werden. Letztere sind daher mehr oder weniger gegen Säuren, Laugen und Heißwasser empfindlich. Doppelbindungen reagieren leicht mit Oxidationsmitteln und Halogenen. Die Reaktionsgeschwindigkeit wird wesentlich von der Diffusion der Chemikalien in das Polymer bestimmt.

Der zeitliche Ablauf der Vorgänge wird von der Temperatur, dem Materialgefüge und der Affinität von Fremdmolekülen zu dem Werkstoff beeinflusst. Die mikroporöse Struktur von Membranen und Vliesen sowie die Verwendung von Zusätzen bei der Herstellung begünstigen oft die Diffusion von Lösemitteln und Chemikalien.

Tab. 8.6 Wasseraufnahme einiger Basispolymere bei Raumtemperatur

Polymer	Wasseraufnahme in %
Polytetrafluorethylen (PTFE)	< 0,01
Polycarbonat (PC)	0,5
Polyaryletherketon (PEEK)	0,5
Polyetherimid (PEI)	1,25
Polyethersulfon (PES)	2,4
Polyamid 6,6 (PA 6,6)	8 bis 11
Polyamid 6 (PA 6)	9 bis 12
Celluloseacetat (CA)	bis 30

Als Beständigkeitskriterien werden Änderungen von Materialeigenschaften, z. B. Festigkeiten und Bruchdehnungen, bei einem Kontakt mit verschiedenen Medien bei bestimmten Bedingungen erfasst. So ist z. B. die Affinität einzelner Polymere zu Wasser sehr verschieden. In Tab. 8.6 ist die Wasseraufnahme einiger Polymere, bei einer Lagerung in Wasser bis zur Sättigung, angegeben. Mit einer Wasseraufnahme ist meist eine Volumenzunahme verbunden, wodurch auch die Maßhaltigkeit von Bauteilen beeinflusst wird.

Entscheidend für die Festlegung von maximal zulässigen Betriebstemperaturen und Chemikalienkonzentrationen (z. B. bei einer Reinigung) sind die jeweilige Konstruktion des Bauteils, die verwendeten Materialien und die zu erwartenden mechanischen Beanspruchungen und Temperaturwechsel. Bei Kunststoffen ist zu beachten, dass ein Basispolymer, das gegen ein bestimmtes Medium beständig ist, in einem modifizierten Zustand, z. B. in Form eines Gewebes oder einer Membran, dagegen deutlich veränderte Eigenschaften aufweisen kann. Angaben zur Beständigkeit sind immer an die Einhaltung vorgegebener Betriebsparameter gebunden.

Bei Konstruktionen, die aus Werkstoffen mit unterschiedlichen thermischen Ausdehnungskoeffizienten bestehen, treten bei einem Temperaturwechsel zusätzliche Spannungen auf, die zur Verformung oder einem Defekt führen können. Außerdem gilt, dass das temperaturempfindlichste Bauteil die zulässige Betriebstemperatur bestimmt. In Tab. 8.7 sind Angaben zur Dauerwärmebeständigkeit einiger Basispolymere angegeben.

Im Folgenden werden einige häufig in der Anlagentechnik anzutreffende Kunststoffe kurz charakterisiert.

8.6.4 Thermoplaste

Thermoplaste sind Kunststoffe mit linearen (kettenförmigen) oder verzweigten Makromolekülen, die prinzipiell plastisch verformbar sind. Die Makromoleküle werden durch starke Atombindungen zusammengehalten. Die Bindungen zwischen den Molekülen (Dipolbindungen, Wasserstoffbrückenbindungen, Bindung aufgrund von Dispersions-

Tab. 8.7 Richtwerte zur Temperaturbeständigkeit einiger Basispolymere ohne mechanische Belastung

Polymer	Dauerwärmebeständigkeit bis
Celluloseacetat (CA)	60 °C
Polymethylmethacrylat (PMMA)	65–90 °C
Acryl-Butadien-Styrol (ABS)	85–100 °C
Polyamid (PA) kurzzeitig	80–120 °C 120–190 °C
Polyurethan (PUR)	60–110 °C*
Polypropylen (PP) kurzzeitig	110–130 °C 130–140 °C
Polycarbonat (PC)	130–180 °C
Polysulfon (PSU)	140–150 °C
Polyvinylidenfluorid (PVDF)	140–150 °C
Epoxidharze	150–180 °C*
Polyetherimid (PEI)	170 °C
Polyethersulfon (PES)	180 °C
Silikonharze	200–280 °C
Polyaryletherketon (PEEK)	250 °C
Polytetrafluorethylen (PTFE)	270 °C

*nicht dauerbeständig gegen Wasserdampf

kräften usw.) und die „Verfilzung“ der Kettenmoleküle beeinflussen ihr elastisch-plastisches Verhalten. Bei Raumtemperatur sind die Thermoplaste spröde oder zähelastisch. Mit steigender Temperatur werden die Molekülbindungen aufgrund der Wärmebewegung geschwächt und schließlich überwunden. Die Makromoleküle gleiten dann unter einer Beanspruchung aneinander ab, so dass das Material plastisch verformbar wird. Daraus wurde die Bezeichnung Thermoplaste abgeleitet. Sie können ohne chemische Veränderungen wiederholbar bis zum plastischen Zustand erwärmt werden. Sie sind damit schmelzbar und schweißbar.

Bei einem Kontakt mit Lösemitteln quellen sie. In bestimmten Lösemitteln sind sie sogar löslich, was man sich z. B. zur Herstellung von Membranen nutzbar macht. Bei amorphen Thermoplasten sind die Kettenmoleküle völlig ungeordnet (vergleichbar mit einem Wattebausch). Diese sind bei üblichen Gebrauchstemperaturen glasklar und spröde und weisen isotrope, d. h. in allen Richtungen gleiche Festigkeitseigenschaften auf. Sie befinden sich im Glaszustand. Durch Verarbeitungsprozesse wie Extrudieren, Spritzgießen oder mechanisches Verstrecken können die Makromoleküle ausgerichtet werden. Die Eigenschaften werden dadurch in der Regel anisotrop. Bei teilkristallinen Thermoplasten liegen örtliche Ordnungen der Makromoleküle vor. Sie sind zäh-elastisch, formsteif und hornartig. Thermoplaste mit eingelagerten Fremdmolekülen (Weichmachern) können bei üblichen Gebrauchstemperaturen im weichelastischen Bereich vorliegen. Makromoleküle mit bis zu 10^6 Atomen und mit Längen von 1 nm bis 1 µm sind üblich.

Polyethylen (PE)

Polyethylen (PE) nach DIN EN ISO 17855-1:2015-02 ist ein teilkristalliner Thermoplast. Eine Klassifizierung erfolgt u. a. nach der Dichte. Polyethylen hoher Dichte (PE-HD) weist höhere Festigkeitswerte auf als PE mittlerer (PE-MD) und PE niedriger Dichte (PE-LD). PE-LD besitzt dafür die höchste Zähigkeit. PE ist chemisch beständig gegenüber Säuren, Laugen und eine Vielzahl von Lösemitteln.

Polyethylen ist einer der am häufigsten industriell verwendeten Kunststoffe. Verwendung in der Anlagentechnik: Halbzeuge in Form von Tafeln, Rohren, Folien und Schläuchen, Formteile als Fittings, Armaturen, Behälter (z. B. Heizöltanks), verschleißfeste Auskleidungen. Darüber hinaus wird PE auch zur Herstellung viele Alltagsgegenstände eingesetzt.

Normen: DIN 8074:2012-11 Rohre aus Polyethylen

Polypropylen (PP)

Polypropylen (PP) ist ein teilkristalliner Thermoplast. Er ist chemisch sehr widerstandsfähig und beständig gegen Säuren, Laugen und eine Vielzahl von Lösemitteln. Durch Einwirkung von Oxidationsmitteln oder eine Bewitterung können sich die Eigenschaften von PP wesentlich verschlechtern. PP ist schweißbar, kann jedoch nicht einfach geklebt werden.

Verwendung in der Anlagentechnik: Halbzeuge in Form von Tafeln, Stangen, Profilen, Rohren, Formteile als Rohrverbindungen, Transportkisten, Behälter, Pumpengehäuse, Laufräder von Pumpen und Gebläse, Absperrarmaturen, Platten von Filterpressen.

Normen: DIN 8077:2008-09: Rohre aus Polypropylen.

Polybuten (PB)

Polybuten ist teilkristallin und weist eine vergleichsweise hohe Zeitstandfestigkeit auf. Es ist gegen viele Lösungsmittel, Öle, Säuren und Laugen beständig. Es ist weniger beständig gegenüber chlorierten Kohlenwasserstoffen.

Normen: DIN 16968:2012-11; Rohre aus Polybuten-1 (PB-1)

Polyvinylchlorid (PVC)

Polyvinylchlorid (PVC) ist ein amorpher polarer Thermoplast. Er ist beständig gegen Säuren und Laugen und bedingt beständig gegen Lösemittel. PVC ist gut klebbar.

a) *Weichmacherfreies PVC (PVC-U oder Hart-PVC)*
   Verwendung in der Anlagentechnik: Rohrleitungen bis PN 6, Behälter; Halbzeuge in Form von Tafeln, Stangen, Profilen, Rohren, Formteile als Fittings, Armaturen, säurefeste Apparateteile.
   Normen: DIN 8062: 2009-10 Rohre aus weichmacherfreiem Polyvinylchlorid (PVC-U)
b) *Weichmacherhaltiges PVC (PVC-P oder Weich-PVC)*
   Verwendung in der Anlagentechnik: Halbzeuge in Form von Folien, Schläuchen, Dichtungen. Die Bauteile sind wegen der Weichmacher nicht für einen Lebensmittelkontakt geeignet.

Polyvinylidenfluorid (PVDF)
PVDF ist ein teilkristalliner thermoplastischer Fluorkunststoff und besitzt eine hohe Abriebfestigkeit. PVDF kann durch Spritzgießen verarbeitet werden und ist schweißbar.

Verwendung in der Anlagentechnik: Halbzeuge, Fittings, Füllkörper und Rohre und Armaturen. PVDF wird in großem Umfang in Anlagen zur Reinstwasserbereitung und zur Reinstchemikalienversorgung sowie bei erhöhten Temperaturen eingesetzt. Anwendungsgebiete beinhalten den Transport von gereinigtem Wasser pharmazeutischen Grads (Pure-Water) und deionisiertes Wasser, unter Benutzung von Wasserdampf- oder Ozonsterilisation.

Normen: DIN EN ISO 10931:2015-11 Kunststoff-Rohrleitungssysteme

Polytetrafluorethylen (PTFE)
PTFE gehört zur Gruppe der fluorhaltigen Thermoplaste bzw. zu den Polyhalogenolefinen. Es zeigt einen völlig symmetrischen Molekülaufbau und kristallisiert daher sehr stark. Es ist nicht schmelzbar aber erweichend und daher teuer in der Verarbeitung (z. B. durch Presssintern aus Pulvern). PTFE zeigt unter Belastung ein starkes Kriechen. Es ist stark anti-adhäsiv. Der Gleit- und Haftreibungskoeffizient ist sehr niedrig. PTFE ist beständig gegen Säuren, Laugen, und Lösemittel. Der Einsatztemperaturbereich reicht von −200 bis + 250 °C.

Verwendung in der Anlagentechnik: Halbzeuge in Form von Tafeln, Stangen, Rohre, Formteile, Pumpenteile, Dichtungen, Auskleidung von Apparaten (Antihaftbeschichtungen).

8.6.5 Duroplaste

Duroplaste sind Kunststoffe mit räumlich eng vernetzten Makromolekülen. Sie können praktisch als ein einziges großes Molekül aufgefasst werden. Im ausgehärteten Zustand sind sie hart, spröde und temperaturfest und daher auch bei hohen Temperaturen nicht plastisch verformbar. Sie sind daher auch nicht schmelz- und schweißbar.

Sie entstehen durch Vernetzung reaktionsfähiger linearer und verzweigter Makromoleküle. Ihr molekularer Aufbau ist erst nach der sogenannten Aushärtung beendet. Nach einer Aushärtung können sie nur noch spanend bearbeitet werden. Der Vernetzungsprozess ist nicht umkehrbar. Duroplaste sind unlöslich und quellen wenig.

Duroplaste werden in Form von Formmassen oder Gießharzen verarbeitet. Formmassen sind mit Verstärkungs- und Füllstoffen versehene Harz-Vorprodukte, welche durch Pressen oder Spritzgießen verarbeitet werden. Aus Gießharzen werden gegossene Formteile oder in Verbindung mit Glas-, Kohle- oder Aramidfasern Harz-Faser-Verbundstoffe hergestellt.

Polyurethan (PUR)
Polyurethane werden durch eine Polyadditionsreaktion von Polyisocyanaten und mehrwertigen Alkoholen gebildet. Ihre Eigenschaften können in einem weiten Rahmen variiert werden.

Je nach Vernetzungsgrad und/oder eingesetzten Reaktionspartner können sie als Duroplast, Thermoplast oder Elastomer vorliegen und zu einem Schaumstoff, einer Formmasse, einem Gießharz, elastischen Faserstoff, Lack oder Klebstoff weiterverarbeitet werden.

Polyurethanharze neigen über längere Zeit zur Wasseraufnahme, sind auf Dauer nicht beständig gegen Säuren, Laugen und bedingt beständig gegen Lösemittel. Sie werden in der Anlagentechnik als Dichtungen, Manschetten und Schläuche verwendet. Aufgrund der guten Widerstandsfähigkeit gegen Abrieb und Abrasion werden sie auch zur Auskleidung von Bauteilen eingesetzt (z. B. von Hydrozyklonen). Sie dienen auch als Vergussmasse (z. B. zur Einbettung von Membranen in Membranmodulen) und als Klebstoff.

Ungesättigte Polyesterharze (UP)
Ungesättigte Polyesterharze sind Reaktionsharze, die meist mit Verstärkungsstoffen (Fasern, Geweben) verarbeitet werden. Die Einsatztemperatur erstreckt sich bis ca. 120 °C (zum Teil bis 170 °C). Sie weisen eine gute chemische Beständigkeit auch gegen Heißwasser auf. Sie sind schlagfest. Je nach Harz-Härter-System sind sie auch für den Kontakt mit Lebensmitteln zugelassen. Anwendungen in der Anlagentechnik: Behälter, Tanks, Rohrleitungen (z. B. als GFK, mit Glasfasern verstärkte Kunststoffe), Auskleidungen von Behältern, Verwendung als Kleber.

Normen: DIN 16965-2:1982-07 Rohre aus glasfaserverstärktem Polyesterharz (UP-GF).

Epoxidharze (EP)
Epoxidharze sind Reaktionsharze, die mit einem Härtungsmittel und ggf. weiteren nicht reaktiven Zusatzstoffen zu einem duroplastischen Kunststoff reagieren. Das Reaktionsprodukt besitzt gute mechanische Eigenschaften sowie eine gute Temperatur- und Chemikalienbeständigkeit. Epoxidharze sind beständig gegen Säuren, Laugen und Lösemittel. Die Einsatztemperatur kann je nach Verarbeitung max. 180 °C betragen. Die Verwendung in der Anlagentechnik ist vergleichbar mit der von UP und PUR. Sie werden u. a. auch als Reaktions- und Einbrennlack, Klebstoff und als Formmassen für Komponenten eingesetzt.

Normen: DIN 16870: 1987-01 Rohre aus glasfaserverstärktem Epoxidharz (EP-GF)

8.6.6 Elastomere

Bei den Elastomeren handelt es sich um Kunststoffe mit weitmaschig räumlich vernetzten Makromolekülen. Sie sind nicht plastisch verformbar, da die Makromoleküle praktisch durch die vernetzten Atombindungen festgehalten werden. Bei einer Zugbeanspruchung können die verknäulten Ketten zwischen den Vernetzungspunkten jedoch aneinander gleiten. Bei einer Entlastung nehmen sie die Ausgangslage wieder ein. Sie sind je nach Dichte der Vernetzungspunkte hart-elastisch oder weich-elastisch (gummielastisch). Aufgrund dieses Verhaltens werden diese Kunststofftypen als Elastomere bezeichnet. Eine chemische Vernetzung von linearen Makromolekülen kann auch nachträglich erfolgen. Dies geschieht z. B. während der Vulkanisation bei der Kautschukverarbeitung. Den Mischungen zugesetzte Vulkanisationsmittel reagieren in diesem Fall mit den vorhandenen Makromolekülen und bewirken die Quervernetzung. Elastomere sind nicht schmelz- und schweißbar. Beim Kontakt mit Lösemitteln tritt eine Quellung auf. Sie spielen als Dichtungswerkstoffe im Apparatebau eine besondere Rolle. Zu den Elastomeren gehören Gummi, ein Gemisch aus natürlichem oder synthetischem Kautschuk und vielen Zusatzstoffen.

Acrylnitril-Butatien-Kautschuk (NBR, Nitrilkautschuk)
Acrylnitril-Butadien-Kautschuk ist besonders beständig gegen Öle und aliphatische Kohlenwasserstoffe, jedoch unbeständig gegen aromatische und chlorierte Kohlenwasserstoffe. Der Einsatztemperaturbereich reicht von −40 bis 100 °C. Anwendungen in der Anlagentechnik: Dichtungen (Wellendichtringe, O-Ringe), Schläuche (z. B. Benzinschläuche).

Ethylen-Propylen-Kautschuk (EPM, EPDM)
Ethylen-Propylen-Kautschuk weist eine sehr gute Beständigkeit gegenüber heißen Waschlaugen auf. Ansonsten besitzt er ähnliche Eigenschaften wie NBR. Die Einsatztemperatur erstreckt sich von −50 bis 120 °C. Anwendungen in der Anlagentechnik: Dichtungen (z. B. O-Ringe), Schläuche.

Silikonkautschuk (VQM)
Silikonkautschuk ist beständig gegen Fette und Öle und unbeständig gegen Treibstoffe und Wasserdampf. Silikonkautschuk ist antiadhäsiv und physiologisch unbedenklich. Der Einsatztemperaturbereich erstreckt sich von −100 bis 200 °C. Anwendungen in der Anlagentechnik: Dichtungen (z. B. für Anlagenteile mit hoher Betriebstemperatur), Förderbänder für heiße Substanzen, Geräte und Schläuche für die Biotechnologie und Medizin.

Thermoplastische Elastomere (TPE)
Bei den sogenannten thermoplastischen Elastomeren handelt es sich um Kunststoffcompounds bestehend aus einer thermoplastischen Phase (z. B. Polypropylen) sowie einem Elastomer (z. B. Ethylen-Propylen-Dien-Kautschuk). Man versucht mit solchen Mischungen die gewünschten Eigenschaften eines Kunststoffs zu verbessern, ohne die in reiner Form gegebenen Eigenschaften zu verschlechtern. In Verbindung mit Additiven kann auf diese Weise z. B. die Beständigkeit gegen Hydrolyse oder aggressiven Reinigungsmittel, wie sie z. B. zur Anlagenreinigung verwendet werden, verbessert werden.

8.7 Glas

Gläser sind ein Gemisch aus Siliziumdioxid (Gasbildner, Ausgangsprodukt Quarzsand), Metalloxiden und Erdalkali-Carbonaten. Je nach chemischer Zusammensetzung werden sie eingeteilt in Kalknatronglas, Bleiglas und Borsilikatglas. In der Labor- und Anlagentechnik werden vorwiegend Bauteile aus Borsilikatglas verwendet. Bei ihnen ist der Anteil

Tab. 8.8 Anhaltswerte für Kenngrößen von anorganischen nichtmetallischen Werkstoffen

Eigenschaft	Einheit	Borsilikatglas 3.3	Silikatkeramik	Al_2O_3
Dichte	kg/m^3	2230	2500	3750 … 3950
Zugfestigkeit	MPa	35 … 100	10 … 35	300 … 630
Druckfestigkeit	MPa	700 … 900	100 … 500	2500 … 4000
E-Modul	GPa	64	50 … 70	350 … 400
Obere Dauergebrauchstemperatur	°C	500	1500	1500
Wärmeleitfähigkeit	W/(mK)	1,2	1 … 3	20 … 30
Linearer Wärmeausdehnungskoeffizient	$10^{-6}\,K^{-1}$	3,3	4 … 10	8

an Siliciumdioxid um ca. 5 bis 10 % höher als bei den anderen Glassorten. Es ist besonders gegenüber Chemikalien (mit Ausnahme von Flusssäure) und Temperaturunterschieden bis ca. 250 °C beständig. Bis 550 °C ist dieser Glastyp formbeständig.

Beim Abkühlen von Glasschmelzen tritt eine Verfestigung ein, ohne dass eine bestimmte molekulare Ordnung zustande kommt. Da der ideale vollständig homogene und amorphe Zustand der Schmelze durch eine Abkühlung nicht vollständig in den festen Zustand überführt werden kann, weisen Gläser mehr oder weniger störende Inhomogenitäten auf. Sie haben, bedingt durch eine Kerbwirkung und Spannungsspitzen, verminderte Festigkeitswerte und eine größere Empfindlichkeit gegenüber Temperaturschwankungen. Es ist deshalb schwierig Festigkeitswerte im Voraus festzulegen. Diese können nur aufgrund der Bedingungen während des Produktionsprozesses und statistischer Betrachtungen in einem bestimmten Bereich eingehalten werden.

In der Tab. 8.8 werden physikalische Eigenschaften von Borsilikatglas im Vergleich zu anderen anorganischen nichtmetallischen Werkstoffen zusammengefasst.

8.8 Keramik, Porzellan

Keramische Werkstoffe [6, 7] werden in der Regel bei Raumtemperatur aus einer Rohmasse geformt und erhalten ihre Eigenschaften bei einem sogenannten Brennen bei einer hohen Temperatur. Die Rohmasse besteht aus einem anorganischem Keramikpulver, einem organischen Binder und einer Flüssigkeit, meist Wasser. Zur Sicherstellung konstanter Eigenschaften ist u. a. die Herstellung hochreiner Pulver mit einer definierten Partikelgrößenverteilung (z. T. mit Partikeln unter 1 µm) von großer Bedeutung. Beim Brennen wird zunächst die Flüssigkeit ausgetrieben und mit steigender Temperatur kommt es dann zur Sinterung. Dabei entstehen Verbindungen zwischen den Partikeln und Verbände.

Die Eigenschaften eines keramischen Produktes sind sehr eng mit dem Herstellprozess verbunden. Die Eigenschaften können durch das Grundmaterial (z. B. Siliciumcarbid oder

Aluminiumoxid) und die Zusammensetzung der Rohmasse sowie die Führung des Herstellungsprozesses gezielt beeinflusst werden. Die Eigenschaften stehen in direktem Zusammenhang mit der sich beim Brennen ausbildenden Mikrostruktur. Bei der Herstellung von dichten keramischen Bauteilen kommt es darauf an, dass Fehlstellen (z. B. Poren, Mikrorisse, Fremdstoffanteile) in der Struktur vermieden werden. Es muss ein gleichförmiges Gefüge über das Volumen erhalten bleiben, obwohl die Wärmezufuhr beim Brand nur über die äußere Fläche möglich ist. Kerben und scharfe Innen-Ecken müssen vermieden werden. Mit der Entwicklung von keramischen Faserverbundwerkstoffen konnte die Bruchzähigkeit sowie die Thermoschockbeständigkeit verbessert werden.

Porzellan besteht hauptsächlich aus Kaolin (Porzellanerde), Feldspat und Quarz. Der Feldspatanteil im Porzellan schmilzt während des Brennvorganges und kristallisiert beim Abkühlen nicht wieder aus. Daher enthält Porzellan, ähnlich wie Glas, eine unterkühlte Schmelze, wogegen andere Keramiken ein Sinter-Gefüge mit kristallinen Bestandteilen ausbilden. Diese Besonderheit führt bei manchen Porzellanen, besonders bei dünnen Wandstärken, zu einer gewissen Transparenz. Porzellan wird üblicherweise in einem gesonderten Schritt noch glasiert.

In der Apparatetechnik werden Bauteile aus Keramik eingesetzt, deren Eigenschaften an die jeweilige technische Anwendung angepasst wurden. Folgende Eigenschaften werden dabei häufig genutzt:

- Hitzebeständigkeit bis weit über 1000 °C,
- hohes elektrisches Isoliervermögen,
- Abrieb- und Verschleißfestigkeit (Gleitflächen, Düsen),
- große Härte,
- Korrosionsbeständigkeit,
- gute Biokompatibilität,
- relativ geringe thermische Ausdehnung,
- niedrige Dichte im Vergleich zu Metallen,
- hohe mechanische Festigkeit, allerdings verbunden mit einer relativ niedrige Bruchzähigkeit,
- Formstabilität (hohe spezifische Steifigkeit; hoher E-Modul),
- je nach Typ niedrige oder hohe Wärmeleitfähigkeit.

Ein bedeutendes Einsatzgebiet von Keramik sind Anwendungen bei hohen Temperaturen. Dazu zählen der Ofenbau, Brennersysteme oder Heizelemente. Einsatztemperaturen von bis zu 2500 °C halten einige keramische Werkstoffe ohne Verzug oder Ermüdung stand. Im Maschinenbau werden Lager, Turbinenschaufeln oder in einigen Fällen auch Motorteile aus Keramik eingesetzt.

Eine häufige Anwendung von Keramik und Porzellan ist der Einsatz als elektrischer Isolator. Dabei sind auch Temperaturen von 600 °C, wie sie beispielsweise bei Zündkerzen oder Zündeinrichtungen von Gasbrennern vorkommen, möglich.

Keramische Plattenwärmeübertrager (z. B. auch Siliciumcarbid) zeichnen sich durch ihre kompakte Bauart aus und eignen sich zur Kondensation, Verdampfung oder Kühlung aggressiver Chemikalien (z. B. Schwefelsäure, Beizbäder). Blockwärmeübertrager werden besonders bei hohen Strömungsgeschwindigkeiten oder partikelbeladenen Medien eingesetzt.

Auch in der Lager- und Dichtungstechnik werden keramische Werkstoffe verwendet, so z. B. als Lagerschalen von Gasturbinen. In Pumpen dichten Gleitringdichtungen aus Keramik die Wellendurchführungen durch das Pumpengehäuse gegenüber korrosiven und abrasiven Medien ab. Bei der Rauchgasentschwefelung sind keramische Gleitlager der Pumpen hoch konzentrierter, basischer Kalkmilch ausgesetzt. Ähnliche Verhältnisse herrschen bei Pumpen zur Meerwasserentsalzung. Hier fördern Pumpen mit keramischen Gleitlagern das stark mit Sand versetzte Salzwasser über Jahre, ohne Abrieb oder Korrosion zu erleiden. Auch Drehdurchführungen, Wellen und Kugelventile werden aus Keramik gefertigt.

Poröse keramische Werkstoffe werden auch zur Filtration von heißen Gasen und Flüssigkeiten eingesetzt. Durch einen schichtweisen Aufbau können poröse Membranen mit Trenngrenzen im Bereich der Mikrofiltration (10 bis 0,05 µm) bis hinab zur Nanofiltration (Abtrennung von Molekülen mit einer relativen Molmasse im Bereich von 250 bis 550 kg/kmol) hergestellt werden.

Da Bauteile aus Keramik besonders abrieb- und verschleißfest sowie hitze- und korrosionsbeständig sind, erhöhen sie gegenüber anderen Werkstoffen oft die Sicherheit und verlängern die Standzeiten der Bauteile. Die Eigenschaften keramischer Komponenten kann durch gezielte Modifikation der Oberflächenbeschaffenheit weiter verbessert werden.

8.9 Kohlenstoff- und Grafit-Werkstoffe

Grafit ist ein Mineral, das vereinzelt in körniger Form in der Natur vorkommt. Es kristallisiert in sechseckiger, tafeliger oder schuppiger Form. Die Kristallflächen sind metallisch glänzend. Viele Kohlenstoffprodukte weichen mehr oder weniger von der regelmäßigen Grafitstruktur ab. Sie sind meist parakristallin, d. h. einzelne Stapel der kristallisierten Form sind mehr oder weniger untereinander verschoben oder verdreht. Daraus gebildete Aggregate sind meist matt. Grafit sublimiert bei einer Temperatur von 3825 °C. Er löst sich durch Säuren nicht auf.

Technische Kohlenstoff- und Grafitprodukte werden synthetisch, aus Erdöl, Kunststoff oder Kohle hergestellt. Ein wichtiger Ausgangsstoff ist Koks, der in besonders definierter Form als Petrolkoks aus Erdöl hergestellt wird. Dieser wird unter Beimischung von Bindemitteln (z. B. Pech oder Kunstharz) geformt, gepresst und bei ca. 1000 °C gebrannt. Dabei zersetzt sich das Bindemittel und es bilden sich Sinterbrücken. Die Struktur ist jedoch noch porös und nur mäßig mechanisch beanspruchbar. Durch erneutes Imprägnieren und Pressen und längerem Erhitzen unter Luftabschluss auf etwa 3000 °C erreicht man eine dichte Struktur, und eine Umwandlung von amorphen Kohlenstoffbereichen in polykristallinen Grafit, so dass man die Temperaturbehandlung auch als Grafitierung bezeichnet. Je nach Koksart und Dauer der Behandlung wird eine zunehmende kristalline Ordnung erreicht. Kohlenstoff ist elektrisch leitfähig, so dass die hohen Temperaturen in den Kohlenstoffkörpern infolge eines direkten Stromdurchgangs erreicht werden können.

Kohlenstoff- und Grafitprodukte werden u. a. für selbstschmierende Lager, als Dichtungen, als Füller zur Erhöhung der elektrischen Leitfähigkeit von Kunststoffen oder zum Herabsetzen der Reibung, als Elektroden in Lichtbogenöfen, als Schmelztiegel oder als Auskleidung von chemisch hoch belastbaren Bauteilen eingesetzt. In der chemischen Industrie wird ihre Beständigkeit bei der Herstellung von konzentrierten Säuren, u. a. Salz-, Schwefel- und Phosphorsäure, genutzt. Aufgrund der hohen Wärmeleitfähigkeit der Werkstoffe, werden daraus auch Wärmaustauscher gefertigt.

Als Ausgangsprodukt zur Herstellung von Kohlenstoffasern dienen Polymerfasern, z. B. aus Polyacrylnitril. Sie werden zunächst thermisch zersetzt (pyrolisiert). Die Pyrolyse beinhaltet die Teilschritte Oxidieren und Carbonisieren. Letztere beinhaltet eine Wärmebehandlung in inerter Atmosphäre bei 1100 bis 1600 °C. Dieser Behandlung kann sich eine Grafitierung bei 2000 bis 3000 °C anschließen. Kohlenstofffasern werden in Verbundwerkstoffen als Verstärkungsfasern eingesetzt.

8.10 Plattierungen, Auskleidungen und Beschichtungen

Eine Plattierung, Auskleidung oder Beschichtung von Apparaten dient meist dazu, den Korrosionsschutz zu gewährleisten. Der damit überdeckte unbeständige Werkstoff übernimmt die mechanische Beanspruchung und die darauf aufgebrachte Schicht aus einem beständigen Stoff schütz diesen Werkstoff vor dem chemischen Angriff. Diese Ausführungsform wird gewählt, wenn sich daraus ein Kostenvorteil ergibt. Der besteht meist darin, dass zur Apparateausführung ein kostengünstiger Werkstoff verwendet werden kann und die produktberührenden Flächen durch die darauf aufgebrachte Schicht vor Korrosion geschützt werden.

Plattierung

Bei einer Plattierung handelt es sich um eine flächenförmige feste Verbindung zweier oder mehrere Metallschichten unter Druck. Plattierte Bleche werden durch Walz- oder Sprengplattierung hergestellt. Der Walzprozess wird in der Regel unter einer erhöhten Temperatur im Vakuum oder unter einer Schutzgasatmosphäre durchgeführt. Beim Sprengplattieren werden die einzelnen Schichten durch eine flächenhaft aufgebrachte Sprengladung gegeneinander derart beschleunigt, dass beim Aufprall ein großer Druck entsteht. Die hohen Kräfte bewirken in beiden Fällen, dass die beiden Werkstoffe sich dauerhafte verbinden, indem sich die Korngrenzen verzahnen oder Mischkristalle entstehen. Bei Verwendung geeigneter Zwischenfolien, können die beiden Schichten auch verlötet werden.

Auskleidungen

Eine Auskleidung mit metallischen, nichtmetallischen anorganischen und organischen polymeren Stoffen muss den Trägerwerkstoff vor dem chemischen Angriff sicher schützen und gleichzeitig den chemischen, thermischen und mechanischen Beanspruchungen im Betrieb widerstehen. Im Gegensatz zur Plattierung sind einige Auskleidungen nicht über die gesamte Fläche mit dem Trägerwerkstoff verbunden, so dass entsprechend ausgerüstete Apparate nicht für einen Unterdruckbetrieb geeignet sind.

Metallische Auskleidungen durch das Aufbringen von Metallblechen werden meist nur punktuell mit dem Grundwerkstoff verbunden. Sie können falls nötig erneuert werden.

Beim Thermischen Spritzen und Kaltgasspritzen wird dagegen eine feste verbundene Metallschicht auf den Trägerwerkstoff aufgebracht. Es besteht eine große Vielzahl an Kombinationsmöglichkeiten von Grundwerkstoffen mit Schichtwerkstoffen. Das Thermische Spritzen beinhaltet unterschiedliche Spritzverfahren, die entsprechend DIN EN ISO 14917: 2017-08 nach der Art des Spritzzusatzwerkstoffes, der Fertigung oder des eingesetzten Energieträgers unterteilt werden. Allen Verfahren gemeinsam ist, dass der Spritzzusatzwerkstoff durch die Zufuhr von thermischer Energie aufgeschmolzen wird und als Spray unter der Ausnutzung der kinetischen Energie auf den Trägerwerkstoff aufgebracht wird. Als Energieträger wird oft eine Brenngas-Sauerstoff-Flamme genutzt. In diesem Fall spricht man auch vom Flammspritzen. Die kinetische Energie der erzeugten Tropfen beeinflusst die Dichte der Schicht sowie auch die Haftung der Schicht auf dem Grundwerkstoff.

Beim Kaltgasspritzen wird der Spritzzusatzwerkstoff in Pulverform mit sehr hoher Geschwindigkeit auf den Trägerwerkstoff aufgebracht. Die kinetische Energie der Partikeln ist gegenüber den thermischen Spritzverfahren erhöht und die thermische Energie verringert. Das Pulver wird in einem Gasstrom dispergiert. Dieser wird zuvor erwärmt und in einer Laval-Düse über die Schallgeschwindigkeit hinaus beschleunigt. Die kinetische Energie und damit die Aufprallgeschwindigkeit der Partikeln, die bis zu 1000 m/s betragen kann, sind gegenüber dem thermischen Spritzen wesentlich erhöht. Dadurch bilden die Partikeln auf den Trägerwerkstoff eine dichte und fest haftende Schicht. Aufgrund der geringeren Temperatur wir der Spritzzusatzwerkstoff nicht wesentlich verändert und auch das Substrat zeigt in der Regel keine Materialveränderungen durch eine Wärmeeinwirkung. Neben Metallpulvern können auch anorganische Pulver verwendet werden.

Organische polymere Auskleidungen werden durch das Auftragen von Reaktionsharz-Spachtelmassen, das Aufbringen von thermoplastischen Folien (z. B. aus Polyvinylchlorid, Polyethylen oder Polytetrafluorethylen) oder Gummibahnen hergestellt. Durch eine Oberflächenvorbehandlung wird oft die Haftung der Auskleidung auf der Oberfläche des zu schützenden Werkstoffes verbessert. Es können auch Auskleidungen durch das Aufschmelzen von aufgebrachten Pulvern und das Aufbringen von Dispersionen und einer nachfolgenden Wärmebehandlung erzeugt werden. Bereits bei der konstruktiven Gestaltung der Apparate ist auf eine auskleidungsgerechte Ausführung zu achten. DIN EN 14879-1:2005-12 gibt hierzu Hinweise.

Email

Um die Vorteile von Glas in Verbindung von Metallkonstruktionen zu nutzen, werden Apparateteile emailliert. Email ist ein Überzug aus nicht vollständig geschmolzenem Glas. Die Emailmasse wird durch Tauchen, Gießen oder Spritzen aus der Suspension oder in Pulverform aufgebracht und bei Temperaturen im Bereich von 700 bis 1000 °C eingebrannt. Die physikalischen und chemischen Zusammenhänge bieten viele Möglichkeiten, das Zusammenspiel zwischen Grundwerkstoff und Email auf die jeweiligen Belastungsbedingungen abzustimmen.

Emailschichten sind glatt, chemisch beständig, hart und hitzebeständig, jedoch auch sehr spröde. Email ist hinsichtlich Korrosion, Abrasion und Diffusion sehr beständig. Sie werden daher vor allem bei korrosionskritischen Umgebungsbedingungen in der chemischen Industrie eingesetzt. Emaillierte Oberflächen sind zudem sehr glatt, so dass sie auch gut zu reinigen sind. Technisches Email wird u. a. zur Auskleidung großer Reaktions- und Lagerbehälter, Kolonnenteile, Wärmeaustauscher und Rohrsysteme sowie Regel- und Absperrarmaturen eingesetzt. Auch in Anlagen zur Wasserversorgung und Abwasserbehandlung werden die spezifischen Eigenschaften von Email oft genutzt.

Literatur

1. Cillister WD, Rethwisch DG (2012) Materialwissenschaft und Werkstofftechnik. Wiley-VCH, Weinheim. ISBN: 978-3-527-33007-2
2. Moran S, Gräfen H (2016) Construction materials in the chemical industry. In ULLMANN'S Encyclopedia of Industrial Chemistry. Wiley-VCH, Weinheim. https://doi.org/10.1002/14356007.b01_07.pub2
3. Läpple V (2011) Einführung in die Festigkeitslehre. Vieweg+Teubner|Springer Fachmedien, Wiesbaden ISBN: 978-3-8348-1605-4
4. Herz R (2014) Grundlagen der Rohrleitungs- und Apparatetechnik, 4. Aufl. Vulkan, Essen. ISBN: 978-3-802-72782-5
5. Wagner W (2018) Festigkeitsberechnung im Apparate- und Rohrleitungsbau, 9. Aufl. Vogel Fachbuch, Würzburg. ISBN: 978-3-8343-3432-9
6. Kriegesmann J (Hrsg) (2005) DKG – Technische Keramische Werkstoffe. HvB, Ellerau. ISBN: 978-3-938595-00-8
7. Kollenberg W (Hrsg) (2004) Technische Keramik – Grundlagen, Werkstoffe, Verfahrenstechnik. Vulkan, Essen. ISBN: 3-8027-2927-7

Beanspruchungen und Festigkeitsberechnungen

9

9.1 Grundlegende Anforderungen

Technische Anlagen müssen den zu erwartenden Beanspruchungen standhalten. Entsprechend sind sie auszulegen und zu dimensionieren. Die Dimensionierung der Bauteile erfolgt aufgrund von Festigkeitsberechnungen in Verbindung mit den Werkstoffkennwerten. Die Grundlage für die Festigkeitsberechnung ist der Vergleich der vorliegenden Beanspruchung (Spannungen) im Bauteil mit der Beanspruchbarkeit (zulässige Spannungen) des Bauteils. Für den Fall von Druckgeräten werden im Anhang 1 der Druckgeräterichtlinie grundlegende und bindende Sicherheitsanforderungen aufgeführt, welche auch die Ermittlung der jeweiligen Beanspruchungen und Festigkeitsberechnungen betreffen. Im Folgenden werden einige der Sicherheitsanforderungen gekürzt und verallgemeinert wiedergegeben und erläutert. Sie können sinngemäß auf viele Bauteile übertragen werden.

Auslegung auf Grundlage einer Gefahrenanalyse
Der Hersteller ist verpflichtet, eine Gefahrenanalyse vorzunehmen, um die mit seinem Gerät verbundenen festigkeitsbedingten Gefahren zu ermitteln. Das Gerät ist entsprechend der Analyse auszulegen.

Bei der Wahl der angemessensten Lösungen hat der Hersteller folgende Grundsätze, und zwar in der angegebenen Reihenfolge, zu beachten:

Stufe 1: Abwendung oder Verminderung der Gefahren, soweit dies nach vernünftigem Ermessen möglich ist;

Stufe 2: Anwendung von geeigneten Schutzmaßnahmen gegen nicht abzuwendende Gefahren;

S. Ripperger, K. Nikolaus, *Entwicklung und Planung verfahrenstechnischer Anlagen*, VDI-Buch, https://doi.org/10.1007/978-3-662-60427-4_9

Stufe 3: Gegebenenfalls Unterrichtung der Benutzer über die Restgefahren und Hinweise auf geeignete besondere Maßnahmen zur Verringerung der Risiken bei der Installation und/oder der Benutzung.

Auslegung auf die erforderliche Belastbarkeit

Unter Anwendung der Stufe 1 der Grundsätze zum sicherheitsgerechten Entwurf von Druckbehältern, sind diese auf Belastungen auszulegen, die der beabsichtigten Verwendung und anderen vorhersehbaren Betriebsbedingungen angemessen sind. Die Auslegung erfolgt auf die erforderliche Belastbarkeit, das heißt die maximale Belastung, die im Betrieb auftreten kann. Im Fall von Druckgeräten sind dabei die folgenden Belastungen (meist Kräfte) und Einflüsse zu berücksichtigen:

- Innendruck
- Ein Überdruck gegenüber der Umgebung in einem Behälter kann sich aufgrund des hydrostatischen Druckes in einem ruhenden Medium einstellen (statischer Druck und Füllgewichte unter Betriebs- und Prüfbedingungen). Zusätzlich kann ein Druck durch eine Arbeitsmaschine (Pumpe, Kompressor) aufgebracht werden, der bei einem strömenden Medium zur Förderung und Überwindung der Druckabfälle notwendig ist. In Behältern kann ein Überdruck auch durch eine Erwärmung, eine chemische Reaktion oder eine Energiezufuhr mit Phasenumwandlung auftreten. Apparate werden für einen bestimmten Überdruck ausgelegt. Außerdem müssen Vorkehrungen getroffen werden, dass ein Druck oberhalb des Auslegungsdrucks nicht auftreten kann. Hierzu werden Sicherheitsarmaturen (Sicherheitsventile, Berstsicherungen) eingebaut.
- Außendruck
- In Vakuumapparaturen wird gezielt ein Unterdruck im Inneren eines Behälters angelegt. Dabei entsteht relativ zum Umgebungsdruck eine Außendruckbelastung des Behälters. Ein Unterdruck kann auch durch eine Kondensation eines Dampfes oder beim Entleeren eines Behälters auftreten, wenn ein Druckausgleich durch ein einströmendes Fluid nicht schnell genug stattfindet.
- Umgebungs- und Betriebstemperaturen
- Wärmeänderungen haben Systemlängenänderungen zur Folge, die bei einer Behinderung sogenannte Wärmespannungen verursachen. Diese müssen als Zusatzspannungen zur eigentlichen Beanspruchung gesondert berücksichtigt werden. Wärmespannungen entstehen beispielsweise, wenn ein Fluid in einem Behälter unter einer erhöhten Temperatur steht und sich eine Temperaturdifferenz durch die Behälterwand zur Umgebungstemperatur einstellt.
- Belastungen durch Verkehr, Schnee, Wind und Erdbeben
- Auch die Belastungen durch Verkehr, Schnee, Wind und Erdbeben stellen Zusatzlasten dar, die angemessen zu berücksichtigen sind. Eine Belastung durch Wind muss insbesondere bei freistehenden, hohen Behältern und Kolonnen berücksichtigt werden.

- Reaktionskräfte und -momente im Zusammenhang mit Trageelementen, Befestigungen, Rohrleitungen usw.
- Zusätzlich zu den eigentlichen Belastungen durch Innen- oder Außendruck, wirken an den Tragelementen von Behältern und Rohrleitungen Belastungen infolge des Eigengewichtes und der Inhalte, die angemessen zu berücksichtigen sind.
- Korrosion und Erosion
- Ist das Bauteil einer medienbedingten Korrosion oder Erosion ausgesetzt, kann die Wandstärke des Bauteils und damit die Beanspruchbarkeit im Betrieb reduziert werden. Dieser Einfluss ist bei der Auslegung von Druckbehältern zu berücksichtigen.
- Materialermüdung
- Beim Vorliegen einer dynamischen Belastung sind Festigkeitskennwerte zur Materialermüdung entscheidend für die Auslegung. Eine dynamische Belastung kann beispielsweise durch Stellvorgängen von Armaturen (z. B. Ventilen) und Fluktuationen von Betriebslasten entstehen.
- Zersetzung instabiler Fluide
- Unter der Zersetzung instabiler Fluide ist die Zerlegung einer chemischen Verbindung in kleinere Moleküle oder Einzelelemente zu verstehen, die eine prozessbedingte zusätzliche Belastung für den Druckbehälter darstellen kann. Die Belastung kann in diesem Fall beispielsweise durch entstehende Gase (Druckbelastung) oder exotherme Reaktionen (thermische Belastung) hervorgerufen werden.

Unterschiedliche Belastungen, die gleichzeitig auftreten können, sind unter Beachtung der Wahrscheinlichkeit ihres gleichzeitigen Auftretens zu berücksichtigen.

Berechnungsmethoden zur Auslegung

Der Nachweis, dass die oben genannten Sicherheitsanforderungen erfüllt sind, kann durch

- Auslegung nach anerkannten Gleichungen,
- Auslegung nach Analyseverfahren,
- Auslegung nach bruchmechanischen Verfahren

erbracht werden.

Die Auslegung nach Analyseverfahren beinhaltet in der Regel numerische Festigkeitsberechnungen mit Hilfe der Finiten Elemente Methode (FEM), die insbesondere dann Anwendung findet, wenn der Beanspruchungszustand eines Bauteils sehr komplex ist, so dass dieser durch vereinfachte Berechnungsmethoden nicht aufgelöst werden kann (z. B. bei überlagerten dynamischen Belastungen). In den meisten Fällen wird der Festigkeitsnachweis von Druckbehältern auf Grund von anerkannten Berechnungsmethoden, gegebenenfalls ergänzt durch experimentelle Auslegungsmethoden (z. B. bei tiefen Temperaturen), durchgeführt. Wie in Abschn. 6.2.8 erläutert, können für Druckbehälter, welche unter die europäische Druckgeräterichtlinie (DGRL) fallen, die zur Umsetzung der Richtlinie ausgearbeiteten EN-Normen anwendet werden. Darin sind auch bewährte Berechnungsmethoden für die jeweiligen Apparate- und Bauelemente enthalten. Einige der Normen sind in Abschn. 6.2.8.4 aufgeführt. Zur Auslegung von Druckbehältern werden insbesondere die Norm für „Unbefeuerte Druckbehälter" (DIN EN 13445) und die Norm für Dampfkessel (DIN EN 12952/12953) verwendet. Die Auslegung von Druckrohren erfolgt überwiegend nach der Norm für „Metallische industrielle Rohrleitungen" (DIN EN 13480). Alternativ können auch andere bewährte und anerkannte nationale technische Regelwerke angewendet werden. Das AD 2000-Regelwerk mit den AD-Merkblättern ist eine solche Methode (AD steht für Arbeitsgemeinschaft Druckbehälter; siehe hierzu auch Abschn. 7.5).

Das AD 2000-Regelwerk hat nicht den Status einer harmonisierten Norm und löst daher nicht direkt eine „Konformitätsvermutung" aus. Es konkretisiert jedoch grundlegende Sicherheitsanforderungen, die nach der europäischen Druckgeräterichtlinie beachtet werden müssen und erfüllt die Konformitätsanforderungen der Richtlinie in diesem Sinne. Mehr als 100 Merkblätter wurden mit Detailinformationen zu folgenden Gebieten erarbeitet:

- Ausrüstung, Aufstellung und Kennzeichnung (Reihe A)
- Berechnung (Reihe B)
- Grundsätze (Reihe G)
- Herstellung und Prüfung (Reihe HP)
- Druckbehälter aus nichtmetallischen Werkstoffen (Reihe N)
- Sonderfälle, allgemeiner Standsicherheitsnachweis für Druckbehälter (Reihe S)
- Metallische Werkstoffe (Reihe W)
- Leitfaden (Reihe Z)

Das Regelwerk enthält Erfahrungen aus jahrzehntelanger Praxis. Es berücksichtigt alle grundlegenden Sicherheitsanforderungen, die bei der Dimensionierung von Druckgeräten (u. a. Behälter, Kolonnen, Wärmeaustauschern) beachtet werden müssen. Es ist als Loseblatt-Sammlung und als Taschenbuch erschienen [1].

Unabhängig davon, welche technischen Regelwerke zur Auslegung von Druckbehältern verwendet werden (AD 2000 oder EU-Normen), erfolgt die Festigkeitsberechnung immer durch den Vergleich der vorliegenden Beanspruchung mit der Beanspruchbarkeit des Bauteils. Die Beanspruchbarkeit des Bauteils hängt stark von den Werkstoffeigenschaften, wie z. B. Streckgrenze, 0,2 %-Dehngrenze, Zugfestigkeit, Zeitstandfestigkeit, Ermüdungsdaten usw. ab, deren Werte gemäß der DGRL sich immer auf belegte Daten stützen müssen. Zur Ermittlung der vorliegenden Beanspruchung sind alle möglichen Temperatur- und Druckkombinationen, die unter vorhersehbaren Betriebsbedingungen des Gerätes auftreten können, in angemessenen Sicherheitsmargen zu berücksichtigen. Die sich daraus ergebene maximale, vorliegende Spannung muss innerhalb sicherer Grenzwerte liegen. Wichtig ist es, dabei alle Unsicherheiten einzubeziehen, die im Zusammenhang mit der Festigkeitsberechnung auftreten können. Unsicherheiten können durch die

Annahme der vorliegenden Belastung, die beispielsweise bei überlagerten oder dynamischen Belastungen nicht immer eindeutig zu bestimmen ist, ebenso entstehen wie bei der Ermittlung der vorliegenden Spannungen im Bauteil, da dabei häufig vereinfachend idealisierte Geometrien betrachtet werden. Auch bei der Übertragung der Werkstoffeigenschaften aus Datenbanken können z. B. durch vorliegende Gefügeinhomogenitäten oder Werkstofffehler Unsicherheiten vorliegen. Deshalb sind bei der Auslegung von Druckbehältern gemäß der DGRL Sicherheitsfaktoren oder Sicherheitsbeiwerte einzubeziehen, die alle Unsicherheiten aufgrund der Herstellung, des tatsächlichen Betriebes, der Beanspruchung, der Berechnungsmodelle, der Werkstoffeigenschaften und des Werkstoffverhaltens abdecken. Durch die Anwendung von Sicherheitsfaktoren wird die theoretisch ermittelte Beanspruchbarkeit der Bauteile bewusst reduziert und dadurch die Sicherheit gegen den Versagensfall erhöht. Die Höhe der Sicherheitsfaktoren hängt dabei von der Anzahl und dem Einfluss der auszugleichenden Unsicherheiten, von dem Gefährdungspotenzial, das mit dem Erreichen der Grenzbeanspruchung verbunden ist, sowie von den Folgen im Falle des Versagens ab. In der AD 2000 und den oben genannten EU-Normen sind Werte der Sicherheitsfaktoren für verschiedene Anwendungsfälle nach den Vorgaben der Druckgeräterichtlinie konkretisiert.

Bei der Auslegung von Druckbehältern sind zudem alle vorhersehbaren Verschleißmechanismen (insbesondere Korrosion) entsprechend der beabsichtigen Verwendung des Gerätes zu berücksichtigen. Erforderlichenfalls sind entsprechende Wanddickenzuschläge oder angemessene Schutzvorkehrungen gegen Korrosion oder andere chemische Einflüsse vorzusehen. Auch wo starke Erosions- oder Abrieberscheinungen auftreten können, sind gemäß der DGRL angemessene Maßnahmen zu treffen, um diese Erscheinungen durch geeignete Auslegung, z. B. Wanddickenzuschläge, oder durch die Verwendung von Auskleidungen oder Beschichtungen zu minimieren. Gegebenenfalls muss dabei ein regulärer Austausch der am stärksten betroffenen Teile vorgesehen werden. In den Betriebsanleitungen ist auf Auslegungsmerkmale, die bei der Berechnung berücksichtigt wurden, hinzuweisen.

9.2 Bauteile mit einer Belastung unter statischem Innendruck

Wie in Abb. 1.4 anhand eines liegenden Behälters dargestellt wurde, kann ein Apparat weitgehend aus mehreren Bauelementen zusammengesetzt werden. Diese Bauelemente des Apparatebaues ermöglichen es, eine Vielzahl von Apparaten (z. B. Wärmeaustauscher, Destillationskolonnen, Behälter, Reaktoren) aus gleichen Grundelementen (z. B. zylindrische Mäntel, Böden, Stutzen, Flanschverbindungen) zusammenzusetzen. Entsprechend wird die Festigkeitsberechnung für diese Bauelemente zunächst einzeln durchgeführt. Dabei muss man jedoch auch immer den ganzen Apparat im Auge behalten und die angewendeten bewährten Methoden und Regeln für den betrachteten Anwendungsfall hinterfragen.

Wird eine drucktragende Wand von beiden Seiten gleichzeitig durch Druck beansprucht darf in der Regel **nicht** mit der Druckdifferenz gerechnet werden. Die Berechnung ist für jeden der beiden Überdrücke einzeln durchzuführen. Durch diese Vorgehensweise wird berücksichtigt, dass durch einen betriebsbedingten oder unvorgesehenen Druckabfall auf einer Seite die gesamte Belastung auf der anderen Seite der Wand liegen würde. Die Auslegung muss auf die maximal mögliche Belastung erfolgen. Ausnahmen sind zulässig, wenn nachgewiesen wird, dass eine höhere Beanspruchung als durch die Druckdifferenz nicht auftreten kann.

Bei gleichzeitigem Auftreten von Überdruck und Unterdruck an einer drucktragenden Wand wird als Berechnungsdruck die Druckdifferenz eingesetzt, weil diese Belastung die maximal mögliche im Betrieb darstellt.

Die Ermittlung der Spannungen im Inneren der Bauteile erfolgt nach Methoden aus der Festigkeitslehre. Zur Ermittlung der inneren Beanspruchungen wird zunächst das Freischneiden angewendet. Dabei wird ein Körper gedanklich durch einen Schnitt, in dessen Schnittfläche innere Spannungen bestimmt werden sollen, in zwei Teile geteilt. Bei dem betrachteten Freikörper eines Teils, müssen zur Herstellung des mechanischen Gleichgewichtes die inneren Spannungen in der Schnittfläche und die daraus resultierenden Kräfte bzw. Momente zu den äußeren Kräften und Momenten, die infolge des Innendruckes entstehen, gleich sein. Im folgenden Abschnitt wird die Berechnung am einfachen Beispiel von dünnwandigen zylindrischen und kugelförmigen Druckbehältern erläutert.

9.2.1 Dünnwandige Druckbehälter und Rohre

Zylindrische Mäntel sind Bauelemente des Apparatebaus für zylindrische Druckbehälter wie z. B. Tanks, Kessel und Boiler. Im Material eines solchen Druckbehälters treten in den drei Koordinaten die folgenden Normalspannungen als Hauptspannungen auf:

σ_u: Spannung in Umfangsrichtung (tangentiale Richtung),
σ_l: Spannung in Längsrichtung (axiale Richtung),
σ_r: Spannung in radialer Richtung.

Die Größe dieser Spannungen kann aus den Gleichgewichtbedingungen abgeleitet werden. Der Spannungsverlauf in Umfangsrichtung ist über die Wanddicke nicht konstant. Er ist im Inneren am höchsten und nimmt radial ab. Der genaue Verlauf der Spannungen in der Behälterwand wird in Abschn. 9.2.4 hergeleitet und erläutert. Eine vereinfachte Berechnung ist möglich, wenn man annimmt, dass der Behälter dünnwandig ist. Nach der AD 2000 wird ein Behälter als dünnwandig bezeichnet, wenn für das Verhältnis von Außendurchmesser D_a zu Innendurchmesser D_i bzw. Wanddicke s zu Außendurchmesser D_a gilt:

$$\frac{D_a}{D_i} \leq 1{,}2 \text{ bzw. } \frac{s}{D_a} \leq 0{,}08 \tag{9.1}$$

In diesem Fall kann man von dem Mittelwert der Spannung in Umfangsrichtung ausgehen, da sich die Spannungsverteilung über die Wanddicke nicht signifikant ändert. Bei dem oben aufgeführten Verhältnis ist die lokale Spannung an der Innenwand maximal um ca. 11 % höher als die mittlere Spannung.

Mittlere Spannung in Umfangsrichtung in einem zylindrischen Mantel

Zur Abschätzung der Spannung in Umfangsrichtung wendet man das Prinzip des „Freischneidens" an, d. h., man betrachtet die Druckkraft auf ein ausgeschnittenes Flächenelement des Trommelmantels F_D mit der Länge l und der Breite u und setzt die Kraft im Inneren infolge der Umfangsspannung (Tangentialkraft) F_U als entsprechende äußere Kraft an (s. Abb. 9.1).

Es gilt das Kräftegleichgewicht:

$$F_D = 2\ F_U\ \sin\ d\varphi \tag{9.2}$$

Mit dem Innendruck p_i und der Spannung σ_u kann man dafür schreiben:

$$p_i \cdot u \cdot l - 2 \cdot \sigma_u \cdot s \cdot l \cdot \sin d\varphi = 0 \tag{9.3}$$

Aus der Zeichnung Abb. 9.1 kann man entnehmen, dass gilt:

$$\frac{u}{2} = r_m \cdot \sin d\varphi \tag{9.4}$$

Da man von einer dünnen Wandung ausgeht, kann man als r_m den Innenradius r_i einsetzen. Damit erhält man:

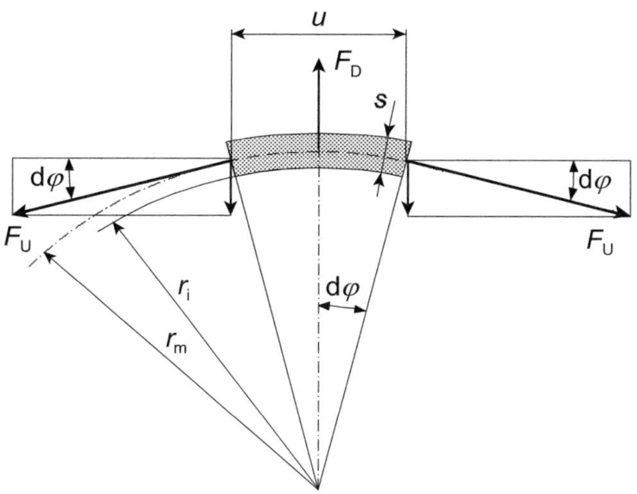

Abb. 9.1 Kräftegleichgewicht an einem Wandelement

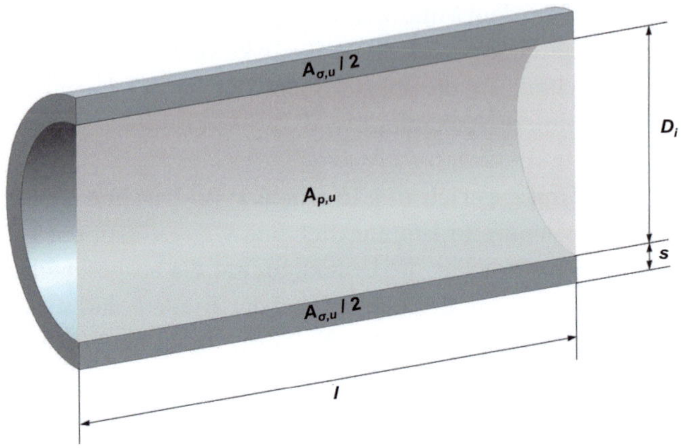

Abb. 9.2 Längsschnitt durch zylindrischen Behältermantel

$$\sigma_u = \frac{p_i \cdot r_i}{s} = \frac{p_i \cdot D_i}{2 \cdot s}. \tag{9.5}$$

Als eine alternative Vorgehensweise zur Ermittlung der mittleren Spannung in Umfangsrichtung kann man auch einen Zylinder mit der Länge l gemäß der Abb. 9.2 gedanklich in zwei halbringförmige Segmente zerlegen.

Die inneren Kräfte infolge der Umfangsspannung in der Wandung

$$F_u = \sigma \cdot A_{\sigma,u} \quad \text{mit} \quad A_{\sigma,u} = 2 \cdot s \cdot l \tag{9.6}$$

werden damit äußere Kräfte. Diese werden von der Spannung in der Materialfläche $A_{\sigma,u}$ aufgenommen.

Die inneren Kräfte infolge der Umfangsspannung stehen im Gleichgewicht mit der Druckkraft auf die innere Fläche, die in die gleiche Richtung wirkt. Die Resultierende der Druckkraft, die auf jedes Flächenelement der Wandung dA wirkt, beträgt:

$$dF_D = p_i \cdot l \cdot u \cdot \sin\varphi, \quad \text{mit} \quad u = r_i \cdot d\varphi \tag{9.7}$$

Die Integration liefert:

$$F_D = p_i \cdot l \cdot r_i \cdot \int_0^{+\pi} \sin\varphi \cdot d\varphi. \tag{9.8}$$

Der Betrag des Integrals hat den Wert 2 und beschreibt in Verbindung mit dem Radius die halbe Projektionslinie senkrecht zur Schnittebene, so dass man schreiben kann:

$$F_u = p_i \cdot A_{p,u} \quad \text{mit} \quad A_{p,u} = 2 \cdot r_i \cdot l = \text{Projektionsfläche der Belastung} \tag{9.9}$$

Die Druckkraft auf eine gekrümmte Wandfläche ergibt sich somit aus dem Produkt des vorliegenden Druckes mit der Projektionsfläche der gekrümmten Wand, die in Abb. 9.2 dargestellt ist. Mit diesen Gleichungen erhält man für die mittlere Umfangsspannung in einem zylindrischen Druckbehälter entsprechend der Gl. (9.5):

$$\sigma_u = \frac{p_i \cdot r_i}{s} = \frac{p_i \cdot D_i}{2 \cdot s} \tag{9.10}$$

Wagner [2] nennt die Vorgehensweise „Flächenvergleichsverfahren", in welchem die Druckbeanspruchung auf der Belastungsfläche $A_{p,u}$ mit der Materialspannung in der Materialfläche $A_{\sigma,u}$ im Gleichgewicht steht. Man kann also zur Ermittlung der mittleren Umfangsspannung schreiben:

$$p_i \cdot A_{p,u} = \sigma_u \cdot A_{\sigma,u}. \tag{9.11}$$

Da die Innendruckbelastung bekannt ist, hängt die zu ermittelnde Spannung im Bauteil nur noch von den freigeschnittenen Flächen ab. Zur Berechnung der mittleren Spannung im Bauteil genügt es, die Belastungsfläche und die Materialfläche geometrisch zu bestimmen. Diese Erkenntnis kann auch zur Ermittlung der mittleren Spannung in Längsrichtung genutzt werden.

Mittlere Spannung in Längsrichtung in einem zylindrischen Mantel

Wendet man die analoge Vorgehensweise zur Berechnung der mittleren Spannung in Längsrichtung eines zylindrischen Mantels an und betrachtet dabei Abb. 9.3, so entspricht die Materialfläche der Ringfläche der Wandung und die Belastungsfläche entspricht der Projektionsfläche auf einen Boden, mit dem der Zylinder verschlossen ist.

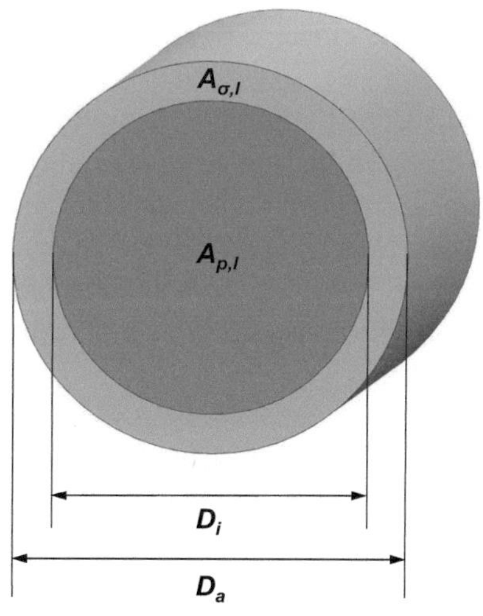

Abb. 9.3 Querschnitt durch zylindrischen Behältermantel

Man erhält:

$$p_i \cdot A_{p,l} = \sigma_l \cdot A_{\sigma,l}, \quad \text{wobei} \quad A_{p,l} = D_i^2 \cdot \frac{\pi}{4} \quad \text{und} \quad A_{\sigma,l} = D_m \cdot \pi \cdot s \tag{9.12}$$

Wenn für dünnwandige Zylinder angenommen werden kann, dass der mittlere Behälterdurchmesser $D_i \approx D_m$ gilt, ergibt sich daraus:

$$\sigma_l = p_i \cdot \frac{A_{p,l}}{A_{\sigma,l}} = \frac{p_i \cdot D_i}{4 \cdot s} \tag{9.13}$$

Ein Vergleich mit der Umfangsspannung zeigt, dass diese bei einem zylindrischen Behälter doppelt so groß ist wie die Längsspannung. Daher müssen z. B. Schweißnähte in Längsrichtung einer doppelt so hohen Spannung standhalten als Rundnähte, mit denen Rohre aneinander geschweißt werden. Da die Umfangsspannung in zylindrischen Druckbehältern oder -rohren im Vergleich zur Längsspannung und Radialspannung immer am höchsten liegt, weisen geborstene Rohre oder zylindrische Druckbehälter immer einen Riss in Längsrichtung auf. Ein einprägsames Beispiel zur Verdeutlichung des Zusammenhangs ist die Brühwurst, die ebenfalls einen zylindrischen Körper darstellt und die durch Wärme erzeugten Innendruck immer in Längsrichtung aufplatzt.

Mittlere Umfangsspannung in einem kugeligen Behälter

Wendet man die Vorgehensweise analog auf einen kugeligen Behälter an, so erkennt man, dass die Spannung in Umfangsrichtung in allen Richtungen gleich ist und der Spannung in Längsrichtung bei einem zylindrischen Mantel entspricht. Da ein zylinderförmiger Abschnitt fehlt, tritt keine höhere Spannung auf.

Damit ist in einem kugeligen Behälter die Umfangsspannung nur halb so groß wie bei einem zylindrischen Behälter. Daher werden kugelförmige Behälter trotz der schwierigeren Herstellung z. B. auch zur Speicherung von komprimierten Gasen eingesetzt.

Mittlere Spannung in radialer Richtung

Der Innendruck in einem zylindrischen oder kugeligen Druckbehälter erzeugt in der Wandung eine Druckspannung, die dem Innendruck entgegen wirkt und diesem entspricht. Diese Spannung fällt bis zur Außenfläche auf null ab. Bei Behälter mit dünnen Wandungen werden die angegebenen Spannungen als Mittelwerte aufgefasst, so dass man für die mittlere radiale Spannung unter der Annahme eines linearen Radialspannungsverlaufes schreiben kann:

$$\sigma_r = -\frac{p_i}{2} \tag{9.14}$$

9.2.2 Die Vergleichsspannung

Die Ausführungen in Abschn. 9.2.1 zeigen, dass bei einer Beanspruchung von zylindrischen oder kugelförmigen Apparateelementen unter Innen- oder Außendruck Spannungen in drei Koordinatenrichtungen auftreten, welche das Verformungsverhalten der Bauteile beeinflussen können. Die Festigkeitskennwerte der Werkstoffe werden in der Regel unter einachsiger Zugbeanspruchung ermittelt. Ein unmittelbarer Vergleich der mehrachsigen Beanspruchung mit dem Festigkeitskennwert des Werkstoffes ist daher nicht gegeben.

Auf Basis von Festigkeitshypothesen kann mit den Hauptspannungen des mehrachsigen Spannungszustandes eine fiktive einachsige Vergleichsspannung ermittelt werden, welche es erlaubt, den dreidimensionalen Belastungszustand im Bauteil mit den Kennwerten aus dem einachsigen Zugversuch (z. B. Streckgrenze oder Zugfestigkeit) zu vergleichen. Zur Beschreibung des Spannungszustandes in einem Bauteil ist die Angabe des Spannungstensors notwendig, der in der Regel sechs verschiedene Spannungswerte enthält; drei Normal- und drei Schubspannungen. Durch die Überführung des Spannungstensors in ein ausgezeichnetes Koordinatensystem (das Hauptachsensystem) werden die Schubspannungen zu Null. Die in diesem Fall sich ergebenden drei (Normal-)Spannungen werden als Hauptspannungen bezeichnet. Die Beträge der Hauptspannungen bzw. die Elemente des Spannungstensors können in eine skalare Größe überführt werden, welche den Spannungszustand kennzeichnet und eine versagensrelevante Information darstellt. Eine vollständige äquivalente Beschreibung des Spannungszustandes erreicht man damit nicht, da beim Übergang von den Vektoren der Hauptspannungen zur skalaren Vergleichsspannung immer Information verloren geht. Die Vorstellung bzw. Vorschrift zur Bildung der skalaren Vergleichsspannung bezeichnet man als Vergleichsspannungshypothese oder Festigkeitshypothese.

Im Rahmen einer Festigkeitsberechnung vergleicht man die Vergleichsspannung mit den Spannungskennwerten des Werkstoffes, welche aus dem einachsigen Zugversuch ermittelt wurden, wobei in der Regel auch noch Sicherheitsbeiwerte berücksichtigt werden. Mit der Wahl der Festigkeitshypothese enthält die Vergleichsspannung bei einer Überschreitung der Spannungskennwerte des Werkstoffes implizit den möglichen Versagensmechanismus. Sie ist damit ein Wert, mit dem die Gefährdung des Bauteils unter den gegebenen Beanspruchungen ausdrückt werden kann. Die Wahl der jeweiligen Festigkeitshypothese hängt vom Festigkeitsverhalten des Werkstoffes sowie vom Lastfall (statisch, schwingend, Stoß) ab. Sie werden auch anwendungsspezifisch gewählt, beispielsweise wenn in einem bestimmten Anwendungsgebiet eine Norm die Anwendung einer bestimmten Festigkeitshypothese fordert.

Gestaltänderungsenergiehypothese GEH (nach von Mises)

Ein Werkstoff, der durch eine äußere Belastung verformt wird, speichert einen Teil der bei der Belastung aufgebrachten Energie W_i in seinem Inneren über das gesamte Volumen ΔV.

Für den einachsigen Fall ergibt sich die Formänderungsenergiedichte w_f mit der Spannung σ und der Dehnung ε zu:

$$w_f = \frac{W_i}{\Delta V} = \frac{1}{2}\sigma \cdot \varepsilon \tag{9.15}$$

Für den linear elastischen Fall erhält man mit dem *Hooke*schen Gesetz und dem Elastizitätsmodul *E:*

$$\sigma = E \cdot \varepsilon \tag{9.16}$$

und damit auch

$$w_f = \frac{1}{2}\frac{\sigma^2}{E}. \tag{9.17}$$

Die Formänderung eines Bauteils wird zu einem Teil von einer Volumenänderung und zu einem anderen Teil von einer Gestaltänderung beschrieben. Die Gestaltänderungsenergie ergibt sich durch Subtraktion der Volumenänderungsenergie, die im hydrostatischen Spannungszustand vorliegt, von der Formänderungsenergie. Die Vergleichsspannung wird so ausgedrückt, dass sie die gleiche Gestaltänderungsenergie aufweist wie der räumliche Spannungszustand. Nach der Gestaltänderungshypothese bzw. Gestaltänderungsenergiehypothese (kurz: GE-Hypothese), tritt ein Versagen des Bauteils dann auf, wenn die Gestaltänderungsenergie einen Grenzwert überschreitet. Bei einer Beschreibung des Grenzwertes mit den geordneten Hauptspannungen $\sigma_1 > \sigma_2 > \sigma_3$ erhält man für die Vergleichsspannung nach der Gestaltänderungshypothese:

$$\sigma_{\text{V},GEH} = \frac{1}{\sqrt{2}}\left[(\sigma_1 - \sigma_2)^2 + (\sigma_2 - \sigma_3)^2 + (\sigma_3 - \sigma_1)^2\right] \tag{9.18}$$

Im Falle eines zylindrischen Behälters und einer reinen Innendruckbelastung ist $\sigma_1 = \sigma_u$, $\sigma_2 = \sigma_l$ und $\sigma_3 = \sigma_r$. Verwendet wird diese Hypothese für duktile Werkstoffe (z. B. Stahl) bzw. duktiles Werkstoffverhalten unter ruhender und wechselnder Beanspruchung. Die GE-Hypothese ermöglicht es, den Spannungszustand eines Bauteils für den Fall des Versagens durch plastische Verformung und Dauerbruch (bei dynamischer Beanspruchung) gut zu beschreiben. Beim Vergleich von berechneten und experimentell ermittelten lokalen Spannungen in Behälterwänden zeigt die GE-Hypothese gegenüber der üblicherweise verwendeten Schubspannungshypothese eine bessere Übereinstimmung. Die GE-Hypothese wird in den technischen Regelwerken zur Auslegung von Druckbehältern insbesondere dann verwendet, wenn die Spannungen in der Behälterwand nicht mehr als konstant angesehen werden können, sondern die lokale Maximalspannung an der Innenwand berücksichtigt werden muss. Dieser Fall liegt im Apparatebau beispielsweise nur bei dickwandigen Behältern oder einer Überlagerung durch Wärmespannungen vor. Im Maschinen- und Stahlbau wird die Gestaltänderungshypothese hingegen häufiger angewendet.

Schubspannungshypothese SH (nach Tresca)

Bei der Schubspannungshypothese wird davon ausgegangen, dass für das Versagen des Werkstoffes die größte Schubspannung im Bauteil verantwortlich ist. Sie wird bei duktilen Materialien oder duktilem Werkstoffverhalten unter statischer Belastung angewandt, wenn ein Versagen durch Fließen (Gleitbruch) auftritt. Der doppelte Wert der maximalen Schubspannung τ_{max} entspricht der Differenz der maximalen und minimalen Hauptspannung. Die Vergleichsspannung wird entsprechend aus der Differenz der größten Hauptspannung σ_1 und kleinsten Hauptspannung σ_3 ermittelt.

$$\sigma_{\mathrm{V},SH} = 2 \cdot \tau_{\max} = \sigma_1 - \sigma_3. \tag{9.19}$$

Im Falle eines zylindrischen Behälters und einer reinen Innendruckbelastung ist $\sigma_1 = \sigma_u$ und $\sigma_3 = \sigma_r$. Die Schubspannungshypothese findet im Apparate- und Maschinenbau bevorzugt Anwendung. Die sich aus ihr ergebenden Gleichungen sind im Vergleich zur GE-Hypothese einfacher zu handhaben. Die Vergleichsspannung, die sich durch Anwendung der Schubspannungshypothese ergibt, liefert stets größere Werte als die Vergleichsspannung, die durch Anwendung der GE-Hypothese ermittelt wird. Die Vergleichsspannung nach der Schubspannungshypothese überschätzt damit die tatsächlichen Werte. Daher ergibt sich bei Anwendung der Schubspannungshypothese eine konservativere Festigkeitsberechnung, da der Fehler zur „sicheren Seite“ hin gerichtet ist. Daraus ergibt sich jedoch auch eine Überdimensionierung für eine Auslegung nach der Schubspannungshypothese, während die GE-Hypothese eine wirtschaftlichere Auslegung erlaubt. Die Schubspannungshypothese wird in den technischen Regelwerken zur Auslegung von Druckbehältern insbesondere dann verwendet, wenn die Spannungen in der Behälterwand als konstant angesehen werden können. In diesem Fall, der auf dünnwandige Behälter zutrifft, werden mittlere Spannungen in der Behälterwand bei der Berechnung der Vergleichsspannung nach der Schubspannungshypothese berücksichtigt.

Normalspannungshypothese NH (nach Rankine)

Bei der Normalspannungshypothese wird davon ausgegangen, dass das Bauteil aufgrund der größten Normalspannung versagt. Ausgedrückt mit den geordneten Hauptspannungen $\sigma_1 > \sigma_2 > \sigma_3$ ergibt sich daraus:

$$\sigma_{\mathrm{V},NH} = \sigma_1. \tag{9.20}$$

Im Falle eines zylindrischen Behälters und einer reinen Innendruckbelastung ist $\sigma_1 = \sigma_u$. Diese Hypothese wird für spröde Werkstoffe (z. B. Grauguss oder keramische Werkstoffe) und sprödes Werkstoffverhalten (z. B. martensitisch gehärteter Stahl) bei einer vorwiegend ruhenden Zugbeanspruchung sowie bei stoßartiger Belastung angewendet, welche mit einem Trennbruch ohne Fließen (Sprödbruch) versagen. Da Druckbehälter üblicherweise aus duktilen Werkstoffen hergestellt werden, findet die Normalspannungshypothese kaum Anwendung bei der Festigkeitsberechnung von Druckbehältern. Hierfür stehen meist die Schubspannungshypothese und die GE-Hypothese im Fokus der Anwendung.

Beispiel 9.1: *Vergleichsspannung*

Man ermittle die mittlere Vergleichsspannung nach der Schubspannungs- und der Normalspannungshypothese für einen dünnwandigen zylindrischen Behälter.

Lösung:

Die größte Hauptspannung tritt in Umfangsrichtung und die kleinste in radialer Richtung auf, so dass für die Vergleichsspannung nach der Schubspannungshypothese gilt:

$$\sigma_{\mathrm{V},SH} = \sigma_1 - \sigma_3 = \sigma_u - \sigma_r = \frac{p_i \cdot D_i}{2 \cdot s} - \left(- \frac{p_i}{2} \right) = \frac{p_i}{2} \left(\frac{D_i}{s} + 1 \right) \tag{9.21}$$

Die größte Hauptspannung tritt in Umfangsrichtung auf, so dass man als Vergleichsspannung nach der Normalspannungshypothese erhält:

$$\sigma_{\mathrm{V},NH} = \sigma_1 = \sigma_u = \frac{p_i \cdot D_i}{2 \cdot s} \tag{9.22}$$

9.2.3 Auslegung dünnwandiger Druckbehälter und Rohre nach AD 2000-Regelwerk

Die in der europäischen Druckgeräterichtlinie (DGRL) festgelegten Sicherheitsanforderungen können dadurch erfüllt werden, dass man bewährte Berechnungsmethoden für die jeweiligen Apparatebauelemente anwendet. Die AD 2000-Merkblätter sind eine Sammlung solcher bewährter Methoden (siehe hierzu auch Abschn. 9.1).

Im Folgenden wird am Fall dünnwandiger zylindrischer und kugelförmiger Druckbehälter die in den Merkblättern verfolgte Berechnungsmethode erläutert. Außerdem werden die in den Merkblättern verwendeten Bezeichnungen angewandt. Man unterscheidet dort den maximal zulässigen Druck (PS) und den Prüfdruck (PT). Bei einem ausgeführten Bauteil muss der Berechnungsdruck p dem maximal zulässigen Druck (PS) entsprechen. Alle Druckangaben in der AD 2000 sind als Relativdrücke, also Überdrücke gegenüber dem Atmosphärendruck, zu verstehen. Die durch die Füllung eines Behälters hervorgerufenen hydrostatischen Drücke brauchen nur berücksichtigt zu werden, wenn sie die Beanspruchung um mehr als 5 % erhöht. Beim Prüfdruck (PT) dürfen die zulässigen Spannungen, gebildet aus dem Festigkeitskennwert K bei Prüftemperatur und dem Sicherheitsbeiwert S für den Werkstoff, nicht überschritten werden.

Ausgangspunkt der Herleitung ist die Umrechnung des im Bauteil vorhandenen mehrachsigen Spannungszustandes in die einachsige, äquivalente Vergleichsspannung. Dabei wird davon ausgegangen, dass die Enden des Behälters (Böden) einen hinreichenden Abstand von dem betrachteten zylindrischen Behältermantel aufweisen. Im Falle dünnwandiger Behälter können mittlere Spannungen über die Wanddicke angesetzt werden und die Vergleichsspannung infolge der üblicherweise verwendeten duktilen Werkstoffen nach der Schubspannungshypothese (Gl. 9.21) berechnet werden. Die Vergleichsspannung im Bauteil ist abhängig von der mechanischen Belastung (z. B. Innendruck) sowie von den geometrischen Verhältnissen des Bauteils (z. B. Durchmesser-Wanddicken-Verhältnis). Die Vergleichsspannung in der Behälterwand (Beanspruchung) muss im Sinne der Festigkeitsbedingung kleiner oder gleich der zulässigen Spannung des jeweiligen Werkstoffs (Beanspruchbarkeit) sein:

$$\sigma_{\mathrm{V},SH} = \frac{p_i}{2}\left(\frac{D_i}{s}+1\right) \leq \sigma_{zul} \tag{9.23}$$

Mit $D_i = D_a - 2 \cdot s$ erhält man:

$$\sigma_{zul} \geq \frac{p_i}{2}\left(\frac{D_a}{s}-1\right) \tag{9.24}$$

Damit kann man für die Mindestwanddicke s_V schreiben:

$$s_\mathrm{V} = \frac{D_a \cdot p_i}{2 \cdot \sigma_{zul} + p_i} \tag{9.25}$$

Die Berechnung der zulässigen Spannung σ_{zul} ergibt sich durch die Berücksichtigung des wahrscheinlichsten Versagensszenarios und dem zugehörigen werkstoffabhängigen Festigkeitskennwert K unter Einbeziehung des jeweiligen Sicherheitsbeiwertes S. Beispielsweise ist die temperaturabhängige Streckgrenze R_e bzw. 0,2 %-Dehngrenze $R_{p0,2}$ bei einem möglichen Versagen durch plastische Verformung als Festigkeitskennwert K entscheidet, während bei einem möglichen Bruch die Zugfestigkeit R_m als Festigkeitskennwert K einzusetzen ist. Zudem muss bei Stählen ab ca. 400 °C das Zeitstandverhalten des Werkstoffs mitberücksichtigt werden. Das bedeutet, dass sich die Festigkeit unter Dauerbelastung (Druck und Temperatur) mit der Zeit verringert und ein Versagen durch Kriechen einsetzen kann. In diesem Fall ist die Zeitstandfestigkeit $R_{m/t/T}$ bei der Temperatur T nach t Betriebsstunden als Festigkeitskennwert K relevant. Nach dem AD 2000-Regelwerk ergibt sich die zulässigen Spannung σ_{zul} aus dem kleinsten Wert des Quotienten aus Festigkeitskennwert K und Sicherheitsbeiwert S für alle betrachtete Versagensfälle. Damit wird das wahrscheinlichste Versagensszenario ausgedrückt und berücksichtigt. Gemäß der Druckgeräterichtlinie ist für Stähle als Sicherheit gegen Bruch $S_B = 2{,}4$ und als Sicherheit gegen plastische Verformung $S_P = 1{,}5$ einzusetzen. Die Sicherheit gegen Kriechen S_K ist abhängig von den Betriebsstunden t; sie beträgt beispielsweise 1,25 bei 200.000 Betriebsstunden.

$$\sigma_{zul} = \frac{K}{S} = \min\left[\frac{R_m}{S_B};\frac{R_{p0,2}}{S_P};\frac{R_{m/t/T}}{S_K}\right] \tag{9.26}$$

Durch Einsetzen von (9.26) in (9.25) ergibt sich eine Gleichung zur Berechnung der Mindestwanddicke zylindrischer Druckbehälter ohne Ausschnitte, die auch in verschiedenen Schreibweisen bezüglich der Angabe des Außendurchmessers D_a, des Innendurchmessers D_i oder des mittleren Durchmessers D_m als „Kesselformel" bekannt ist.

$$s_V = \frac{D_a \cdot p_i}{2 \cdot \frac{K}{S} + p_i} = \frac{D_i \cdot p_i}{2 \cdot \frac{K}{S} - p_i} = \frac{D_m \cdot p_i}{2 \cdot \frac{K}{S}} \tag{9.27}$$

In der Schreibweise des AD 2000 Merkblattes B1 ergibt sich die erforderliche Wanddicke oder Bestellwanddicke s aus:

$$s = \frac{D_a \cdot p}{20 \cdot \frac{K}{S} \cdot v_N + p} + c_1 + c_2 \tag{9.28}$$

Es handelt sich um eine Zahlenwertgleichung, d. h. die Wanddicke erhält man in der obigen Schreibweise in mm. D_a wird darin in mm und p in bar eingesetzt. K ist der werkstoffabhängige Festigkeitskennwert in N/mm² (= MPa) bei der jeweiligen Berechnungstemperatur und S der Sicherheitsbeiwert für den Werkstoff bei der Berechnungstemperatur. Die Größe v_N ist ein Faktor zur Berücksichtigung der Schwächung des Druckbehältermantels durch Fügeverbindungen wie Schweiß- oder Lötnähte. Der Schweißnahtfaktor ist $v_N \leq 1$ und von der Art der Prüfung der Schweißnähte abhängig. Gemäß der Druckgeräterichtlinie ist $v_N = 1$, wenn alle Nähte geprüft und keine signifikanten Fehler festgestellt werden. Hingegen wird $v_N = 0{,}85$ nach der Druckgeräterichtlinie angesetzt, wenn die Nähte lediglich durch Stichproben zerstörungsfrei geprüft werden und $v_N = 0{,}7$, wenn nur eine Sichtprüfung der Nähte vorgenommen wird. Die Größen c_1 und c_2 sind Wanddickenzuschläge, die beide mit der Einheit mm berücksichtigt werden. c_1 ist ein Zuschlag zum Ausgleich einer Wanddickenunterschreitung durch Fertigungstoleranzen, wie sie z. B. in DIN EN 10029 oder DIN EN ISO 18286 angegeben werden. Bei der Festigkeitsberechnung wird angenommen, dass die Halbzeuge (Bleche) mit der maximalen negativen Fertigungstoleranz gefertigt werden. c_2 ist ein Zuschlag zum Ausgleich von Korrosion und Abnutzung während des Betriebs. Die AD 2000 empfiehlt in Merkblatt B0 einen pauschalen Korrosionszuschlag für ferritische Stähle von Höhe von 1 mm zu berücksichtigen und für (nichtrostende) austenitische Stähle, Nichteisenmetalle und ausgeführte Wanddicken $s_e \geq 30$ mm die Größe mit 0 mm zu bewerten. Davon abweichende Werte für c_2 können zwischen Hersteller und Betreiber je nach Anwendungsfall ebenfalls vereinbart werden. Die aus Gl. (9.28) berechnete Bestellwanddicke s wird meist geringfügig aufgerundet, um sie an die Fertigungsbedingungen und handelsübliche Wanddicken anzupassen. Die aufgerundete Größe wird als ausgeführte Wanddicke oder Nennwanddicke s_e bezeichnet.

Beispiel 9.2: *Zylindrischer Mantel eines Druckbehälters*

Es soll der zylindrische Mantel eines Druckbehälters mit einem Inhalt von 2000 Liter und einem Innendurchmesser von $D_i = 800$ mm für einen Betriebsdruck von $p = 20$ bar ausgelegt werden. Die Betriebstemperatur beträgt maximal 150 °C. Der folgende nichtrostende Stahl wurde als Werkstoff ausgewählt: X6CrNiMoTi17-12-2 (Werkstoffnummer 1.4571). Als Kennwert der Festigkeit und Bemessung gilt die Spannung bei der 1 %-Dehngrenze. Bei 150 °C beträgt diese Spannung $R_{p1,0} = 162$ N/mm^2.

Man berechne:

a) die Wanddicke, wenn nur die Beanspruchung in Umfangsrichtung und der oben genannte Festigkeitswert zugrunde gelegt würde,
b) die Wanddicke nach AD 2000, Merkblatt B1, wenn der oben genannte Festigkeitswert zugrunde gelegt wird. Ferner soll gelten:
   - Sicherheitsbeiwert für den Werkstoff = 1,5
   - Faktor zur Berücksichtigung der Fügeverbindung = 1
   - Zuschlag für Wanddickenunterschreitung = 0,3 mm
   - Abnutzungszuschlag = 0,3 mm.
c) Warum unterscheiden sich die beiden Werte?
d) Legen Sie entsprechend dem Ergebnis aus b) einen gerundeten Wert für die Nennwanddicke fest und berechnen Sie die Vergleichsspannung nach der Schubspannungshypothese.
e) In dem Behälter wird Wasser bei max. 150 °C gelagert. Wasser ist nicht giftig, nicht entzündlich, nicht brandfördernd und wird daher der Fluidgruppe 2 zugeordnet. In welche Kategorie ist der Behälter bei der Konformitätsbewertung entsprechend der Druckgeräterichtlinie (DGRL) einzuordnen? (Hinweis: Hierzu ist eines der Diagramme in Abb. 6.2, 6.3, 6.5 oder 6.6 zu verwenden).
f) Nach welchem Modul muss die Konformität nachgewiesen werden, wenn der Hersteller kein Qualitätssicherungssystem installiert hat und auch keine Baumusterbescheinigung für den Behälter vorliegt.

Lösung:

a) Mit Gl. (9.10) und der angegebenen Materialfestigkeit erhält man: $s = 4{,}9$ mm.
b) Mit Gl. (9.28) und den angegebenen Werten für die Materialfestigkeit und Sicherheitszuschläge erhält man: $s = 8{,}1$ mm.
c) Bei der Berechnung unter a) wurde ein einachsiger und bei b) ein mehrachsiger Spannungszustand unter Berücksichtigung der Vergleichsspannung nach der Schubspannungshypothese angenommen und wir haben Sicherheitszuschläge berücksichtigt.

d) Entsprechend Gl. (9.21) erhält man mit den angegebenen Werten und einer aufgerundeten Nennwanddicke s_e von 9 mm für die Vergleichsspannung nach der Schubspannungshypothese: 90 MPa.
e) Der Dampfdruck (Siededruck) von Wasser bei 150 °C beträgt 4,72 bar und liegt damit deutlich mehr als 0,5 bar über dem Umgebungsdruck. Der Behälter enthält damit eine Flüssigkeit, deren Dampfdruck um mehr als 0,5 bar über dem normalen Atmosphärendruck (1013 bar) liegt. Entsprechend den aufgeführten Eigenschaften ist sie der Fluidgruppe 2 zuzuordnen. Das Diagramm 2 (Abb. 6.6) ist anzuwenden, da das Behältervolumen größer als 1 Liter und das Produkt PS · V ist grösser als 50 bar · Liter sind. Entsprechend den Angaben fällt der Behälter unter die Kategorie IV.
f) Die Konformität muss nach Modul G nachgewiesen werden.

Die oben genannte Gl. (9.28) zur Auslegung von zylindrischen Behältermäntel unter Innendruckbelastung gelten nach AD 2000 B1 ebenso für Rohre mit einem Außendurchmesser $D_a \leq 200$ mm. Zu betonen ist insbesondere, dass die vereinfachte Methode der Festigkeitsberechnung, d. h die Anwendung der Schubspannungshypothese bei einer Betrachtung von Spannungsmittelwerten im Falle von Rohrleitungen bis zu einem Verhältnis $D_a/D_i = 1{,}7$ nach der AD 2000 angewendet werden kann, obwohl der dickwandige Bereich per Definition nach AD 2000 bereits ab $D_a/D_i > 1{,}2$ beginnt. Erläuterungen dazu werden in Abschn. 9.2.6 diskutiert.

Formstücke von Rohrleitungen wie Abzweige (Abschn. 9.2.7), Reduzierungen, Erweiterungen und Abschlüsse (Abschn. 9.2.8) werden analog zur Wanddickenberechnung von Druckbehältern behandelt. Eine Sonderstellung nehmen Bögen in Rohrleitungen ein, deren Auslegung in AD 2000 B1 Anlage 1 beschrieben wird. Dabei werden insbesondere die Beanspruchungen der Innen- und Außenfaser des Bogens bei Innendruckbelastung getrennt voneinander betrachtet, weil sich die Spannungen lokal stark unterscheiden können. Der Festigkeitsnachweis oder die Auslegung erfolgt dann analog durch die mittlere Vergleichsspannung nach der Schubspannungshypothese.

9.2.4 Dickwandige Druckbehälter und Rohre

Bei dickwandigen Rohren und Druckbehältern unter Druckbeanspruchung muss die radiale Verteilung der Spannungen über die Wanddicke beachtet werden. Nach dem *Hooke*schen Gesetz treten in einem Material, das mit den Spannungen σ_r, σ_u, σ_l belastet wird auch zugehörige Dehnungen ε_r, ε_u, ε_l auf. Die Dehnungen in die einzelnen Richtungen können unter der Voraussetzung eines linear-elastischen Werkstoffverhaltens (*Hooke*sches Gesetz, Gl. (9.16)) mit Hilfe des Superpositionsprinzips unter Berücksichtigung der Querkontraktion ν

$$\varepsilon_{quer} = -\nu \cdot \varepsilon_{längs} \tag{9.29}$$

mit den Spannungen in Beziehung gesetzt werden. Demnach erhält man drei einzelne Anteile der Dehnung in radiale Richtung, welche die Gesamtdehnung ergeben:

$$\varepsilon_r = \frac{\sigma_r}{E} + \left(-\nu \frac{\sigma_u}{E}\right) + \left(-\nu \frac{\sigma_l}{E}\right) = \frac{1}{E}\left[\sigma_r - \nu\left(\sigma_u + \sigma_l\right)\right] \tag{9.30}$$

Analog erhält man die Dehnung in Umfangs- und Längsrichtung:

$$\varepsilon_u = \frac{1}{E}\left[\sigma_u - \nu\left(\sigma_r + \sigma_l\right)\right] \tag{9.31}$$

$$\varepsilon_l = \frac{1}{E}\left[\sigma_l - \nu\left(\sigma_r + \sigma_u\right)\right] \tag{9.32}$$

Bei einem Rohr oder einer Kolonne wird angenommen, dass sie sich in Längsrichtung verzerrungsfrei ausdehnen können, so dass ein ebener Verzerrungszustand vorliegt. Bei dieser Annahme ist die Dehnung in axialer Richtung (Längsrichtung) l, die über das *Hooke*sche Gesetz eine zusätzliche Spannung zur Folge hat, gleich Null:

$$\varepsilon_l = 0 = \frac{1}{E}\left[\sigma_l - \nu\left(\sigma_r + \sigma_u\right)\right] \tag{9.33}$$

Damit kann man auch schreiben:

$$\sigma_l = \nu\left(\sigma_r + \sigma_u\right) \tag{9.34}$$

Mit Gl. (9.34) und Gl. (9.30) erhält man nach einer Umformung:

$$\varepsilon_r = \frac{1+\nu}{E}\left[(1-\nu)\sigma_r - \nu \cdot \sigma_u\right] \tag{9.35}$$

$$\varepsilon_u = \frac{1+\nu}{E}\left[(1-\nu)\sigma_u - \nu \cdot \sigma_r\right] \tag{9.36}$$

Betrachtet man nun ein Kräftegleichgewicht analog zu Abb. 9.1, für ein innerhalb der Behälterwand herausgeschnittenes dünnes Wandsegment mit der Dicke dr, und wird ein Innendruck p_i und ein Außendruck p_a angenommen, die entsprechend eine radiale Spannungsverteilung aus Umfangsspannung σ_u und Radialspannungen σ_r und $\sigma_r + d\sigma_r$ zur Folge hat, dann gilt für das Kräftegleichgewicht in radialer Richtung bei Vernachlässigung des Eigengewichts:

$$\begin{aligned} &-2 \cdot \sigma_r \cdot r \cdot \sin d\varphi \cdot l + 2 \cdot \left(\sigma_r + d\sigma_r\right) \cdot \left(r + dr\right) \cdot \sin d\varphi \cdot l \\ &-2 \cdot \sigma_u \cdot dr \cdot l \cdot \sin d\varphi = 0 \end{aligned} \tag{9.37}$$

Bei Vernachlässigung von Termen höherer Ordnung ($dr \cdot d\varphi \approx 0$) und Betrachtung keiner Winkel ($\sin d\varphi \approx d\varphi$) erhält man eine lineare Differenzialgleichung zur Beschreibung eines ersten Zusammenhangs zwischen Radial- und Umfangsspannung:

$$\sigma_r + r \cdot \frac{d\sigma_r}{dr} = \frac{d(r \cdot \sigma_r)}{dr} = \sigma_u \tag{9.38}$$

Neben den Spannungen sind auch die Deformationen (Verformungen) zu beachten, wobei bei einem ebenen Verzerrungszustand nur die Verformungen in radialer Richtung und Umfangsrichtung zu berücksichtigen sind. Bei einer Belastung unter einem Innen- und Außendruck verformt sich ein Rohr in radialer Richtung um die Distanz $(r' - r)$. Dabei verändert ein Segment im Inneren seine Dicke von dr auf dr'. Die Verformung in radialer Richtung ergibt sich damit zu:

$$\varepsilon_r = \frac{dr' - dr}{dr} \tag{9.39}$$

Die Bogenlänge u in Umfangsrichtung vergrößert sich dadurch ebenfalls auf einen Wert u'. Da die Bogenlänge sich proportional mit dem Radius verändert gilt:

$$\varepsilon_u = \frac{u' - u}{u} = \frac{du}{u} = \frac{dr}{r} \tag{9.40}$$

Damit erhält man:

$$dr = \varepsilon_u \cdot r$$

Für die Änderung der Dicke eines Segmentes kann man schreiben $d(\varepsilon_u \cdot r)$. Damit ergibt sich Gl. 9.39 auch zu:

$$\varepsilon_r = \frac{d(r \cdot \varepsilon_u)}{dr} = \varepsilon_u + r \cdot \frac{d\varepsilon_u}{dr} \tag{9.41}$$

Setzt man die Ausdrücke aus den Gl. (9.35) und (9.36) in obige Gleichung ein, erhält man:

$$(1 - \nu) r \cdot \frac{d\sigma_u}{dr} + \sigma_u - \nu \cdot r \frac{d\sigma_r}{dr} - \sigma_r = 0$$

Diese Gleichung kann man auch in der folgenden Form schreiben:

$$(1 - \nu) r \cdot \frac{d\sigma_u}{dr} + \sigma_u - \nu \frac{d(r \cdot \sigma_r)}{dr} - (1 - \nu)\sigma_r = 0 \tag{9.42}$$

Setzt man nun Gl. 9.38 entsprechend in Gl. 9.42 ein erhält man die *Euler*sche Differenzialgleichung:

$$r^2 \cdot \frac{d^2(r\sigma_r)}{dr^2} + r\frac{d(r \cdot \sigma_r)}{dr} - r\sigma_r = 0 \tag{9.43}$$

Als allgemeine Lösung erhält man:

$$\sigma_r = C_1 + \frac{C_2}{r^2} \tag{9.44}$$

Mit den Randbedingungen

$$\sigma_r = -p_i \quad \text{für} \quad r = r_i \tag{9.45}$$

$$\sigma_r = -p_a \quad \text{für} \quad r = r_a \tag{9.46}$$

erhält man:

$$C_1 = \frac{p_i \cdot r_i^2 - p_a \cdot r_a^2}{r_a^2 - r_i^2} \quad \text{und} \quad C_2 = \frac{(p_a - p_i) \cdot r_i^2 \cdot r_a^2}{r_a^2 - r_i^2} \tag{9.47}$$

Damit ergeben sich die Spannungsverläufe für einen elastischen Spannungszustand in der gesamten Behälterwand:

$$\sigma_r(r) = \frac{p_i \cdot r_i^2 - p_a \cdot r_a^2}{r_a^2 - r_i^2} + \frac{(p_a - p_i) \cdot r_i^2 \cdot r_a^2}{r_a^2 - r_i^2} \cdot \frac{1}{r^2} \tag{9.48}$$

und

$$\sigma_u(r) = \frac{p_i \cdot r_i^2 - p_a \cdot r_a^2}{r_a^2 - r_i^2} - \frac{(p_a - p_i) \cdot r_i^2 \cdot r_a^2}{r_a^2 - r_i^2} \cdot \frac{1}{r^2} \tag{9.49}$$

Die Spannung in Längsrichtung ergibt sich in hinreichender Entfernung des Einflussbereiches der Behälter- bzw. Rohrleitungsenden zu:

$$\sigma_l = \frac{F_l}{A} = \frac{\pi \cdot r_i^2 \cdot p_i - \pi \cdot r_a^2 \cdot p_a}{\pi \cdot (r_a^2 - r_i^2)} = \frac{p_i \cdot r_i^2 - p_a \cdot r_a^2}{r_a^2 - r_i^2} \tag{9.50}$$

Liegt nur ein Überdruck im Inneren vor, so erhält man mit $p_a = 0$:

$$\sigma_r(r) = \frac{p_i \cdot r_i^2}{r_a^2 - r_i^2}\left[1 - \left(\frac{r_a}{r}\right)^2\right] \tag{9.51}$$

$$\sigma_u(r) = \frac{p_i \cdot r_i^2}{r_a^2 - r_i^2}\left[1 + \left(\frac{r_a}{r}\right)^2\right] \tag{9.52}$$

und

$$\sigma_l = \frac{p_i \cdot r_i^2}{r_a^2 - r_i^2} \tag{9.53}$$

Die Spannungsverläufe in der Behälter- bzw. Rohrleitungswandung ausgedrückt in Durchmessern anstatt Radien ergeben sich durch die Gleichheit des Verhältnisses von der Abmessung r_a bzw. D_a zur Lauflänge r bzw. x (senkrecht zur Behälterwandoberfläche, von $x = D_i$ bis $x = D_a$ durch die Behälterwand)

$$\frac{r_a}{r} = \frac{D_a}{x} \tag{9.54}$$

zu:

$$\sigma_r(x) = -p_i \cdot \frac{(D_a/x)^2 - 1}{(D_a/D_i)^2 - 1} \tag{9.55}$$

$$\sigma_u(x) = p_i \cdot \frac{(D_a/x)^2 + 1}{(D_a/D_i)^2 - 1} \tag{9.56}$$

$$\sigma_l = p_i \cdot \frac{1}{(D_a/D_i)^2 - 1} \tag{9.57}$$

Beispiel 9.3: *Beanspruchung eines dickwandigen Behälters*

Man berechne für einen Druckbehälter aus Stahl zur Speicherung eines Gases bei einem Innendruck von $p_i = 200$ bar die Verläufe der Umfangsspannung, Längsspannung und Radialspannung über der Wanddicke s. Dabei gehe man von einem Außenradius $r_a = 100$ mm und einem Innenradius $r_i = 80$ mm aus.

Lösung:

Radienverhältnis: $r_a/r_i = 100/80 = 1{,}25$

Nach den Angaben in Abschn. 9.2.1 sind die Gleichungen für dickwandige Behälter und Rohre anzuwenden. Mit den obigen Gl. (9.55, 9.56 und 9.57) erhält man das unten aufgeführte Diagramm (Abb. 9.4).

Die maximale Umfangsspannung tritt an der Innenseite auf und beträgt bei den angegebenen Bedingungen 91,11 N/mm² = 91,11 MPa.

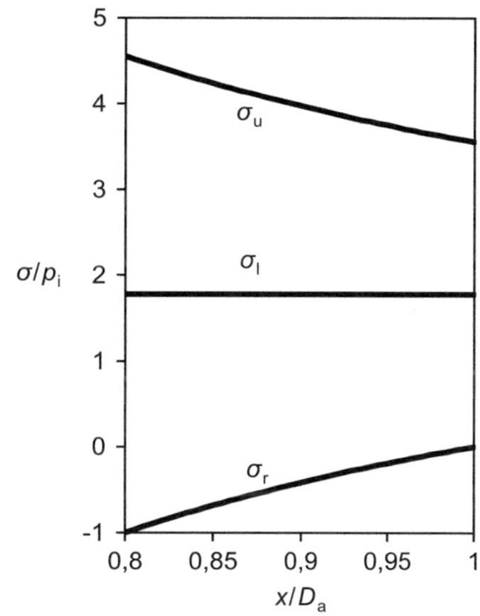

Abb. 9.4 Verlauf der Spannungen innerhalb einer Behälter- bzw. Rohrleitungswand bei $D_a/D_i = 1{,}25$

Bei der Radialspannung handelt es sich um eine Druckkraft (daher < 0) und bei der Umfangsspannung um eine Zugkraft (> 0). Die maximale Zugbeanspruchung tritt immer im Inneren an der Behälter- bzw. Rohrwandung auf ($x = D_i$) und beträgt bei Innendruckbelastung:

$$\sigma_{u,\max} = p_i \cdot \frac{(D_a / D_i)^2 + 1}{(D_a / D_i)^2 - 1} \tag{9.58}$$

9.2.5 Berechnung dickwandiger Druckbehälter nach AD 2000-Regelwerk

Das AD 2000-Merkblatt B10 gilt für zylindrische Mäntel von Behältern unter Innendruck innerhalb der Grenzen des Verhältnis es Außendurchmesser D_a zu Innendurchmesser D_i

$$1{,}2 < \frac{D_a}{D_i} \leq 1{,}5 \tag{9.59}$$

unter der Voraussetzung, dass sie einer vollen Axialbeanspruchung unterliegen, d. h. dass sich das betrachtete Behältermantelelement in hinreichender Entfernung des Einflussbereiches der Behälterenden befindet, und die Wandung aus einem verformungsfähigen Werkstoff besteht. Auch in diesem Fall muss der Berechnungsdruck p dem maximal zulässigen Druck (PS) entsprechen. In allen Fällen handelt es sich um einen Überdruck gegenüber dem Atmosphärendruck. Für die erforderliche Wanddicke s erhält man nach dem AD

2000-Merkblatt B10 für den Fall, dass über die Wanddicke keine nennenswerte Temperaturdifferenz auftritt:

$$s = \frac{D_a \cdot p}{23 \cdot \frac{K}{S} \cdot v_N - p} + c_1 + c_2 \tag{9.60}$$

Auch diese Gleichung ist eine Zahlenwertgleichung, d. h. die Wanddicke erhält man in der obigen Schreibweise in mm. D_a wird darin in mm und p in bar eingesetzt. K ist der Festigkeitskennwert in N/mm² (= MPa) bei der jeweiligen Berechnungstemperatur und S der Sicherheitsbeiwert für den Werkstoff bei der Berechnungstemperatur. v_N ist ein Faktor zur Berücksichtigung der Ausnutzung der zulässigen Berechnungsspannung in den Fügeverbindungen. In diesem Fall muss durch Herstellung und Prüfung gewährleistet werden, dass bei einer Längsschweißnaht die volle Beanspruchbarkeit sichergestellt ist ($v_N = 1$). c_1 ist ein Zuschlag zur Berücksichtigung einer Wanddickenunterschreitung und c_2 ist ein Abnutzungszuschlag gemäß den Größenangaben in Abschn. 9.2.3. Beide Größen werden mit der Einheit mm berücksichtigt. Die Grundlage zur Herleitung der Gl. (9.60) ist die Berechnung der Vergleichsspannung nach der GE-Hypothese durch Einsetzen der lokalen Maximalspannungen an der Behälterinnenwand (siehe dazu Beispiel 9.4).

Die durch Innendruckbelastung verursachte Vergleichsspannungen an der Innenfaser $\sigma_{V,i}$ und der Außenfaser σ_{Va} werden nach dem AD 2000-Merkblatt B10 wie folgt berechnet:

$$\sigma_{vi} = \frac{p \cdot (D_a + s_e)}{23 \cdot s_e} \tag{9.61}$$

$$\sigma_{va} = \frac{p \cdot (D_a - 3 \cdot s_e)}{23 \cdot s_e} \tag{9.62}$$

wobei s_e die ausgeführt Wanddicke in mm ist.

Ist durch Heizen oder Kühlen von innen oder außen ein Wärmestrom durch die Zylinderwand zu erwarten, so müssen die hierdurch entstehenden Zusatzspannungen insbesondere bei dickwandigen Behältern hinzugerechnet werden. Die Werkstoffe dehnen sich bei einer Erwärmung aus und ziehen sich bei einer Erkaltung zusammen. Wird z. B. ein dickwandiger zylindrischer Behälter innen von dem Medium beheizt und außen durch die Umgebungsbedingungen gekühlt, so entsteht eine Temperaturdifferenz und ein Wärmefluss von innen nach außen. Gegenüber der mittleren Temperatur wird der Werkstoff innen gedehnt, so dass eine zusätzliche Druckspannung auftritt, und außen zusammengezogen, so dass eine zusätzliche Zugspannung berücksichtigt werden muss. Entsprechend wird im AD 2000-Merkblatt B10 die Vergleichsspannung nach der GE-Hypothese an der Innen- und Außenfaser des dickwandigen Behälters berechnet und die Änderung der Vergleichsspannung durch eine Addition der lokalen Wärmespannungen miteinbezogen. Im AD 2000-Merkblatt B10 werden die entsprechenden Gleichungen für diesen Fall angegeben.

Es muss danach überprüft werden, ob die maximale Spannung an der Innen- oder Außenfaser den Festigkeitskennwert K des Werkstoffes in Verbindung mit dem Sicherheitsbeiwert S nicht überschreitet. Bei der Berechnung ist es wichtig, die Beanspruchungen sowohl an der Innen- als auch an der Außenfaser zu ermitteln, weil bei einer Innendruckbelastung und einem Temperaturgefälle von innen nach außen die Beanspruchungen durch Druck und Wärme gegenläufig sind (Zug- oder Druckspannungen), so dass durch die Wärmespannungen die maximale Gesamtbeanspruchung auch an der Außenwandung liegen kann. Bei der Berechnung gemäß AD 2000-Merkblatt B10 wird vernachlässigt, dass die Berücksichtigung der Wärmespannung in rohrförmigen Körpern zwar einen zusätzlichen Beitrag zur Umfangsspannung und Längsspannung, nicht aber zur Radialspannung liefert. Durch Addition der lokalen Wärmespannungen zu den Vergleichsspannungen in Gl. (9.61) und (9.62) wird die Auslegung konservativer, weil die maximale Gesamtspannung geringfügig überschätzt wird. Genauer wäre es, zunächst die lokalen Spannungen komponentenweise zu betrachten, dann eine komponentenweise Addition der Wärmespannungen vorzunehmen und im Anschluss die Vergleichsspannung nach der GE-Hypothese zu berechnen.

Beispiel 9.4: *Vergleichsspannung von dickwandigen Behältern*

Man berechne für den in Beispiel 9.3 beschriebenen Druckbehälter aus Stahl zur Speicherung eines Gases bei einem Innendruck von p_i = 200 bar die Vergleichsspannungen an der Innen- und Außenfaser.

Lösung:

Das Radienverhältnis r_a/r_i=100/80 = 1,25. Bei dickwandigen Behältern sind lokale Spannungen anstatt mittleren Spannungen in der Behälterwand zu berücksichtigen. Lokale Spannungen werden üblicherweise mit der GE-Hypothese zur Vergleichsspannung umgerechnet, da sie im Vergleich zur Schubspannungshypothese die genaueren Spannungswerte liefert. Wenn die Spannungsverläufe in der Behälterwand komponentenweise gemäß den Gl. (9.55, 9.56 und 9.57) in die Gleichung für die GE-Hypothese gemäß der Gl. (9.18) eingesetzt werden, so erhält man die Vergleichsspannung nach der GE-Hypothese in Abhängigkeit von der Lauflänge x.

$$\sigma_{\mathrm{V},GEH} = p_i \cdot \frac{\sqrt{3} \cdot \left(D_a / x\right)^2}{\left(D_a / D_i\right)^2 - 1} \tag{9.63}$$

An der Innenfaser ($x = D_i$) beträgt die Vergleichsspannung 96,23 MPa und an der Außenfaser ($x = D_a$) 61,58 MPa.

Wird für x in Gl. (9.63) allgemein $D_i = D_a - 2s$ eingesetzt und die Gleichung nach der Wanddicke s aufgelöst, so ergibt sich eine zu Gl. (9.61) analoge Gleichung mit dem Vorfaktor $\sqrt{3}/4 \approx (2{,}3)^{-1}$. Unter Berücksichtigung der angegebenen Einheiten der Zahlenwertgleichung (9.61) ergibt sich daraus der Vorfaktor $(23)^{-1}$.

9.2.6 Berechnung dünn- und dickwandiger Druckbehälter und Rohre nach EU-Normen

Die Norm DIN EN 13445-3 beinhaltet technische Regeln und Berechnungsmethoden zur Konstruktion von unbefeuerten Druckbehältern. Sie stellt unter anderem Berechnungsvorschriften zur Auslegung und zum Festigkeitsnachweis von zylindrischen Behältermäntel bei unterschiedlichen Belastungen auf. In Analogie zum AD 2000-Regelwerk wird auch in der DIN EN 13445-3 die Kesselformel mit Wanddickenzuschlägen zur Berechnung der Bestellwanddicke von zylindrischen innendruckbelasteten Behältern verwendet. Mit den Symbolen der AD 2000 ergibt sich die Bestellwanddicke s nach der DIN EN 13445-3 aus

$$s = \frac{D_a \cdot p}{2 \cdot \frac{K}{S} \cdot v_N + p} + c_1 + c_2. \qquad (9.64)$$

Dabei werden der Festigkeitskennwert K und der Berechnungsdruck p üblicherweise in MPa und der Außendurchmesser D_a sowie der Zuschlag zur Wanddickenunterschreitung c_1 und der Korrosionszuschlag c_2 in mm eingesetzt. Im Gegensatz zur Schreibweise in der AD 2000 handelt es sich hierbei um eine Größengleichung, da die Beziehung auch unabhängig von den Einheiten Gültigkeit hat. Während in der AD 2000 für die Höhe des Korrosionszuschlags c_2 Empfehlungen ausgesprochen werden, wird dieser Wert in der DIN EN 13445-3 nicht genauer angegeben, sondern lediglich die Übereinstimmung mit der gesamten erwarteten Korrosion auf den betreffenden Oberflächen gefordert. Die übrigen Größen der Gleichung, wie der Schweißnahtfaktor ν_N, können analog zur AD 2000 betrachtet werden. Die Sicherheitsbeiwerte S für Stähle in der DIN EN 13445-3 entsprechen, bis auf wenige Ausnahmen, denen aus der AD 2000.

Der Geltungsbereich der Norm wird mit

$$\frac{s_V}{D_a} \leq 0{,}16 \quad \text{oder umgerechnet} \quad \frac{D_a}{D_i} \leq 1{,}47 \qquad (9.65)$$

angegeben. Bei der Herleitung der Kesselformel in Abschn. 9.2.3 wird die Schubspannungshypothese bei mittleren radialen Verläufen der einzelnen Spannungskomponenten eingesetzt. Diese Annahme ist nur zulässig, wenn eine Dünnwandigkeit des Druckbehälters vorliegt, wenn also nach der Definition der AD 2000 $D_a/D_\text{i} \leq 1{,}2$ gilt. Diese Definition ist auch durchaus gerechtfertigt, wenn man Abb. 9.5 betrachtet, in der die Vergleichsspannung nach der Schubspannungshypothese und der Gestaltänderungshypothese bei unterschiedlichen Außen- zu Innendurchmesser-Verhältnissen gegenübergestellt wird.

Dabei wird die maximale Vergleichsspannung der Gestaltänderungshypothese nach (9.63)

$$\sigma_{\text{V},GEH,\max} = p_i \cdot \frac{\sqrt{3} \cdot \left(D_a/D_i\right)^2}{\left(D_a/D_i\right)^2 - 1} \qquad (9.66)$$

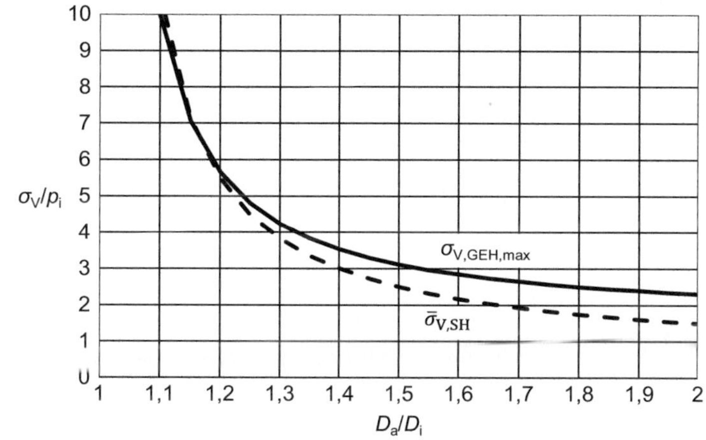

Abb. 9.5 Vergleichsspannung nach Schubspannungshypothese (SH) gemäß (9.67) und Gestaltänderungshypothese (GEH) gemäß (9.66) bei verschiedenen Durchmesserverhältnissen D_a/D_i

betrachtet und somit die lokalen Spannungen, die an der Innenfaser des Druckbehälters vorliegen. Unter der Annahme, dass diese Werte in guter Näherung den tatsächlichen maximalen Spannungen in der Behälterwand entsprechen, kann durch den Vergleich mit den bei der Kesselformel verwendeten mittleren Vergleichsspannung nach der Schubspannungshypothese gemäß

$$\bar{\sigma}_{\text{V,SH}} = \frac{D_m \cdot p}{2 \cdot s_\text{V}} \tag{9.67}$$

eine Bewertung der Berechnungsmethode vorgenommen werden. Der Vergleich zwischen beiden Spannungsverläufen zeigt, dass die Schubspannungshypothese bis zu $D_a/D_i \leq 1{,}2$ die tatsächlichen Spannungen gut beschreibt, da sich die Werte im Vergleich zur Gestaltänderungshypothese kaum unterscheiden. Ab $D_a/D_i > 1{,}2$ werden die Spannungen durch die Schubspannungshypothese unterschätzt. Da die Spannungen radial von außen nach innen ansteigen, kann es ab $D_a/D_i > 1{,}2$ zu einer Teilplastifizierung des inneren Mantelrings kommen, wenn die lokalen Spannungen dort die Streckgrenze des Werkstoffs überschreiten. Jedoch führt diese Plastifizierung zunächst nicht zu einem haltlosen Fließen, weil der äußere Mantelring des Behälters lediglich elastisch beansprucht wird und eine Stützwirkung auf den inneren Mantelring ausübt. Erst wenn der vollplastische Zustand über dem gesamten Querschnitt erreicht ist, versagt das Bauteil. Diese erhöhte Tragfähigkeit durch teilplastische Verformung findet in vielen technischen Regelwerken zur Auslegung von Druckbehältern Anwendung, wenn der Geltungsbereich wie z. B. bei der DIN EN 13445-3 über $D_a/D_i > 1{,}2$ hinausgeht.

Die idealisierte Betrachtung der Teilplastifizierung und Stützwirkung gilt allerdings nur bei vorwiegend ruhender Beanspruchung. Bei einer dynamischen Beanspruchung müssen lokale Spannungsspitzen auf jeden Fall berücksichtigt werden. Was unter einer vorwiegend ruhenden Beanspruchung zu verstehen ist definieren die technischen Regelwerke unterschiedlich. Nach DIN EN 13445-3 liegt diese bei einer Gesamtzahl der Lastzyklen ≤ 500 und bei einer Druckschwingbreite vor, die kleiner als der maximal zulässige Druck ist. Bei der AD 2000 muss bei einer Gesamtzahl der Lastzyklen ≤ 1000 und einer Druckschwingbreite, die kleiner als 10 % des maximal zulässigen Druckes ist, die Wechselbeanspruchung nicht berücksichtigt werden.

Die Norm DIN EN 13480-3 behandelt Methoden zur Auslegung und zum Festigkeitsnachweis von metallischen industriellen Rohrleitungen bei unterschiedlichen Belastungen. In Analogie zur AD 2000 und zur DIN EN 13445-3 wird dazu die Kesselformel mit Wanddickenzuschlägen zur Berechnung der Bestellwanddicke von innendruckbelasteten Druckrohren verwendet. Werte für die zulässige Wanddickenunterschreitung c_1 ergeben sich aus den Normen DIN EN 10216 für nahtlose Rohre und DIN EN 10217 für geschweißte Rohre. Die übrigen Werte der Kesselformel können analog zur DIN EN 13445-3 betrachtet werden. Der Gültigkeitsbereich für diese Berechnungsmethode wird mit $D_a/D_i \leq 1{,}7$ angegeben. Damit nutzt die Norm DIN EN 13480-3 ebenso wie die Norm DIN EN 13445-3 die erhöhte Tragfähigkeit trotz möglicher teilplastischer Verformung innerhalb der Behälterwand. Nach DIN EN 13480-3 muss bei einer Gesamtzahl der Lastzyklen ≤ 1000 und einer Druckschwingbreite ≤ 47 MPa die Wechselbeanspruchung nicht berücksichtigt werden. Ab $D_a/D_i > 1{,}7$ kann nach der Norm DIN EN 13480-3 die Gleichung

$$s = \frac{D_a}{2} \cdot \left(1 - \sqrt{\frac{K/S \cdot v_N - p}{K/S \cdot v_N + p}} \right) \tag{9.68}$$

zur Berechnung der erforderlichen Wanddicke bei Innendruckbelastung herangezogen werden. Der Zusammenhang ergibt sich aus der Lamé-Gleichung, die das linear-elastische Verhalten eines belasteten Körpers beschreibt.

9.2.7 Berechnung von Ausschnitten in Behälterwänden

Jeder Behälter besitzt notwendigerweise Stutzen zum Anschluss von Rohrleitungen beispielsweise zum Ein- und Auslass der zu behandelnden Fluiden oder zum Einbringen von Messsensoren zur Überwachung der aktuellen Betriebsbedingungen. In der Abb. 9.6 ist beispielsweise ein Stutzen dargestellt, der an einen zylindrischen Grundkörper angebracht ist. Zur Fertigung von Abzweigungen sind zunächst Ausschnitte in die Behälterwand einzubringen bevor die Stutzen angeschweißt werden. Diese Ausschnitte schwächen die Behälterwand, weil die Kräfte, die beispielsweise durch eine Innendruckbelastung entstehen, nur auf die vorhandene Behälterinnenwandfläche wirken. Die Beanspruchung ist dadurch nicht mehr gleichmäßig über die gesamte Behälterinnenwand verteilt, sondern in den Bereichen um die Ausschnitte erhöht. Die Bereiche erhöhter Spannungen sind meist symmetrisch um

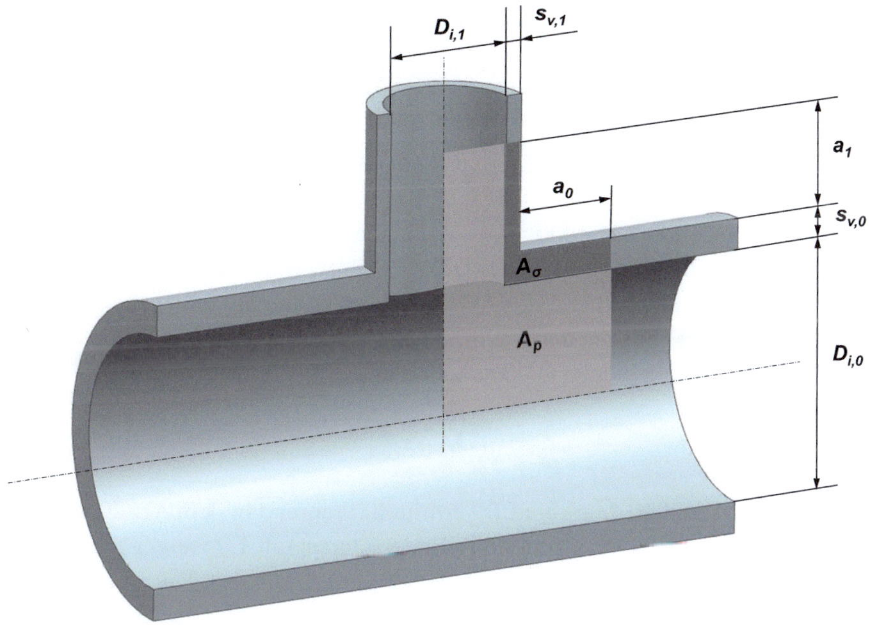

Abb. 9.6 Behälterausschnitt mit Stutzen

den jeweiligen Stutzen verteilt und können beim Längsschnitt durch den Stutzen mit ihrer radialen Ausbreitung als sogenannte „mittragenden Länge" charakterisiert werden. Bei Innendruckbelastung liegt eine Spannungserhöhung nicht nur in der Behälterwand, sondern auch in der Wandung des angebrachten Stutzens vor. Die Werte der mittragenden Längen in Behälter- und Stutzenwand ergeben sich in der Regel aus experimentellen Untersuchungen der lokalen Spannungen. Dabei werden die Längen ermittelt bis die Spannungserhöhungen in Ausschnittnähe wieder auf die rechnerischen Werte der Spannungen im jeweils ungeschwächten Bereich der Behälter- und Stutzenwand abgeklungen sind. Eine analytische Berechnung der mittragenden Längen ist nur für einfache geometrische Formen und unter bestimmten Annahmen möglich, wie z. B. der Betrachtung des Bereiches um den Ausschnittrand als ebener Balken. Wagner [2] berechnet auf diese Weise eine allgemeine Beziehung zur Ermittlung der mittragende Länge a.

$$a = f_a \cdot \sqrt{\overline{D} \cdot s_V} \tag{9.69}$$

Die mittragende Länge ist abhängig von dem mittleren Durchmesser des Behälter- bzw. des Stutzenmantels $\overline{D}$ und der jeweiligen Mindestwanddicke s_V. Der Faktor f_a nimmt je nach Annahme der Einspannbedingung am Austrittsrand Werte zwischen 0,8 und 1,4 an. Durch einen Vergleich mit Messungen kann der Faktor f_a genauer festgelegt werden. Nach AD 2000-Merkblatt B9 beträgt die mittragende Länge in der Behälterwand (Index: 0)

$$a_0 = \sqrt{\left(D_{i,0} + s_{V,0}\right) \cdot s_{V,0}} \tag{9.70}$$

und die mittragende Länge in der Wand des Stutzenrohres (Index: 1)

$$a_1 = 1{,}25 \cdot \sqrt{\left(D_{i,1} + s_{V,1}\right) \cdot s_{V,1}}. \tag{9.71}$$

Der Faktor f_a wird in der AD 2000 zu 1, wenn sich der Ausschnitt in einer Kugelschale befindet. In der DIN EN 13445-3 und der DIN EN 13480-3 werden die mittragende Länge in der Behälterwand entsprechend des AD 2000-Merkblattes B9 angegeben. Die Berechnung der mittragenden Länge in der Wand des Stutzenrohrs a_1 wird in der DIN EN 13445-3 und der DIN EN 13480-3 jedoch in allen Fällen mit

$$a_1 = \sqrt{\left(D_{a,1} - s_{V,1}\right) \cdot s_{V,1}} \tag{9.72}$$

verschieden zum AD 2000-Merkblatt B9 ermittelt. Während in dem AD 2000-Merkblatt B9 der Faktor f_a bei einem Ausschnitt in Zylinderschalen mit 1,25 angegeben wird, rechnen die EU-Normen in diesem Fall mit einem Faktor f_a von 1,0. Die Berücksichtigung einer kürzeren mittragenden Länge a_1 in den EU-Normen führt bei der Auslegung zu einer bis zu 10 % größeren Wanddicke als bei einer Berechnung nach dem AD 2000-Merkblatt B9. Die Abweichung verringert sich bei kleinen Stutzen bzw. Verhältnissen von $D_{i,1}/D_{i,0}$.

Zur Festigkeitsberechnung von Behältern mit abzweigenden Stutzen, wie in Abb. 9.6 gezeigt, müssen die in den Wänden vorhandenen Spannungen mit den zulässigen Spannungen K/S verglichen werden. Zur Ermittlung der vorhandenen Spannungen wird die Schubspannungshypothese und das Flächenvergleichsverfahren angewendet. Das Flächenvergleichsverfahren nutzt das mechanische Gleichgewicht zwischen der Kraft, die durch den Innendruck auf das Bauteil einwirkt $p_i{\cdot}A_p$, und der Kraft, die in der Wandung durch Spannungen erzeugt wird $\sigma{\cdot}A_\sigma$ aus, um die mittlere vorliegende Spannung im Bauteil zu ermitteln.

$$\sigma = p_i \cdot \frac{A_p}{A_\sigma} \tag{9.73}$$

Auf diese Weise kann beispielsweise die mittlere Umfangsspannung in der Behälterwand berechnet werden. Bei Anwendung der Schubspannungshypothese nach Gl. (9.19) ergibt sich die Vergleichsspannung im Bauteil aus der Umfangsspannung und der Radialspannung $-p_i/2$ zu

$$\sigma_{V,SH} = p_i \cdot \frac{A_p}{A_\sigma} + \frac{p_i}{2}. \tag{9.74}$$

Bei Anwendung der Festigkeitsbedingung erhält man

$$p_i \cdot \left(\frac{A_p}{A_\sigma} + \frac{1}{2} \right) \leq \frac{K}{S} \tag{9.75}$$

Dies ist die allgemeine Hauptgleichung zur Festigkeitsprüfung von Druckbehältern mit abzweigenden Rohrstutzen oder auch Abzweigen in Rohrleitungen, die insbesondere durch die Ermittlung der drucktragenden Innenflächen A_p und spannungsbehafteten Wandflächen A_σ als Flächenvergleichsverfahren bestimmt werden kann.

Im **AD 2000-Merkblatt B9** wird die Festigkeitsbedingung in Abhängigkeit von einem Verschwächungsfaktor ausgedrückt. Der Verschwächungsfaktor oder Verschwächungsbeiwert ν_A nimmt einen Wert kleiner 1 an und erhöht die Mindestwanddicke ohne Ausschnitte s_V um den Faktor $1/\nu_A$, so dass sich die durch den Ausschnitt notwendige vergrößerte Mindestwanddicke des Behältermantels $s_{V,0}$ ergibt.

$$s_{V,0} = \frac{s_V}{\nu_A} \tag{9.76}$$

Nach Einsetzen von Gl. (9.76) in die Kesselformel (9.27) erhält man eine Gleichung zur Berechnung der Mindestwanddicke des Behältermantels mit Ausschnitten $s_{V,0}$.

$$s_{V,0} = \frac{D_i \cdot p}{\left(2 \cdot \frac{K}{S} - p \right) \cdot \nu_A} \tag{9.77}$$

Diese Gleichung gilt allerdings nur für den Fall, dass der Schweißnahtfaktor ν_N größer als der Verschwächungsbeiwert ν_A ist. Ansonsten ist der Schweißnahtfaktor ν_N analog zu Gl. (9.28) als Korrektur der zulässigen Spannung K/S zu berücksichtigen. Falls ein Abzweig in den Bereich der Längsnaht des Behälters positioniert werden muss, so darf der Schweißnahtfaktor ν_N ebenfalls nicht vernachlässigt werden. Der Verschwächungsbeiwert ν_A kann im AD 2000-Merkblatt B9 für unterschiedliche Stutzenformen und geometrische Verhältnisse in Diagrammen abgelesen werden.

Im Folgenden wird die Berechnung des Verschwächungsbeiwertes am einfachen Beispiel eines zylindrischen, aufgesetzten, geraden Abzweigstück gemäß der Abb. 9.6 hergeleitet. Dazu wird die mittlere Vergleichsspannung nach der Schubspannungshypothese über die in Gl. (9.10) ermittelten Umfangsspannung ausgedrückt, wobei in diesem Fall die durch den Verschwächungsbeiwert ν_A erhöhte Mindestwanddicke s_V nach Gl. (9.76) berücksichtigt wird.

$$\sigma_{V,SH} = \frac{p_i \cdot D_{i,0}}{2 \cdot s_{V,0} \cdot \nu_A} + \frac{p_i}{2} \tag{9.78}$$

Durch Gleichsetzen von Gl. (9.78) mit Gl. (9.74) ergibt sich daraus

$$\nu_A = \frac{A_p}{A_\sigma} \frac{D_{i,0}}{2 \cdot s_{V,0}}. \tag{9.79}$$

Nach der Bestimmung von A_p und A_σ durch die geometrischen Verhältnisse in Abb. 9.6 kann der Verschwächungsbeiwert ν_A nach folgender Gleichung ermittelt werden.

$$\nu_A = \frac{a_0 + a_1 \frac{s_{V,1}}{s_{V,0}} + s_{V,1}}{a_0 + s_{V,1} + \frac{D_{i,1}}{2} + \frac{D_{i,1}}{D_{i,0}}\left(a_1 + s_{V,0}\right)} \tag{9.80}$$

Die Verschwächung der Behälterwand durch einen Ausschnitt kann durch eine größere Wanddicke des Behälters ausgeglichen werden. Wirtschaftlicher ist es jedoch meistens anstatt der gesamten Behälterwand nur den Bereich um den Ausschnitt zu verstärken wie als Beispiel in Abb. 9.7 dargestellt. Die Verstärkung wird an den Behälter um den betreffenden Stutzen angeschweißt. Durch eine analoge Herleitung wie zur Gl. (9.75) ergibt sich die Festigkeitsbedingung für Druckbehälter mit abzweigenden Rohrstutzen und der Verwendung von Verstärkungen.

$$p_i \cdot \left(\frac{A_p}{A_\sigma + f_V \cdot A_V} + \frac{1}{2} \right) \le \frac{K}{S} \tag{9.81}$$

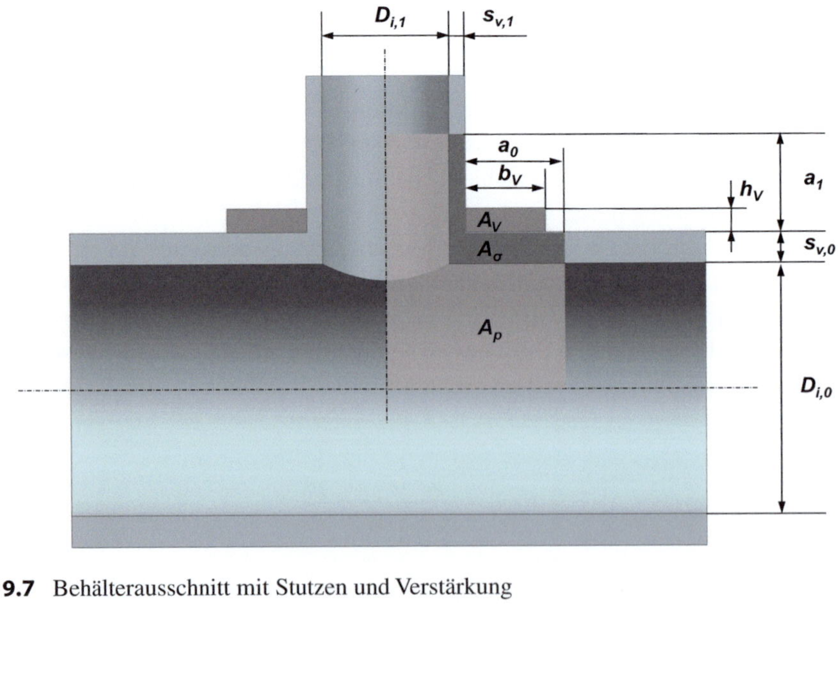

Abb. 9.7 Behälterausschnitt mit Stutzen und Verstärkung

Dabei kann die Querschnittsfläche der Verstärkung A_V mit einem Bewertungsfaktor $f_V < 1$ korrigiert werden. Durch den Bewertungsfaktor wird berücksichtigt, dass die Fläche A_V nicht vollflächig mit der Behälterwand verbunden ist, sondern der Kraftfluss durch die Schweißnähte geleitet wird. Je nach Ausführungsform der Verstärkung nimmt der Bewertungsfaktor f_V unterschiedliche Werte an, die in Schwaigerer [3] aufgelistet werden. Der Bewertungsfaktor wird im AD 2000-Merkblatt B9: 2010-02 allerdings nicht mehr berücksichtigt. Durch Auflösen der Gl. (9.81) nach der Fläche A_V kann die Verstärkung ausgelegt werden.

In der **DIN EN 13445-3** wird zur Auslegung oder zum Festigkeitsnachweis von Druckbehältern mit abzweigenden Rohrstutzen analog zum AD 2000-Regelwerk die allgemeine Festigkeitsbedingung gemäß der Gl. (9.75) eingesetzt. In DIN EN 13445-3 wird die Festigkeitsbedingung lediglich umgeformt dargestellt. Bei der Festigkeitsbedingung in der DIN EN 13445-3 werden die Spannungsflächen A_σ auf der linken und die Druckflächen A_p auf der rechten Seite der Gleichung angeordnet.

$$\sum A_\sigma \cdot \left(\sigma_{zul} - 0{,}5 p_i\right) \geq p_i \cdot \sum A_p \tag{9.82}$$

Dabei ist in DIN EN 13445-3 die linke und rechte Seite der Gleichung jeweils als Summe unterschiedlicher Spannungs- und Druckflächen zu verstehen. Es wird damit ein allgemein gültiger Zusammenhang definiert, in dem unterschiedliche Ausführungsformen von Abzweigen inklusive Verstärkungen berücksichtigt sind. Wie die einzelnen Flächen zu berechnen sind, wird in DIN EN 13445-3 in mehreren Unterkapiteln für viele verschiedene Ausführungsformen aufgelistet.

Die genannten Gleichungen gelten nur für den Fall eines Einzelausschnitts. Eine gegenseitige Beeinflussung von Mehrfachausschnitten darf nicht vorliegen. Diese Forderung ist erfüllt, wenn sich die mittragenden Längen der Behälterwand a_0 nicht überschneiden. Daraus ergibt sich eine Bedingung für die Teilung t, die erfüllt sein muss, wenn die Ausschnitte als Einzelausschnitte betrachtet werden können. Die Abb. 9.8 zeigt ein Beispiel für einen Mehrfachausschnitt zur Verdeutlichung der Größen.

$$t \geq \frac{D_{a,1}}{2} + \frac{D_{a,2}}{2} + 2 \cdot a_0 \tag{9.83}$$

Falls diese Bedingung nicht erfüllt ist, ist die Festigkeit des Steges zwischen den benachbarten Ausschnitten in analoger Vorgehensweise zu Gl. (9.75) unter Berücksichtigung beider Stutzen, wie im AD 2000-Merkblatt B9 oder in DIN EN 13445-3 beschrieben, zu prüfen und gegebenenfalls eine neue Auslegung vorzunehmen.

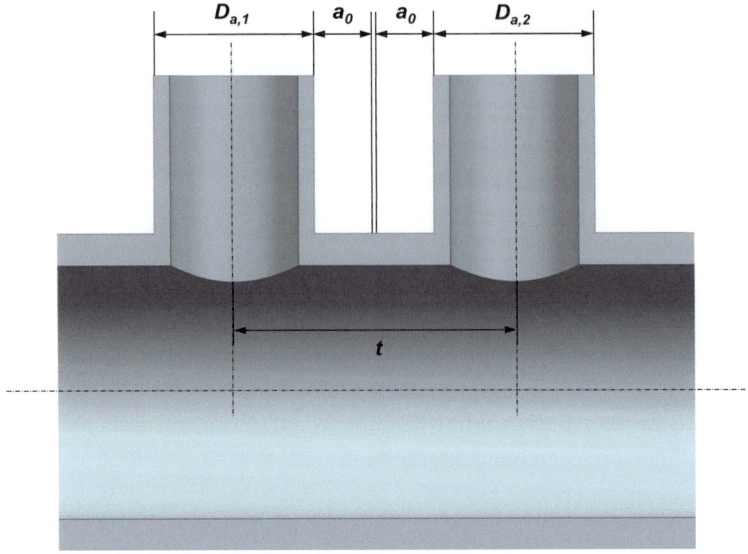

Abb. 9.8 Mehrfachausschnitt

Beispiel 9.5: *Behälter mit Stutzen und Verstärkung in Zylinderschale*

An einem zylindrischen Druckbehälter aus P235GH nach DIN EN 10028-2 soll, wie in Abb. 9.7 dargestellt, an den Behältermantel ein DN 300 Zulaufstutzen mit einer Wanddicke von 10 mm nach DIN EN 10216-2 aus demselben Werkstoff angebracht werden. Der Außendurchmesser des Druckbehälters beträgt 1500 mm und dessen Wanddicke 35 mm. Um den Stutzen soll eine Verstärkungsscheibe mit einem Bewertungsfaktor von $k_V = 0{,}8$ angeschweißt werden. Im wärmegedämmten Druckbehälter soll im Betrieb ein Fluid mit 400 °C eingesetzt werden. Der maximal zulässige Druck des Druckbehälters soll sich durch den Ausschnitt und den Stutzen gegenüber den Kenndaten vor der Fertigung des Ausschnitts nicht ändern.

Berechnen Sie die notwendige Dicke der Verstärkungsscheibe h_V nach AD 2000, wenn deren Querschnittsbreite b_V der mittragenden Länge des Druckbehälters a_0 entsprechen soll. Sie können davon ausgehen, dass alle Schweißnähte nach der Fertigung geprüft und keine signifikanten Fehler festgestellt werden ($\nu_N = 1$). Die Wanddickenzuschläge können bei der Berechnung vereinfachend vernachlässigt werden.

Lösung:

Stutzen DN 300 nach DIN EN 10216-2: $D_{a,1} = 323{,}9$ mm;

Festigkeitskennwerte für P235GH nach DIN EN 10028-2 bei 400 °C: Dehngrenze $R_{p0,2} = 128$ MPa, Zugfestigkeit $R_m = 360$ MPa, Zeitstandfestigkeit $R_{m200000} = 115$ MPa;

Zulässige Spannung nach Gl. (9.26): $\sigma_{zul} = 85{,}33$ MPa;

Prüfung der Dünnwandigkeit: $D_{a,0}/D_{i,0} = 1{,}049 \leq 1{,}2$;

Maximal zulässiger Druck des Druckbehälters ohne Stutzen nach Kesselformel gemäß Gl. (9.27): $p_{zul} = 40{,}77$ bar;

Mittragende Länge gemäß Gl. (9.70) und Gl. (9.71): $a_0 = 226{,}4$ mm und $a_1 = 70{,}0$ mm;

Druckfläche und Spannungsfläche gemäß den geometrischen Verhältnissen in Abb. 9.7: $A_p = 2{,}937 \cdot 10^5$ mm², $A_\sigma = 8976$ mm²;

Querschnittsfläche der Verstärkungsscheibe nach Gl. (9.81): $A_V = 6749$ mm²;

Dicke der Verstärkungsscheibe wobei $b_V = a_0$ gemäß Aufgabenstellung: $h_V = 29{,}8$ mm

Bei der Berechnung sind ausschließlich Mindestwanddicken zu verwenden.

9.2.8 Berechnung von Behälterabschlüssen

Als Behälterabschlüsse werden in der Regel gewölbte Böden eingesetzt. Dabei stehen unterschiedliche Formen von Böden zur Verfügung, die insbesondere die Rundheit der Böden betreffen. Mit sinkender Rundheit angeordnet gibt es Halbkugelböden, Korbbogenböden, Klöpperböden und Tellerböden, die im Folgenden näher vorgestellt werden.

Die Festigkeit eines Druckbehälters hängt stark von seiner Form ab. Während sich bei zylindrischen oder kugelförmigen Behälterwandungen die Spannungen im Bauteil bestmöglich verteilen können, treten bei davon abweichenden Formen Spannungserhöhungen in den stärker gekrümmten Bereichen der Wandung auf. Daher kann allgemein festgestellt werden, dass die Druckbeständigkeit einer Wandung zunimmt, je runder sie ausgeführt ist. Folglich liegt die höchste Beanspruchbarkeit von gewölbten Böden bei Halbkugelböden vor. Ein Halbkugelboden besteht aus einer halbkugelförmigen Kalotte, die an den Behältermantel angeschweißt wird. Dabei kann der Innenradius R des Halbkugelbodens in Abhängigkeit von dem Innendurchmesser des Behältermantels D_i ausgedrückt werden.

$$\text{Halbkugelboden: Kalottenradius: } R = 0{,}5 \cdot D_i \tag{9.84}$$

Jedoch haben Halbkugelböden durch ihre Form einen großen Platzbedarf und werden in der Regel nur im Hochdruckbereich eingesetzt. Die am häufigsten verwendeten gewölbten Böden im Apparatebau sind Klöpperböden und Korbbogenböden. Die Form von Klöpper- und Korbbogenböden können durch drei geometrische Abschnitte beschrieben werden, die in der Abb. 9.9 dargestellt sind: Einen kugelförmigen Teil („Kalotte" mit Krümmungsinnenradius R) im Zentrum, einen zylindrischen Ansatz („Bord") zum Anschweißen an den zylindrischen Behältermantel und einen torusförmigen Bereich zwischen Bord und Kalotte („Krempe" mit Krümmungsinnenradius r). Beide Bodenformen können als Sonderfälle eines torisphärischen Bodens betrachtet werden, wobei folgende geometrische Verhältnisse in Abhängigkeit vom Außendurchmesser des Behältermantels D_a genormt sind:

$$\begin{aligned} \text{Klöpperboden (nach DIN 28011):}\quad & \text{Kalottenradius: } R = D_a \text{ und} \\ & \text{Krempenradius: } r = 0{,}1 \cdot D_a \end{aligned} \tag{9.85}$$

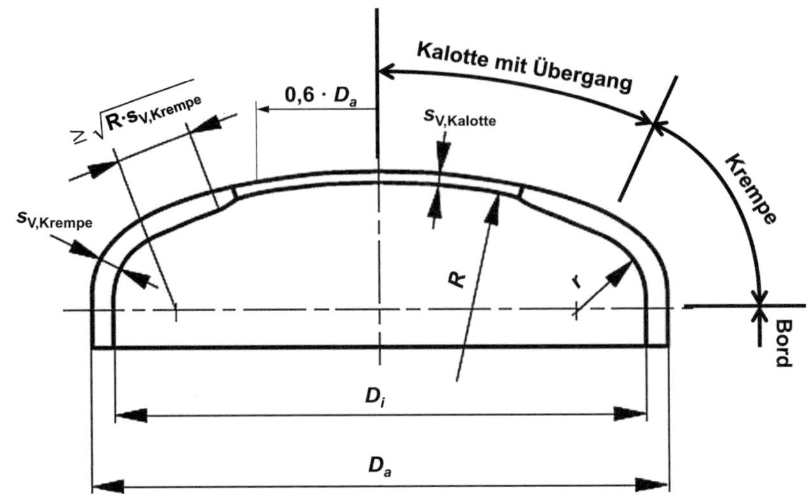

Abb. 9.9 Torisphärischer Boden nach DIN EN 13445-3

$$\text{Korbbogenboden (nach DIN 28013): } \begin{array}{l} \text{Kalottenradius: } R = 0{,}8 \cdot D_a \\ \text{Krempenradius: } r = 0{,}154 \cdot D_a \end{array} \tag{9.86}$$

Dabei muss betont werden, dass die angegebenen Radien als Innenradien zu verstehen sind und die Definitionen im AD 2000-Merkblatt B3 und in DIN EN 13445-3 analog dazu betrachtet werden. Bei einer Belastung liegt die größte Beanspruchung sowohl beim Klöpperboden als auch beim Korbbogenboden im Bereich der Krempe, da dort die größte Krümmung der Behälterwand vorliegt und sich die Kraftflüsse verdichten. Dabei treten Spannungsspitzen an der Innenwandung der Krempe auf. Da gemäß der Definition der Korbbogenboden etwas stärker als der Klöpperboden gewölbt ist, kann der Korbbogenboden im Vergleich größeren Belastungen standhalten.

Zudem sind noch Tellerböden zu erwähnen, die sich aus einer Teilkugelschale und einem Flanschring zusammensetzen. Anstatt einer Flanschverbindung kann die Befestigung des Tellerbodens mit dem Behältermantel auch mit Sonderverschlüssen erfolgen wie z. B. Bajonett-, Klammer-, Klapp- oder Bügelverschluss. Tellerböden sind jedoch infolge des winkligen Übergangsbereiches zwischen Teilkugelschale und Behältermantel nur geringeren Druckbelastungen aussetzbar und stehen nicht im Fokus weiterer Betrachtungen.

Zur Auslegung von Klöpper- und Korbbogenböden werden Festigkeitsberechnungen für die Bereiche Kalotte, Krempe und Bord zunächst getrennt voneinander durchgeführt. In der Regel wird danach die Wandstärke für den gesamten Boden verwendet, die den größten Wert dieser Berechnungen ergibt. Die größte Wandstärke ergibt sich normalerweise aus der Auslegung der Krempe. Um den Materialaufwand insbesondere bei großen Böden zu begrenzen, welche nicht mehr aus einem Teil hergestellt werden können, kann die Wanddicke im Bereich der Kalotte auf den lokal berechneten Wert reduziert werden. Die Schweißnaht zur Verbindung der Kalotte mit dem restlichen Boden muss hierbei jedoch einen ausreichenden Abstand zur Krempe aufweisen (siehe Abb. 9.9). Im AD 2000-Merkblatt B3 wird dieser Abstand mit $0{,}5 \cdot \sqrt{R \cdot s_{\text{V,Krempe}}}$ angegeben, in der DIN EN 13445-3 mit $\sqrt{R \cdot s_{\text{V,Krempe}}}$. Der Übergangsbereich zwischen Kalotte und Krempe wird mit der Wanddicke der Krempe $s_{\text{V, Krempe}}$ und dem Radius der Kalotte R ausgeführt. Die Wanddicke des Bordes wird üblicherweise entsprechend der Wanddicke der Krempe ausgeführt. Dabei hängt die Länge des Bordes gemäß AD 2000-Merkblatt B3 von der Wanddicke des Bodens ab und die Höhe der Kalotte inklusive Krempe ebenso. In der DIN EN 13445-3 wird die Wanddicke des Bordes auch entsprechend der Wanddicke der Krempe ausgeführt. Nach DIN EN 13445-3 ist jedoch für den Bord die Auslegungsgleichung für den Zylindermantel maßgebend, wenn die Länge des Bordes größer als $0{,}2 \cdot \sqrt{D_i \cdot s_{\text{V,Krempe}}}$ ist. Dabei wird die Gesamtinnenhöhe des gewölbten Bodens in der DIN EN 13445-3 in Abhängigkeit von Kalottenradius R, Krempenradius r und Behälterinnendurchmesser D_i festgelegt.

Im Bereich der **Kalotte** liegt ein kugelförmiger Behältermantel vor. Entsprechend kann die Wanddicke der Kalotte nach analoger Herleitung gemäß Abschn. 9.2.3 durch die mittlere Umfangsspannung

$$\sigma_u = \frac{p \cdot D_i}{4 \cdot s}, \tag{9.87}$$

die bei einem kugelförmigen Behältermantel in zwei Raumrichtungen wirkt, berechnet werden. Dabei ergibt sich nach Anwendung der Schubspannungshypothese analog zur Kesselformel für die Mindestwanddicke der Kalotte:

$$s_{\text{V,Kalotte}} = \frac{D_{\text{a,Kalotte}} \cdot p_i}{4 \cdot \frac{K}{S} + p_i} = \frac{D_{\text{i,Kalotte}} \cdot p_i}{4 \cdot \frac{K}{S} - p_i} = \frac{D_{\text{m,Kalotte}} \cdot p_i}{4 \cdot \frac{K}{S}} \tag{9.88}$$

oder ausgedrückt mit dem Kalottenradius R unter Berücksichtigung Schweißnahtfaktors ν_N

$$s_{\text{V,Kalotte}} = \frac{R \cdot p_i}{2 \cdot \frac{K}{S} \cdot \nu_N - 0{,}5 p_i} \tag{9.89}$$

Diese Gleichung wird sowohl im AD 2000-Merkblatt B3 als auch in der DIN EN 13445-3 angewandt. Da ein Halbkugelboden, als Sonderfall gewölbter Böden, nur aus der Kalotte besteht, kann seine Wanddicke ebenso nach Gl. (9.89) berechnen werden.

Die Spannungserhöhung in der **Krempe** wird im **AD 2000-Merkblatt B3** mit einem Berechnungsbeiwert β berücksichtigt, der einen Wert größer 1 annimmt und die Wanddicke im Bereich der Krempe erhöht, indem die (vereinfachte) Kesselformel ausgedrückt mit dem Behälteraußendurchmesser D_a um den Faktor β korrigiert wird.

$$s_{\text{V,Krempe}} = \frac{D_a \cdot p_i \cdot \beta}{4 \cdot \frac{K}{S} \cdot \nu_N} \tag{9.90}$$

Im AD 2000-Merkblatt B3 sind die Berechnungswerte für β in Formeln und Diagrammen in Abhängigkeit von dem geometrischen Verhältnis $s_{\mathrm{V,\,Krempe}}/D_a$ aufgeführt, wobei unterschieden wird, ob ein Klöpperboden oder ein Korbbogenboden ausgelegt wird. Die Formeln zur Ermittlung des Berechnungsbeiwertes β können nach dem Flächenvergleichsverfahren unter Berücksichtigung der mittragenden Längen der Spannungsüberhöhung im Krempenbereich und den sich anschließenden Bereichen nach Wagner [2] hergleitet werden. Durch die Abhängigkeit von β zu der Krempenwanddicke $s_{\mathrm{V,\,Krempe}}$ ist beim AD 2000-Merkbaltt B3 zur Auslegung der Krempe ein iteratives Vorgehen notwendig. Nur für $s_{\mathrm{V,\,Krempe}}/D_a \geq 0{,}02$ ist der Berechnungsbeiwert β konstant. In diesem Fall gilt für Klöpperböden $\beta \approx 2{,}5$ und für Korbbogenböden $\beta \approx 1{,}8$.

In der **DIN EN 13445-3** wird die Spannungserhöhung im Bereich der **Krempe** ebenfalls über einen Berechnungsbeiwert β ausgedrückt. Der Berechnungsbeiwert β kann in DIN EN 13445-3 ebenso durch ein Diagramm abgelesen werden. Die Ermittlung von β erfolgt in DIN EN 13445-3 jedoch nicht in Abhängigkeit von der zu berechnenden Wanddicke $s_{\mathrm{V,\,Krempe}}$, sondern von der Bodengeometrie, dem Innendruck und der zulässigen Spannung der Behälterwand. Dadurch ist auch bei geringen Wanddicken eine explizite Ermittlung des Berechnungsbeiwertes β in DIN EN 13445-3 möglich. Auch eine explizite Berechnung des Berechnungsbeiwertes β ist in DIN EN 13445-3 vorgesehen. Dabei sind die Gleichungen und Diagramme zur Ermittlung des Berechnungsbeiwertes β in der DIN EN 13445-3 allgemeingültig für alle torisphärische Böden formuliert, so dass eine Zuordnung zu Klöpper – oder Korbbogenboden im Gegensatz zum AD 2000-Merkblatt B3 entfällt. Um den Berechnungsbeiwert β unabhängig von der Wanddicke $s_{\mathrm{V,\,Krempe}}$ ausnutzen zu können, ist eine Umformung der (vereinfachten) Kesselformel notwendig, die insbesondere die Darstellung des Bezugsdurchmessers betrifft.

$$s_{\mathrm{V,Krempe}} = \frac{\left(0{,}75R + 0{,}2D_i\right) \cdot p_i \cdot \beta}{\dfrac{K}{S}} \tag{9.91}$$

Ist die erforderliche Krempenwanddicke sehr dünn ausgeführt, dann kann es durch die Innendruckbelastung zu einer Faltenbildung in der Krempe kommen. Es handelt sich hierbei um ein Einbeulen der Behälterwand im Bereich der Krempe, in der meridional verlaufende Falten entstehen können. Der kritische Innendruck für das Auftreten der Faltenbildung ist nach der DIN EN 13445-3 zur Auslegung der Krempenwanddicke zu berücksichtigen, wenn $s_{\mathrm{V,\,Krempe}} \leq 0{,}005 \cdot D_i$. In diesem Fall wird zusätzlich die Krempenwanddicke $s_{\mathrm{V,\,Krempe,\,b}}$ in DIN EN 13445-3 berechnet.

$$s_{\mathrm{V,Krempe,b}} = \left(0{,}75R + 0{,}2D_i\right)\left[\frac{p_i}{111\dfrac{K}{S}}\left(\frac{D_i}{r}\right)^{0{,}825}\right]^{\left(\frac{1}{1{,}5}\right)} \tag{9.92}$$

Entscheidend für die Auslegung von torisphärischen Böden nach DIN EN 13445-3 ist der maximale Wert der Größen $s_{V,\ Kalotte}$, $s_{V,\ Krempe}$ und $s_{V,\ Krempe,\ b}$, wenn die Wandstärke im gesamten Boden einheitlich ausgeführt wird.

Beim AD 2000-Merkbaltt B3: 2011-05 fehlt ein Kriterium gegen Faltenbildung im Krempenbereich unter Innendruckbelastung gegenüber früheren Ausgaben. Dabei wird der Verzicht auf ein explizites Stabilitätskriterium mit dem Geltungsbereich $s_V \geq 0{,}001 \cdot D_a$ begründet. Der vormals verwendete rechnerische Nachweis, dass der Klöpper- oder Korbbogenboden bei sehr dünnwandigen Ausführungen gegen Beulen ausreichend bemessen ist, hatte nur für $s_V < 0{,}001 \cdot D_a$ Gültigkeit. Die DIN EN 13445-3 hat im Übrigen ebenfalls den Geltungsbereich $s_V \geq 0{,}001 \cdot D_a$, so dass die Gl. (9.92) nur in wenigen Fällen Anwendung findet.

In der Regel sind in den Böden von Druckbehältern auch Stutzen beispielsweise für Zu- und Ableitungen angebracht. Bei der Auslegung von Behälterböden mit Stutzen müssen die Verschwächungen, die durch die Ausschnitte entstehen, berücksichtigt werden. Dabei unterscheidet das **AD 2000-Merkblatt B3**, ob ein **Stutzen im Kalottenbereich oder im Krempenbereich** des Bodens positioniert ist. Wenn die Ausschnitte bei Klöpper- oder Korbbogenböden innerhalb des Bereiches $0{,}6 \cdot D_a$ um den Scheitel liegen, dann kann das Vorgehen analog zu Abschn. 9.7.2 angewandt werden, um die notwendige Wandstärke mit dem Verschwächungsbeiwert v_A (in diesem Fall für eine kugelförmige Behälterwand) bzw. die notwendige Verstärkung auszulegen (siehe Abb. 9.9). Diese Herangehensweise bezieht sich auch auf Halbkugelböden unabhängig von der Position des Stutzens. Liegen Ausschnitte bzw. Stutzen im Krempenbereich oder nach AD 2000-Merkblatt B3 außerhalb des Bereiches $0{,}6 \cdot D_a$ um den Scheitel, dann erhöht sich der Berechnungsbeiwert β gemäß Gl. (9.90) gegenüber der Krempenwanddicke ohne Stutzen um einen Faktor, der von dem Verhältnis aus Stutzeninnendurchmesser und Behälteraußendurchmesser abhängt. Der Berechnungsbeiwert β ist im AD 2000-Merkblatt B3 sowohl als Formel als auch in Diagrammen separat für Klöpper- und Korbbogenböden aufgeführt. Hierbei kann β Werte bis zu 8 annehmen und damit ein Vielfaches der Krempenwanddicke im Vergleich zu einer Krempe ohne Ausschnitte verursachen. Stutzen werden daher nur in Ausnahmefällen im Krempenbereich angeordnet, wenn beispielsweise keine alternative Position zur Verfügung steht. Normalerweise werden Stutzen im Kalottenbereich des Bodens angebracht. Die Auslegung von torisphärischen Böden mit Ausschnitten erfolgt in der **DIN EN 13445-3** in analoger Vorgehensweise wie im AD 2000-Merkblatt B3 durch eine separate Betrachtung von Ausschnitten im Kalottenbereich oder im Krempenbereich. Jedoch kann die Ermittlung des Berechnungsbeiwertes β in der DIN EN 13445-3 im Gegensatz zur AD 2000 B3 ohne iterative Berechnung erfolgen.

Beispiel 9.6: *Behälter mit Stutzen in Korbbogenboden*

Der Druckbehälter aus Beispiel 9.5 soll durch zwei Korbbogenböden als Behälterabschlüsse ergänzt werden. Zudem sind an beide Korbbogenböden jeweils zentrisch DN 300 Stutzen aus dem Stahl P235GH mit einer Wanddicke von 10 mm vorzusehen.

Berechnen Sie die Mindestwanddicke des Korbbogenbodens nach dem AD 2000-Regelwerk, wenn im Betrieb mit einem maximalen Innendruck von 40 bar zu rechnen ist und die Wanddicke des Bodens über die Teilsegmente einheitlich ausgeführt werden soll. Ansonsten sollen die Bedingungen und Angaben aus Beispiel 9.5 gelten.

Lösung:

Innendurchmesser der Kalotte: $D_{i,Kalotte} = 2 \cdot R = 2400$ mm, wobei $R = 0{,}8\ D_a$ nach Gl. (9.86)

Wanddicke der Kalotte ohne Ausschnitt gemäß Gl. (9.88): $s_{V,Kalotte} = 28{,}5$ mm

Mittragende Länge im Stutzen gemäß Gl. (9.71): $a_l = 56$ mm, wobei der Faktor $f_a = 1$ ist, da es sich um einen Ausschnitt in einer Kugelschale handelt.

Der Verschwächungsbeiwert ν_A kann im AD 2000-Merkblatt B9 für unterschiedliche Stutzenformen und geometrische Verhältnisse in Diagrammen abgelesen werden oder nach Gl. (9.79) hergeleitet werden. Daraus ergibt sich für Stutzen in kugeligen Behälterwänden der Verschwächungsbeiwert:

$$\nu_A = \frac{a_0 + a_1 \dfrac{s_{V,1}}{s_{V,0}} + s_{V,1}}{a_0 + s_{V,1} + \dfrac{D_{i,1}}{D_{i,0}} \sqrt{\dfrac{1}{4} \cdot \left(D_{i,0}^{\ 2} - D_{i,1}^{\ 2}\right) + 2 \cdot \dfrac{D_{i,1}}{D_{i,0}} \left(a_1 + s_{V,0}\right)}} = 0{,}6$$

Wanddicke der Kalotte mit Ausschnitt gemäß Gl. (9.76): $s_{V,0,Kalotte} = 47{,}8$ mm

Zur Überprüfung wird die Wanddicke der Krempe bei den vorliegenden Belastungen zusätzlich berechnet.

Wanddicke der Krempe nach Gl. (9.90): $s_{V,Krempe} = 31{,}6$ mm, wobei für Klöpperböden $\beta \approx 1{,}8$ einzusetzen ist, da $s_{V,0,\mathrm{Kalotte}}/D_{a,0} = 0{,}032 > 0{,}020$ und die Krempe gemäß Aufgabenstellung mindestens so dick wie $s_{V,0,Kalotte}$ auszuführen ist.

Die Wanddicke des Korbbogenbodens muss mindestens 47,8 mm zuzüglich der Zuschläge betragen.

9.3 Auslegung von Druckbehältern und Rohren aus Kunststoff

Für einen erfolgreichen Einsatz von Kunststoffen in der Apparatetechnik muss die Funktionsfähigkeit der Bauteile im vorgesehenen Betriebszeitraum gewährleistet werden. Dabei müssen die jeweilige Belastung und die Beständigkeit bei der jeweiligen Betriebstemperatur sowie die Beständigkeit gegenüber den Medien, mit denen die Bauteile in Kontakt stehen, beachtet werden.

9.3.1 Zeitstandverhalten

Unter dem Zeitstandverhalten versteht man die Lebenserwartung eines Bauteiles bei einer bestimmten Belastung und Temperatur. Für Rohrleitungen kommen häufig thermoplastische Kunststoffe zur Anwendung. Thermoplaste besitzen bereits bei Raumtemperatur ein ausgeprägtes Zeitstandverhalten. Das bedeutet, dass sich ihre Festigkeit unter Dauerbelastung (Druck und Temperatur) mit der Zeit verringert. Bei Kunststoff-Rohrleitungen, die mit einem Innendruck beansprucht werden, basiert die Auslegung daher insbesondere auf dem Kriechverhalten des Werkstoffs bei einer bestimmten maximal zulässigen Temperatur. Das Kriechen bezeichnet eine irreversible plastische Verformung, die langsam, aber stetig voranschreitet und durch relativ geringe mechanische Spannungen unterhalb der Streckgrenze hervorgerufen wird. Der Innendruck erzeugt in der Rohrwand, wie in Abschn. 9.2.1 dargelegt, einen dreiachsigen Spannungszustand. Die zugehörige Vergleichsspannung ergibt sich aus dem Innendruck p_i, Rohrdurchmesser D_a und der Wanddicke s. Bei der Festigkeitsberechnung von Rohren aus thermoplastischen Kunststoffen wird die Schubspannungshypothese als Vergleichsspannung herangezogen, die bei den meist vorliegenden dünnen Wanddicken mit mittleren Spannungen ausgedrückt wird. Somit wird zur Auslegung von Rohren aus thermoplastischen Kunststoffen die klassische Kesselformel nach Gl. (9.27) verwendet.

Bei Kenntnis der für den betreffenden Werkstoff zulässigen Spannung kann damit die Dimensionierung eines Rohres bei gegebenem Innendruck vorgenommen werden. Dabei muss beachtet werden, dass die zum Bruch führende Spannung bei Kunststoffen von der Beanspruchungsdauer und der Temperatur abhängig ist. Dieses Zeitstandverhalten wurde in langjährigen Prüfungen (seit ca. 1956) untersucht. Beim Zeitstand-Innendruckversuch nach ISO 1167, Blatt 1 bis 4, werden Prüfungen an temperierten Rohrabschnitten, Formstücken oder Bauteilkombinationen durchgeführt, die unter dem jeweiligen Innendruck stehen. Ergebnisse solcher Untersuchungen sind in Abb. 9.10 für Rohrabschnitte dargestellt. Die DIN EN ISO 9080: 2013-02 behandelt eine Extrapolationsmethode, mit der anhand solcher Ergebnisse das Zeitstandverhalten von Kunststoffrohren bis zu einem Zeitraum von ca. 100 Jahren abgeschätzt werden kann. Zur Gütesicherung werden laufend Rohre aus der Produktion einer Prüfung unterzogen. Für Polyethylenrohre hoher Dichte (PE-HD) sind die Güteanforderungen und Prüfungen nach DIN 8075: 2011-12 und für Rohre aus weichmacherfreiem Polyvinylchlorid (PVC-U) nach DIN 8061: 2016-05 geregelt.

Basierend auf den Ergebnissen dieser experimentellen Untersuchungen werden in DIN 8075 Zeitstandkurven entsprechend Abb. 9.11 angegeben. Die durchgezogenen Kurven geben die Mindestwerte wieder. Nach den Kurvenverläufen nimmt die Standzeit eines Rohrs mit zunehmender Spannung und Temperatur ab. Bei einer doppeltlogarithmischen Auftragung erhält man anfänglich einen flachen geraden Teil, dem sich zu längeren Zeiten hin ein zweiter, steilerer abfallender gerader Teil anschließt. Der erste Teil zeichnet sich durch einen zähen bzw. duktilen Bruch aus. Die Bruchform im Bereich des zweiten, steil abfallenden Bereiches ist ein nahezu vorformungsloser Sprödbruch.

Darüber hinaus wird ein spröder Bruch infolge eines thermo-oxidativen Abbaus des Polymers in Betracht gezogen, der die Endpunkte der steil abfallenden Äste bei 40 °C, 60 °C und 80 °C kennzeichnet.

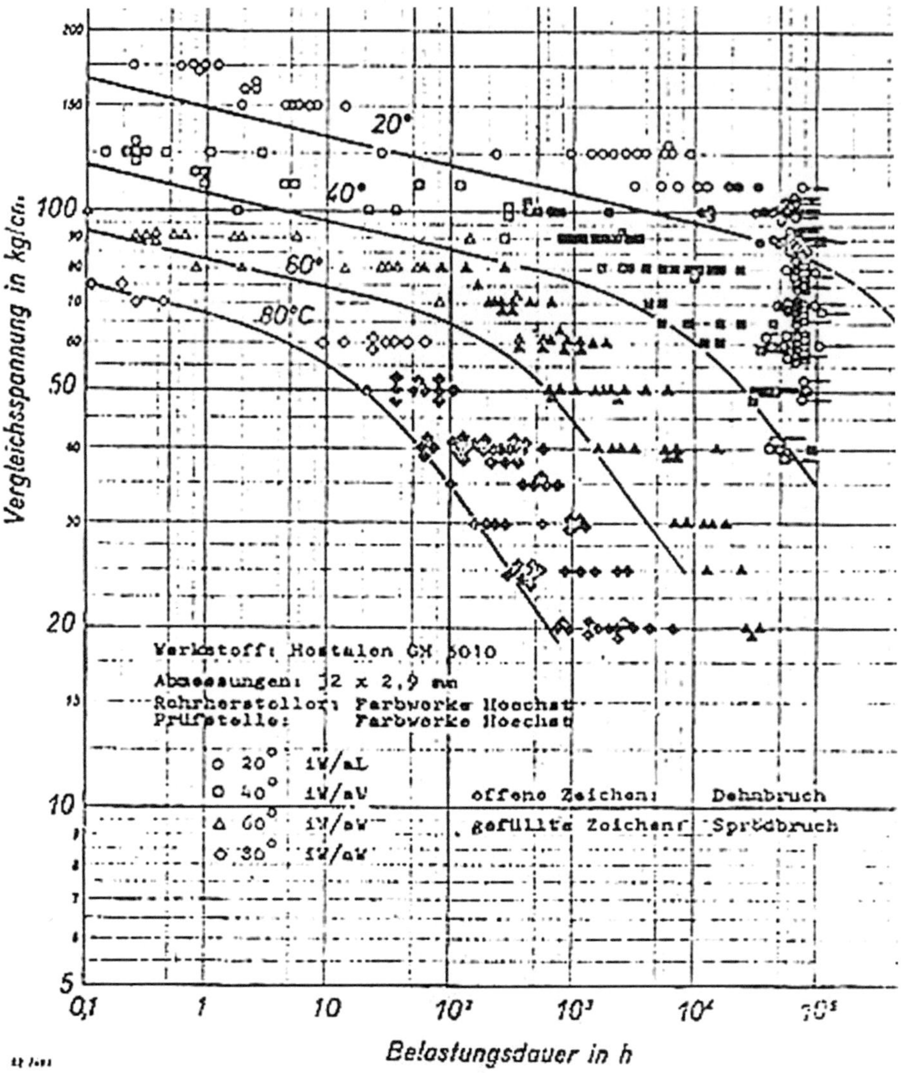

Abb. 9.10 Zeitstandkurven für PE HD-Rohre nach K. Richard (historische Messwerte aufgeführt in [4])

Gleichungen zur Berechnung der Zeitstandfestigkeit in Abhängigkeit von der Zeit und der Temperatur werden in ISO 15493:2013-10 für ABS und PVC-U, in ISO 15494: 2003-10 für PE und PP-H sowie in ISO 10931: 2006-03 für PVDF aufgeführt.

Um dem unterschiedlichen Leistungsvermögen verschiedener thermoplastischer Kunststoffe in den Zeitstandrechnungen gerecht zu werden, wurde mit DIN EN ISO 12162: 2010-04 die Klassifizierung, Werkstoffkennzeichnung sowie die Berechnungskoeffizienten geregelt. Grundlage für die Klassifizierung sind auch hierbei gemessene Zeitstandkurven. Die Kunststoff-Rohre werden in sogenannte MRS-Klassen (MRS=Minimum Required

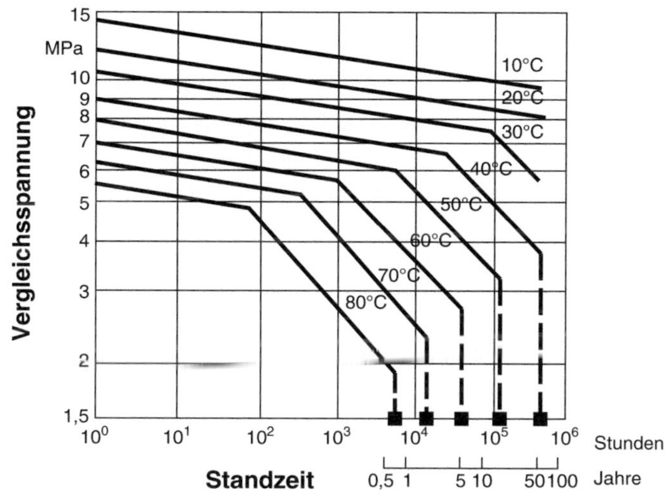

Abb. 9.11 Zeitstandkurven von PE-HD-Rohren nach DIN 8075

Strength) eingeteilt. Der MRS-Wert entspricht praktisch der Vergleichsspannung bei 20 °C und 50 Jahre Betriebsdauer. Die Auslegung von Kunststoffrohren erfolgt meist nach dem MRS-Wert als Festigkeitskennwert, wobei sich die zulässige Spannung unter Berücksichtigung des Sicherheitsbeiwertes ergibt.

Beispiel 9.7: *Rohrleitung aus thermoplastischem Kunststoff*

a) Eine Rohrleitung aus PE-HD entsprechend Abb. 9.11 soll auf eine Betriebszeit von 50 Jahren ausgelegt werden. Als Bezugstemperatur wird 20 °C angenommen. Man berechne die mögliche Druckbeaufschlagung mit Wasser bei einem Innendurchmesser von 80 mm und einer Wanddicke von 4 mm. Man lege dabei die Normalspannungshypothese zugrunde.

b) Die gleiche Rohrleitung soll mit Wasser von 50 °C beaufschlagt werden. Man berechne den zulässigen Druck bei einer Standzeit von 10 Jahren.

Lösung:

a) Aus dem Diagramm Abb. 9.11 kann man für das dort dargestellte PE-HD-Rohr eine Vergleichsspannung von 8 MPa = 8 N/mm^2 ablesen. Danach könnte ein Rohr mit einem Inndurchmesser von 80 mm und einer Wanddicke von 4 mm entsprechend der Normalspannungshypothese und der berechneten maximalen Spannung (Spannung in Umfangsrichtung nach Gl. (9.10) über den gesamten Zeitraum mit einem Innendruck von p_{max} = 0,8 N/mm^2 = 8 bar beaufschlagt werden, wenn ein Sicherheitsbeiwert von 1 angenommen wird. Die Anforderungen in dieser Anwendung erfordert einen MRS-Wert von 8 MPa entsprechend der Klassifizierung nach

DIN EN ISO 12162: 2010-04. Die Anforderung wird von einem Rohr der Klasse PE 80 erfüllt.

b) Bei einer industriellen Anlage für Warmwasser mit einer Temperatur von 50 °C erhält man für eine zu garantierende Lebensdauer von 10 Jahre eine Vergleichsspannung von 3,2 MPa = 3,2 N/mm². Danach könnte das gleiche Rohr über den gesamten Zeitraum nur mit einem Innendruck von p_{max} = 0,32 N/mm² = 3,2 bar beaufschlagt werden, wenn ein Sicherheitsbeiwert von 1 angenommen wird. Eine Verwendung des Rohres bei einer gleich langen Lebensdauer und einer höheren Temperatur ist nicht möglich.

9.3.2 Temperaturbeständigkeit

Wie zuvor dargelegt, werden bei einem Kontakt die zulässigen Grenzen der Belastbarkeit eines Kunststoffbauteils von dem Medium, das mit dem Kunststoff in Kontakt kommt, der Betriebstemperatur und der Dauer der Einwirkung beeinflusst. Dabei muss auch berücksichtigt werden, dass die Erwartungen zur Nutzungsdauer der Bauteile, je nach Anwendung, sehr verschieden sein können. Daher werden die Einflüsse einer erhöhten Temperatur und eines Mediums bei einer Laboranwendung mit einem relativ kurzzeitigen Mediumkontakt anders bewertet als bei Kontaktzeiten von mehreren Jahren.

Die unterschiedlichen Anforderungen und Erwartungen schlagen sich in den Angaben zur Temperatur- und Chemikalienbeständigkeit der entsprechenden Produkte nieder. Widersprüchliche Angaben in der Literatur sind auf eine unterschiedliche Bewertung der verursachten Veränderungen oder auf Werkstoffmodifikationen zurückzuführen. Es empfiehlt sich, bei kritischen Anwendungen die Grenzen der Beanspruchungen mit dem Hersteller abzustimmen. Die Angaben in diesem Abschnitt sollen zur Orientierung dienen. Eine Gewährleistung für die Angaben kann nicht übernommen werden. So sind z. B. die Basispolymere einzelner Membranen gegen angreifende Medien beständig, das modifizierte Membranmaterial kann dagegen veränderte Eigenschaften aufweisen.

Entscheidend für die Festlegung von maximal zulässigen Betriebstemperaturen sind die mechanischen Beanspruchungen und Betriebszeiten. Die Angaben zur Temperaturbeständigkeit sind daher immer an die Einhaltung vorgegebener Betriebsparameter, z. B. bestimmter Drücke, gebunden. Bei Konstruktionen, die aus einem Verbund verschiedener Werkstoffe mit unterschiedlichen thermischen Ausdehnungskoeffizienten bestehen, treten bei einem Temperaturwechsel zusätzliche Spannungen auf, die zu Verformungen oder sogar zu einem Defekt führen können.

Für eine Vielzahl von Bauteilen werden auch Bedingungen für eine Sterilisation mit Dampf oberhalb von 120 °C angegeben. Die mechanischen Beanspruchungen durch äußere Kräfte werden dabei jedoch auf minimale Werte reduziert. Die Standzeit der Bauteile wird dabei oft auch mit der Zahl der Sterilisationszyklen gekoppelt.

Bei den Angaben zur Gesamtanlage muss beachtet werden, dass das temperaturempfindlichste Bauteil die zulässige Betriebstemperatur bestimmt. Die Temperaturbeständigkeit der Polymere ist bei einer vernachlässigbaren mechanischen Beanspruchung in der Regel wesentlich höher als bei den Betriebsbedingungen. In Tab. 8.7 sind einige Richtwerte zur Dauerwärmebeständigkeit einiger Basispolymere angegeben.

9.3.3 Chemikalienbeständigkeit

Die Festlegung der Einsatzgrenzen zu Kunststoffen im Kontakt mit Chemikalien ist problematisch, da diese von vielen Parametern beeinflusst werden, und die zuverlässige Bestimmung nur auf experimentellem Wege möglich ist. Je nach Material treten die Bauteile mit den sie umgebenden Medien in mehr oder weniger starke Wechselwirkungen. Inhaltsstoffe der Medien können in das Bauteil eindringen und es ggf. aufquellen, auflösen oder chemisch zersetzen. Physikalische Veränderungen, z. B. eine Quellung, sind z. T. reversibel. Bei chemisch aktiven Medien werden Eigenschaften irreversibel verändert. Der zeitliche Ablauf der Vorgänge wird von der Temperatur, dem Materialgefüge und der Affinität der Fremdmoleküle zu dem Werkstoff beeinflusst. Als Beständigkeitskriterien werden Eigenschaftsänderungen, z. B. Festigkeitsangaben und die zugehörigen Bruchdehnungen, oder nur qualitative Angaben, wie beständig, bedingt beständig und unbeständig, angegeben.

Auch die Affinität einzelner Kunststoffe zu Wasser ist sehr unterschiedlich. In Tab. 8.6 ist die Wasseraufnahme einiger Polymere, bei einer Lagerung in Wasser bis zur Sättigung, angegeben. Mit einer Wasseraufnahme ist eine Volumenzunahme verbunden, wodurch die Maßhaltigkeit stark beeinflusst werden kann.

Für die Chemikalienbeständigkeit von Polymeren ist die chemische Konstitution ausschlaggebend. So sind die Polymere mit einer Kohlenstoff-Hauptkette besonders hydrolysebeständig, während die Polymere mit einem Heteroatom in der Hauptkette leichter durch Hydrolyse gespaltet werden. Die letzteren sind daher mehr oder weniger gegen Säuren, Laugen und Heißwasser empfindlich. Doppelbindungen reagieren leicht mit Oxidationsmitteln und Halogenen. Die Reaktionsgeschwindigkeit ist auch wesentlich von der Diffusion der Chemikalien in das Polymer abhängig. Zusätze zum Polymer bei der Herstellung bzw. Verarbeitung können die Diffusion von Lösemitteln und Chemikalien in ein Bauteil beeinflussen.

Bei kritischen Anwendungen sollte die Beständigkeit der Bauteile unter Praxisbedingungen getestet werden. Auch Veränderungen während der Lagerung einer Probe über eine längere Zeit (Tage, Wochen), gegebenenfalls bei höheren Temperaturen und/oder einer mechanischen Belastung, geben Aufschluss über die Beständigkeit.

So lässt sich mit dem Zeitstandversuch an mediengefüllten Rohren unter Innendruck praxisgerecht der kombinierte Einfluss von mechanischer Belastung und Medium erfassen. Hierbei prüft man bei mindestens zwei verschiedenen Spannungen im Bereich des steil abfallenden Bereiches der Zeitstandkurve. Aus dem Vergleich der für ein bestimmtes Medium erhaltenen Zeitstandkurve mit derjenigen von Wasser ergeben sich spannungs- bzw. zeitbezogene (Chemikalien-)Resistenzfaktoren. Der spannungsbezogene Resistenzfaktor f_R ist das Verhältnis der Zeitstandfestigkeit in der Chemikalie K_{Ch} zu der in Wasser

K_W bei der gleichen Standzeit. Bei parallelem Verlauf der Kurven für das untersuchte Medium und für Wasser sind die Resistenzfaktoren für alle Spannungen gleich. Sonst ist der Resistenzfaktor auch von der jeweiligen Spannung abhängig. Der zeitbezogene Resistenzfaktor ist das Verhältnis der beiden Standzeiten bei gleicher Spannung.

$$f_R = \frac{K_{Ch}}{K_W} \tag{9.93}$$

Mit Hilfe der (Chemikalien-)Resistenzfaktoren kann bei Rohrleitungen eine in Zahlen gefasste Aussage über die zu erwartende Lebensdauer bei einem Kontakt mit einer Chemikalie gemacht werden. So wurde z. B. für Erdgas einer üblichen Zusammensetzung (einschließlich eine Zudosierung von Tetrahydrothiophen als Odorierungsmittel) ein zeitbezogener Resistenzfaktor von 5 ermittelt, d. h. man erhält bei einem gleichen Druck die fünffache Lebensdauer bei Erdgas im Vergleich zu Wasser. Bei einer Übertragung der Werte müssen jedoch auch die Kondensate, die sich in einer Erdgasleitung bilden können, berücksichtigt werden.

Die zulässige Spannung σ_{zul} beim Einsatz eines Kunststoffrohres mit einer Chemikalie ergibt sich durch Multiplikation des Resistenzfaktors f_R mit dem Festigkeitskennwert des Kunststoffes (meist Zeitstandfestigkeit) beim Einsatz mit Wasser K_W und unter Berücksichtigung des Sicherheitsbeiwertes S. Sicherheitsbeiwerte für verschiedene thermoplastische Kunststoffe sind beispielsweise in ISO 12162: 2010-04 zusammengestellt (dort als Gesamtbetriebskoeffizienten bezeichnet).

$$\sigma_{zul} = f_R \cdot \frac{K_W}{S} \tag{9.94}$$

9.3.4 Besonderheiten von Druckrohren oder Behältern aus GFK

Druckrohre und insbesondere Druckbehälter werden auch aus glasfaserverstärkten Kunststoffen (meist Duroplaste) hergestellt. Die Besonderheit bei der Auslegung von GFK-Behältern sind die zu berücksichtigenden Festigkeitskennwerte, die sich durch die Orientierung der Glasfasern in unterschiedlichen Richtungen stark unterscheiden können. Daher werden bei der Auslegung bzw. dem Festigkeitsnachweis von GFK-Behältern die Beanspruchungen in Längs- und Umfangsrichtung getrennt voneinander betrachtet, so dass der jeweils entsprechende Festigkeitskennwert berücksichtigt werden kann. Im AD 2000 Merkblatt N1 und der DIN EN 13121-3 sind Berechnungsmethoden zur Auslegung von Druckbehältern aus textilglasfaserverstärkten duroplastischen Kunststoffen (GFK) zusammengestellt.

Eine weitere Besonderheit bei der Auslegung von GFK-Behältern stellt die Betrachtung des Sicherheitsbeiwertes dar. Zu dem üblichen Sicherheitsbeiwert S, der in der AD 2000-Merkblatt N1 mit 2,0 angenommen wird, wird ein zusätzlicher Wertstoffabminderungsfaktor A durch Multiplikation berücksichtigt. Dieser Faktor setzt sich aus mehreren Einzelfaktoren zusammen, die Einflüsse von beispielsweise Zeitstandverhalten, Witterung, Betriebstemperatur und Inhomogenitäten im Material berücksichtigen. Gemäß AD 2000-Merkblatt N1 muss das Produkt aus Sicherheitsbeiwert S und Wertstoffabminderungsfaktor A immer größer oder gleich 4,0 sein.

9.4 Beanspruchung von Zentrifugentrommeln

In vielen Bereichen der Verfahrenstechnik sind Zentrifugen zur Abtrennung von Feststoffen, Biomasse oder von emulgierten Flüssigkeiten im Einsatz. Man muss dabei zwischen Sedimentationszentrifugen (Vollmantelzentrifugen) und Filterzentrifugen unterscheiden.

Die Maschinen für den konkreten Einsatzzweck zu optimieren, ist eine Herausforderung. Im Bereich Chemie werden sie teilweise mit korrosiven Substanzen (z. B. Säuren), explosiven Gemischen und hohe Temperaturen beaufschlagt. Die verwendeten Materialien und Konstruktion müssen der Festigkeit, der Korrosionsbeständigkeit und den hygienischen Vorgaben genügen. Nichtrostende Duplexstähle sind heute oft die Materialien der Wahl. In Sonderfällen werden auch nickelhaltige Sonderlegierungen eingesetzt. In allen Fällen hat die sichere Auslegung der Zentrifugentrommel oberste Priorität.

Um in Absetzzentrifugen auch bei kleinsten Partikeln ein schnelles Absetzen zu erreichen, sind möglichst hohe Rotordrehzahlen anzustreben. Diese haben jedoch auch eine hohe Beanspruchung der Rotoren infolge der Zentrifugalkräfte zur Folge, so dass die Festigkeit der Rotoren und die einzuhaltenden Sicherheitsabstände die Rotordrehzahl begrenzen. Die Beanspruchung einer Zentrifugentrommel im Betrieb setzt sich aus der Eigenbeanspruchung infolge der auf den Mantelwerkstoff wirkenden Zentrifugalkraft σ_E und der Druckbeanspruchung durch die in der Trommel vorhandene Flüssigkeit und den abgetrennten Feststoff σ_F zusammen. Bei der Berechnung der Spannungsverläufe in der Trommel müssen die geometrischen Verhältnisse genau berücksichtigt werden. Die in Abschn. 9.2.1 dargestellte Betrachtungsweise können vereinfacht auch für den Fall eines dünnwandigen rotierenden Hohlzylinders der Wanddicke s und der Länge L angewendet werden. Ausführlichere und genauere Berechnungen zu zylindrischen und kegelförmigen Trommeln findet man bei Sokolow [5] und Stahl [6]. Entsprechend der Vorgehensweise in Abschn. 9.2.1 betrachtet man ein Element des Trommelmantels mit der Länge dL und der

Breite u und setzt die inneren Umfangskräfte im Trommelmantel F_U als entsprechende äußere Kräfte an (siehe Abb. 9.1) und ersetzt die radial wirkende Druckkraft F_D durch die Zentrifugalkraft F_Z, so gilt das Kräftegleichgewicht:

$$F_z = 2\ F_T\ \sin\varphi = 2\sigma s \mathrm{d}L \frac{u}{2r_m} \tag{9.95}$$

Setzt man die auf den Trommelabschnitt wirkende Zentrifugalkraft F_z

$$F_z = \rho_{Tr}\ \mathrm{d}L\ us\ \omega^2 r_m \tag{9.96}$$

ein, so erhält man für die Zugspannung infolge der Eigenbeanspruchung σ_E:

$$\sigma_E = \rho_{Tr}\omega^2\ r_m^2 \tag{9.97}$$

ρ_{Tr} ist darin die Dichte des Trommelmaterials.

Zur Eigenbeanspruchung kommt noch die Beanspruchung des Druckes an der Innenwand infolge der Füllung mit Flüssigkeit und Feststoff hinzu. An der inneren Oberfläche der Flüssigkeit herrscht der Gasdruck in der Zentrifuge (meist Atmosphärendruck). Aufgrund der Zentrifugalkraft ergibt sich in einem Volumenelement dV der Suspension mit der Dicke dr und der Querschnittsfläche parallel zur Trommelwand dA folgende Druckänderung:

$$\mathrm{d}p = \frac{\mathrm{d}m_S\omega^2 r}{\mathrm{d}A} = \frac{\mathrm{d}A\ \mathrm{d}r\ \rho_S\omega^2 r}{\mathrm{d}A} = \rho_S\omega^2 r\ \mathrm{d}r \tag{9.98}$$

ρ_S ist darin die scheinbare Suspensionsdichte, welche von der Dichte der Flüssigkeit ρ_F und der Dichte des Feststoffes bzw. der Partikeln ρ_P bestimmt wird. Im Suspensionsring, d. h. im Bereich von r_i bis r, ergibt sich damit folgender Druckverlauf:

$$p(r) = \int_{r_i}^{r} \rho_S\ \omega^2\ r\ \mathrm{d}r = \frac{\rho_S\omega^2}{2}\left(r^2 - r_i^2\right) \tag{9.99}$$

An der Zentrifugentrommel, d. h. am Radius r_0 (siehe Abb. 9.12) herrscht der Druck:

$$p_0 = p(r_0) = \frac{\rho_S\ \omega^2}{2}\left(r_0^2 - r_i^2\right) \tag{9.100}$$

Die Sedimentschicht an der Trommel ist an ihrer inneren Oberfläche ebenfalls unbelastet. Es liegt kein äußerer Druck vor, der die Partikeln belastet. Aufgrund der Zentrifugalkraft steigt der Gerüstdruck p_s, d. h. der Druck, der sich aus der Kraft ergibt, mit der sich

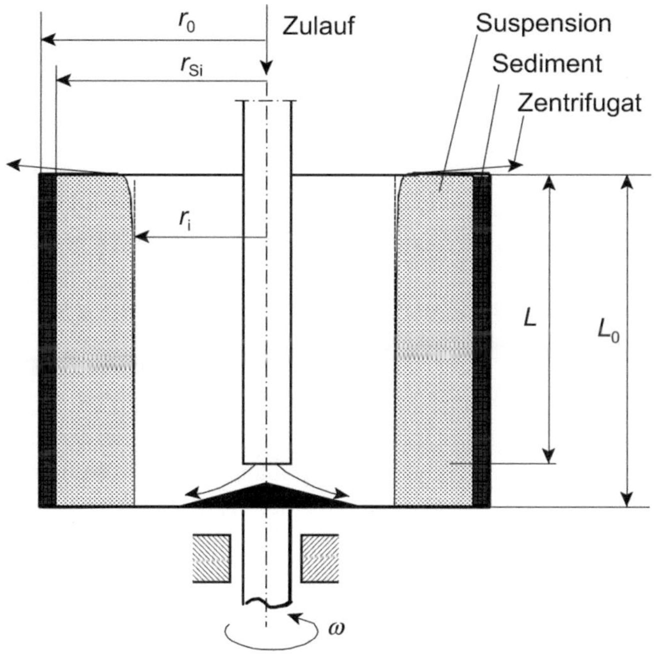

Abb. 9.12 Sedimentationszentrifuge

die einzelnen Partikeln gegenseitig aufeinander stützen, über den Radius im Sediment an. Man erhält ein Druckprofil im Sediment:

$$p_s(r) = \frac{(1-\varepsilon)(\rho_P - \rho_F)\,\omega^2}{2}\left(r^2 - r_{si}^2\right) \tag{9.101}$$

Der höchste Druck $p_{s0} = p_s(r_0)$ tritt ebenfalls an der Innenseite der Trommel, d. h. am Radius r_0, auf. Obige Beziehung gilt streng genommen nur, wenn die Sedimentschicht nicht kompressibel ist. Bei einem kompressiblen Haufwerk ist das Verhältnis Flüssigkeitsanteil zu Feststoffanteil bzw. die Porosität ε über den Radius nicht konstant. In einem solchen Fall müsste man streng genommen die Abhängigkeit der Porosität vom Gerüstdruck berücksichtigen.

Der Gesamtdruck an der Innenseite der Zentrifugentrommel ergibt sich zu:

$$p_{ges}(r_0) = p_0 + p_{s0} \tag{9.102}$$

Für eine Zentrifugentrommel erhält man damit eine zusätzliche Umfangsspannung aufgrund der Trommelfüllung die man entsprechend einem beanspruchten zylindrischen

Mantel eines Druckbehälters mit einer dünnen Wand der Dicke s mit Gl. (9.10) berechnen kann:

$$\sigma_F = \frac{p_{ges}\ r_0}{s} \tag{9.103}$$

Die Beanspruchung dickwandiger Hohlzylinder unter Innendruck und die Beanspruchung umlaufender Bauteile durch Fliehkräfte werden z. B. auch im Dubbel, Taschenbuch für den Maschinenbau [7], behandelt.

Die Gesamtspannung im Trommelmantel in Umfangsrichtung ergibt sich damit zu:

$$\sigma_{ges} = \sigma_E + \sigma_F \tag{9.104}$$

Die Gesamtspannung darf entsprechend der Festigkeit des Trommelwerkstoffes und der festgelegten Sicherheitsbeiwerte eine zulässige Spannung nicht übersteigen.

Folgende Schlussfolgerungen sind auf Basis der oben aufgeführten Beziehungen möglich: Die Zugspannung steigt quadratisch mit dem Trommelradius an. Eine Beschleunigung des Absetzvorgangs durch eine Erhöhung der Trommeldrehzahl stößt daher rasch an Festigkeitsgrenzen. Beim Betrieb von Zentrifugen ist aufgrund der beschriebenen Abhängigkeit auf die Einhaltung der zulässigen Drehzahl strengstens zu achten.

Bei einer dünnwandigen Trommel entspricht der Innenradius näherungsweise dem mittleren Radius der Trommel, so dass gilt: $r_0 \approx r_m$. Für das Beschleunigungsvielfache z, das oft auch als Schleuderzahl z bezeichnet wird, kann man bei Berücksichtigung der Eigenbeanspruchung nach Gl. (9.97) schreiben:

$$z = \frac{r_0 \omega^2}{g} \approx \frac{\sigma_E}{g\ \rho_{Tr}\ r_m} \tag{9.105}$$

Diese Beziehung zeigt, dass bei einer vorgegebenen zulässigen Eigenspannung mit kleinen Trommeldurchmessern ein großes Beschleunigungsvielfaches erreicht werden kann. Um dennoch eine ausreichende Klärfläche und Füllung zu erreichen, werden die Zentrifugentrommeln entsprechend lang ausgeführt. Bei Röhrenzentrifugen wird diese Optimierung in extremer Weise verwirklicht.

Leichte Materialien mit gleichzeitig hoher Festigkeit bieten günstige Voraussetzungen für eine Verwendung in Form einer Zentrifugentrommel. Heute sind Trommeln aus legierten hochfesten Stählen üblich. Entwicklungen von Zentrifugentrommeln auf Basis von faserverstärkten Kunststoffen erscheinen lohnend.

Bei einer genaueren Betrachtung der Spannungsverhältnisse muss berücksichtigt werden, dass aufgrund des Drucks in der Flüssigkeit die Trommel auch in axialer Richtung beansprucht wird. Zusätzliche Belastungen in axialer Richtung treten auch bei einem entsprechenden Transport des Feststoffes auf, wie dies z. B. in Schubzentrifugen und Dekantern der Fall ist.

Aufgrund einer Unwucht infolge einer nicht genauen Fertigung der Rotoren und/oder der ungleichen Verteilung der Flüssigkeit und des Feststoffes in der Zentrifugentrommel können auch zusätzlich wirkende schwellende oder wechselnde Beanspruchungen auftreten, die zu berücksichtigen sind. Maßgebliche Festigkeitskennwerte sind in diesem Zusammenhang die Schwell- bzw. Wechselfestigkeit der Werkstoffe. Diese Werte sind an eine bestimmte Zahl von Lastwechseln gekoppelt, so dass es sich bei bekannter Drehzahl und Betriebsstunden praktisch um Zeitfestigkeitswerte (Dauerfestigkeitswerte) handelt. Die Dauerfestigkeit eines Bauteils kann wesentlich durch die Wirkung von Kerben (Kerbwirkung) verringert werden. In diesem Zusammenhang sind die Bohrungen in den Trommeln von Filterzentrifugen auch als „Kerbe" zu werten und entsprechend zu berücksichtigen. Man stellte fest, dass der jeweils zu berücksichtigenden „Kerbfaktor" auch von der Anordnung der Löcher zueinander abhängt.

9.5 Windlast

Die Windlast ergibt sich aus der bei einer Umströmung auftretenden Druckverteilung um einen Apparat. Sie setzt sich vor allem aus Druck- und Sogwirkungen zusammen. So entsteht bei einem angeströmten Bauwerk auf der Anströmseite durch den Staudruck ein Überdruck. Auf der Abströmseite kann sich die Luftströmung ablösen und einen Unterdruck (Sog) erzeugen. In Normen werden Windlasten in Rechenwerte zur Auslegung von „Tragwerken" überführt. Dabei werden der stochastische Charakter der Windlasten und der jeweilige Standort mit dem lokalen Windklima berücksichtigt. Das Windklima wird in den Normen DIN EN 1991 Eurocode 1 oder DIN 1055-4 durch eine Windzonenkarte erfasst, welche zeitlich gemittelte maßgebende Windgeschwindigkeiten für verschiedene geografische Regionen angibt (siehe Abb. 9.13). Bei sehr hohen Bauwerksstandorten sind die Windgeschwindigkeiten entsprechend anzupassen. Die Topografie und Beschaffenheit des umgebenden Geländes am Bauwerksstandort werden in den Normen durch Geländekategorien erfasst.

Die Werte gelten für eine Mittelung über einen Zeitraum von 10 Minuten mit einer Überschreitungswahrscheinlichkeit innerhalb eines Jahres von 0,02 sowie für eine Höhe von 10 m über Grund in ebenem, offenen Gelände. Der Bezugsstaudruck p_{ref}, auch Geschwindigkeitsdruck genannt, wird aus der Bezugswindgeschwindigkeit v_{ref} in 10 m Höhe mit einer Luftdichte ρ =1,25 kg/m^3 (bei einem Luftdruck von 1,013 bar und einer Temperatur von 10 °C) ermittelt. Es gilt:

$$p_{ref} = \frac{\rho}{2} v_{ref}^2 \tag{9.106}$$

Das Geschwindigkeitsprofil über die Höhe wird ebenso wie die Geometrie und Höhe des Apparates bzw. des Bauwerkes bei der Berechnung berücksichtigt. Die Windgeschwindigkeit ist an der Erdoberfläche praktisch Null und nimmt mit zunehmendem Abstand von der Erdoberfläche z, also mit der Höhe zu. Die anzunehmende Winddruckverteilung über die Höhe wird in der DIN EN 1991-1-4 oder DIN 1055-4 geregelt.

Aus dem Geschwindigkeitsdruck der einzelnen Windzonen wird der höhenabhängige Böengeschwindigkeitsdruck ermittelt. Danach gilt für das Standardgeschwindigkeitsprofil „Binnenland" für den Böengeschwindigkeitsdruck $p(z)$:

Abb. 9.13 Windzonen in Deutschland nach DIN 1055-4 und den Bautechnischen Zahlentafeln [8]

Windzone	Windgeschwindigkeit v_{ref} / (m/s)	Staudruck p_{ref} /(kN/m²)
1	22,5	0,32
2	25,0	0,39
3	27,5	0,47
4	30,0	0,56

Tab. 9.1 EWindzonen nach DIN 1055-4 und den Bautechnischen Zahlentafeln [8]

Windzone	Windgeschwindigkeit v_{ref}/(m/s)	Staudruck p_{ref}/(kN/m²)
1	22,5	0,32
2	25,0	0,39
3	27,5	0,47
4	30,0	0,56

$$z \leq 7\text{ m} \quad p(z) = 1{,}5 \cdot p_{ref} \tag{9.107}$$

$$7\text{ m} \leq z \leq 50\text{ m} \quad p(z) = 1{,}7 \cdot p_{ref} \left(\frac{z}{10\text{m}}\right)^{0{,}37} \tag{9.108}$$

$$50\ \text{m} \leq z \leq 300\ \text{m} \quad p(z) = 2{,}1 \cdot p_{ref} \left(\frac{z}{10\text{m}} \right)^{0{,}37} \tag{9.109}$$

Es werden demnach Faktoren für bestimmte Höhenbereiche eingeführt, mit denen der Bezugsstaudruck p_{ref} multipliziert wird. Außerdem beeinflusst die geometrische Form den aerodynamischen Beiwert c_{pe} der Druck- und Sogkräfte. Der wirkende Druck wird aus dem Böengeschwindigkeitsdruck und dem aerodynamischen Beiwert wie folgt berechnet:

$$p = c_{pe} \cdot p(z) \tag{9.110}$$

Aerodynamische Beiwerte sind in DIN 1055-4 für verschiedene Formen aufgeführt. Bei offenen Konstruktionen wird zusätzlich auch die Windlast auf Innenflächen berücksichtigt. Die Windkraft auf ein Bauwerk oder Bauteil ergibt sich aus dem Produkt von Geschwindigkeitsdruck (Staudruck), aerodynamischen Beiwerten und der Bauwerksfläche. Die aerodynamischen Beiwerte können theoretisch maximal 1 betragen (maximal wirkt der Staudruck), schwanken aber meist zwischen 0,6 und 0,8. Je nach Form des Bauteils werden auch Sogbeiwerte berücksichtigt. Komplexe Bauwerksgeometrien werden, sofern keine in den Normen dokumentierten Erfahrungswerte vorliegen, durch Windkanalversuche erfasst, evtl. zusammen mit dem Einfluss der das Bauwerk umgebenden Bebauung.

Windinduzierte Schwingungen

Die in den Normen angegeben Windlasten sind statische Ersatzlasten für steife Bauwerke. Bei weichen Bauwerken kann es zwischen dem Wind und dem Bauwerk zu einer dynamischen Wechselwirkung in Form von Schwingungen kommen. In DIN EN 1991-1-4 und DIN 1055-4 sind Kriterien aufgeführt, bei denen eine Schwingungsanfälligkeit berücksichtigt werden muss. Generell gelten Bauwerke bis zu einer Höhe von 25 m als nicht schwingungsanfällig. Die Normen DIN EN 1991-1-4 und DIN 1055-4 werden ausführlich in den Bautechnischen Zahlentafeln [8] zusammengefasst.

Literatur

1. AD 2000-Regelwerk (Hrsg) (2018) Verband der TÜV e. V. (VdTÜV). Beuth, Berlin. ISBN: 978-3-410-28307-2
2. Wagner W (2018) Festigkeitsberechnung im Apparate- und Rohrleitungsbau, 9. Aufl. Vogel Fachbuch, Würzburg
3. Schwaigerer S, Mühlenbeck G (1997) Festigkeitsberechnung im Dampfkessel-, Behälter- und Rohrleitungsbau, 5. Aufl. Springer, Berlin
4. Heckelmann D (1998) 45 Jahre Kunststoffprüfung in der MPA Darmstadt. krv-nachrichten 1/98
5. Sokolow WJ (1971) Moderne Industriezentrifugen. VEB Verlag Technik, Berlin
6. Stahl W (2008) Industrie-Zentrifugen, Band 3. Dr. M Press, Männedorf. ISBN: 13 978-3-9522794-2-7
7. Grote K-H, Feldhusen J (2014) Dubbel Taschenbuch für den Maschinenbau, C40-C42, 24. Aufl. Springer, Berlin/Heidelberg
8. Vismann U (2015) Wendehorst Bautechnische Zahlentafeln, 35. Aufl. Springer Vieweg, Wiesbaden. ISBN: 978-3-658-01688-3

Stichwortverzeichnis

S. Ripperger, K. Nikolaus, *Entwicklung und Planung verfahrenstechnischer Anlagen*, VDI-Buch, https://doi.org/10.1007/978-3-662-60427-4

MIX
Papier aus verantwortungsvollen Quellen
Paper from responsible sources
FSC® C105338

If you have any concerns about our products,
you can contact us on
ProductSafety@springernature.com

In case Publisher is established outside the EU,
the EU authorized representative is:
Springer Nature Customer Service Center GmbH
Europaplatz 3, 69115 Heidelberg, Germany

Printed by Libri Plureos GmbH
in Hamburg, Germany